# 现代烧结生产实用技术

冯二莲 李 楠 姜 涛 编著

XIANDAI SHAOJIE
SHENGCHAN
SHIYONG
JISHU

化学工业出版社

·北京·

## 内容简介

　　《现代烧结生产实用技术》是根据作者多年在企业积累的丰富的烧结生产实践经验，并结合烧结专业理论知识而编著。全书共分九章，主要内容包括烧结原料基础知识、配料理论和技能、混匀制粒理论和技能、布料点火烧结理论和技能、烧结矿破碎冷却筛分整粒、烧结新技术、烧结主要技术经济指标、烧结矿质量对高炉冶炼的影响及烧结烟气污染物治理。本书从烧结原料到成品烧结矿指标的评价、计算与检测、措施与改善等专业知识等方面都进行了介绍。语言精炼、通俗易懂，具有较强的专业性和实用性。

　　本书可作为烧结工艺技术培训用书，也可作为烧结岗位和专业技术人员参考用书，还可作为高等院校相关专业的教学用书。

## 图书在版编目（CIP）数据

现代烧结生产实用技术/冯二莲，李楠，姜涛编著．—北京：化学工业出版社，2021.12（2025.1重印）
ISBN 978-7-122-40051-2

Ⅰ.①现…　Ⅱ.①冯…②李…③姜…　Ⅲ.①烧结-生产工艺　Ⅳ.①TF046.6

中国版本图书馆 CIP 数据核字（2021）第 206220 号

| | | |
|---|---|---|
| 责任编辑：旷英姿　提　岩 | | 文字编辑：赵　越 |
| 责任校对：田睿涵 | | 装帧设计：王晓宇 |

出版发行：化学工业出版社（北京市东城区青年湖南街 13 号　邮政编码 100011）
印　　装：北京盛通数码印刷有限公司
787mm×1092mm　1/16　印张 17½　字数 387 千字　2025 年 1 月北京第 1 版第 3 次印刷

购书咨询：010-64518888　　　　售后服务：010-64518899
网　　址：http://www.cip.com.cn

凡购买本书，如有缺损质量问题，本社销售中心负责调换。

定　价：88.00 元

# 序 言

随着钢铁工业的迅速发展，企业竞争力越显重要。烧结作为钢铁企业前道工序和铁前重要工序，原料使用量仅次于炼铁，位于钢铁企业第二位，能耗仅次于炼铁、炼钢，位居第三位。低成本、低燃料比是当今高炉炼铁最重要、最迫切的核心问题，同时也是烧结工序的首要任务和重要职责。

现代钢铁企业已经步入知识经济时代，体力劳动和脑力劳动的结合日益紧密，企业不仅需要精专业通技术的工程师，更需要精操作通技能的一线岗位员工，需要烧结工作者肩负合理配矿、降低成本、堵漏防污治理等更加艰巨的重任，需要做好优化工艺、优质高产、技能型操作等基础工作，《现代烧结生产实用技术》一书为此提供"现代烧结"和"实用技术"内容，起到指导日常工作的作用，值得阅读学习。

《现代烧结生产实用技术》取材新颖，适应现代烧结生产技术发展的需要，汇编了新形势、新需求、新原料条件下新的烧结理论和丰富的生产实践经验，内容详尽，问题阐述较深刻，专业性和实用性强，具有推广意义，是烧结行业工作者可选且不可多得的科技用书。

山西建龙实业有限公司总经理　李大亮

2021 年 9 月

# 前　言

随着钢铁工业的迅速发展和市场竞争日趋激烈，高炉精料技术和低成本战略愈显重要。烧结生产的任务不仅是满足高炉产质量基本要求，合理配矿、降低成本、环保达标赋予现代烧结生产更艰巨更深层次的重任，需要每个烧结工作者高度重视，实现铁前效益最大化和钢铁企业持续和谐发展，这正是编著本书的缘由和意图。

本书从烧结原料、烧结矿质量到烧结烟气污染物治理共分九章进行介绍，其特点是"现代"和"实用"，在烧结基础理论中融入低成本战略目标下的现代烧结理论，归纳总结较丰富的生产实践经验，汇编从原料到产品指标的评价、计算与检测、措施与改善等烧结知识，贴近生产实际，专业性和实用性强。

本书可作为烧结工艺技术培训用书，作为烧结岗位和专业技术人员查阅用书，更适合烧结职业技能鉴定、技术比武理论及实操学习。语言精炼，通俗易懂，有助于读者掌握基本概念及相关计算方法，提高学习效果。

本书由山西建龙实业有限公司冯二莲、秦皇岛兰荣科技有限公司李楠、酒钢集团榆中钢铁有限责任公司姜涛共同编著，其中第一～三章、第七章由冯二莲执笔，第五章、第九章由李楠执笔，第四章、第六章、第八章由姜涛执笔，总体书稿由冯二莲修改编著，编著过程中参阅并引用同行业专家教授文献资料和企业院校研究结果。本书由中信泰富特钢集团郭怀魁、山西太钢不锈钢股份有限公司李强、山西建龙实业有限公司吕国明、中国钢研科技集团有限公司许海川进行审核并提出宝贵意见，在此一并谨致感谢。

因编者水平有限，书中不妥之处恳请专家和广大读者给予指正。

编者
2021 年 9 月

# 目 录

## 074　第四章
# 布料点火烧结理论和技能

268

# 参考文献

参考文献

# 第一章
# 烧结原料基础知识

## 第一节
### 矿物、岩石、矿石、脉石

## 一、矿物

矿物是由地质作用形成的具有相对固定的化学成分和确定的内部结构的天然单质或化合物，具有较均一的内部结晶构造和化学成分，具有一定的物理化学性质。

矿物的物理化学性质主要取决于其内部结晶构造和化学成分。

矿物极少数以单质形态存在，如单质铁（Fe）、单质锌（Zn）等很少存在于自然界中；大多以化合物形态存在，如赤铁矿（$Fe_2O_3$）、闪锌矿（ZnS）等。

矿物在自然界中多呈固态存在，少数呈胶体、液态（常温自然汞）和气态存在。

矿物是组成岩石的基础，是无机物，煤和石油不属于矿物。

## 二、岩石

岩石是地壳中由一种或多种矿物组成的具有一定结构的矿物集合体。

不同岩石铁品位差别很大。

并非所有的岩石都是矿石。

# 三、矿石

矿石是一定技术经济条件下可从中提取金属、化合物或其他有用矿物的岩石。

复合矿石是一定技术经济条件下可同时提取两种或两种以上有用矿物的矿石。

中国四川攀西地区的钒钛磁铁矿、辽宁丹东地区的硼镁铁矿属于复合矿石。

矿石分为金属矿石和非金属矿石。

## 1. 金属矿石

已探明储量的金属矿石有 50 余种，根据金属元素的性质和用途将其分类如下：

（1）黑色金属矿　工业上能提取铁、锰、铬、钛、钒等黑色金属的矿物资源。

（2）有色金属矿　除黑色金属矿以外的所有金属矿，包括铜、铅、锌、镍、钴、钨、锡、铋、钼、锑、汞等重金属矿，铝、镁等轻金属矿，金、银、铂族等贵金属矿，铀、钍等放射性金属矿，锂、铌等稀有金属矿，钪等稀土金属矿和分散金属矿等。

用于烧结球团和高炉炼铁的金属矿石主要有铁矿、锰矿、钛矿、钒矿等。

## 2. 非金属矿石

已探明储量的非金属矿石有 90 余种，主要品种有金刚石、石墨、自然硫、硫铁矿、菱镁矿、方解石、萤石、宝石、玉石、石灰岩、白云岩、石英岩、硅藻土、高岭土、陶瓷土、耐火黏土、膨润土、花岗岩、钾盐、镁盐、碘、溴、砷、硼矿、磷矿等。

用于烧结球团和高炉炼铁的非金属矿石主要有硫铁矿、菱镁矿、方解石、萤石、石灰岩、白云岩、石英岩、膨润土等。

# 四、脉石

矿石中能提取金属或金属化合物的矿物，称为有用矿物。

矿石中没有经济价值，不能利用的矿物，称为脉石矿物。

金属矿石中的非金属部分称为脉石。

铁矿石主要由一种或几种有用矿物和脉石矿物所组成。

铁矿石中，构成脉石的主要成分是 $SiO_2$、$CaO$、$MgO$、$Al_2O_3$ 等。

铁矿石中绝大多数脉石呈酸性，酸性脉石主要成分是 $SiO_2$，碱性脉石主要成分是 $CaO$ 和 $MgO$，中性脉石的主要成分为 $Al_2O_3$。

# 第二节
# 矿物的物理性质

## 一、矿物光学性质

光学性质是矿物对光线吸收、折射和反射所表现的各种性质。

**1. 矿物颜色**

矿物颜色由矿物组成中含某种色素的离子所引起，如 $Fe^{2+}$ 呈绿色，$Fe^{3+}$ 呈褐色或红色。

当矿物中含有杂质时，杂质会影响矿物的颜色。

**2. 矿物条痕**

矿物条痕是矿物粉末的颜色。矿物颜色常有变化，但矿物条痕较固定。

矿物条痕是鉴定矿物的可靠依据之一。

**3. 矿物光泽**

光线投到矿物表面时，一部分光被折射和吸收，另一部分光从矿物表面反射出来，反射光构成矿物的光泽。根据矿物光泽强弱分为：

（1）金属光泽　光泽极强，如新金属制品、自然金、方铅矿等。

（2）半金属光泽　较金属光泽弱，如用久的金属制品、磁铁矿、赤铁矿等。

（3）非金属光泽　反光能力最弱，多为透明和半透明矿物，如云母、金刚石等。

**4. 矿物透明度**

矿物透明度是指矿物透过可见光波的能力。

同一种矿物透明度受其杂质、包裹体、气泡、裂隙、放射性等影响而产生差异。

自然界没有绝对透明或绝对不透明的物质，如水为透明物，但极深的水也可表现为不透明。

（1）透明矿物　大部分可见光能通过，隔之可以清晰看到另一物体，其矿物条痕常为无色或白色，如石英、萤石等。

（2）半透明矿物　部分可见光能通过，但隔之不能看到另一物体，呈粉末状态时由于对不同光波吸收的差异而呈红色、黄色、褐色等各种色彩，如闪锌矿、辰砂等。

（3）不透明矿物　可见光不能通过，矿物条痕常为黑色，如黄铁矿、磁铁矿等。

# 二、矿物力学性质

矿物力学性质是矿物在外力作用下所呈现的性质。

### 1. 矿物解理与断口

矿物被敲打后，沿共同方向有规则地裂开，呈光滑平面的性质，叫解理。

矿物被敲打后，呈无规则的裂开而形成的断裂面，叫断口。

### 2. 矿物硬度

硬度是指矿物抵抗刻划、压入和研磨等作用力所表现出的机械强度。

矿物硬度分为刻划硬度、压入硬度、研磨硬度。

矿物学中的莫氏硬度通常指刻划硬度，以 10 种标准矿物的硬度等级（1～10 级）表示硬度相对大小。

矿物硬度是矿物内部结构牢固性的表现，牢固性主要取决于化学键的类型和强度。不同矿物硬度不同，同一种矿物不同晶体方向上硬度也不同。

矿物硬度大，难破碎，能耗大，破碎设备效率低，如焦粉硬度大于无烟煤。

### 3. 矿物韧性

矿物韧性是指矿物受压轧、切割、锤击、弯曲或拉引等外力作用所呈现的抵抗性能。

矿物韧性分为：

（1）脆性　矿物容易被击碎或压碎的性质。

（2）柔性　矿物被切割刀刻时有平滑光亮痕迹且粉末不易飞扬的性质。

（3）延展性　矿物受锤击呈薄片或受外力拉引时拉成细丝的性质。

（4）弹性　矿物在外力作用下弯曲，无外力时能恢复原形状的性质。

（5）挠性　矿物在外力作用下弯曲，无外力时不能恢复原状的性质。

# 三、矿物磁性

矿物磁性是矿物可被磁铁吸引或排斥的性质。

绝大多数磁性物质与其中的铁、钴、镍、锰、铬等元素有关。

按磁性可分为顺磁性和抗磁性两类矿物：

**1. 顺磁性矿物**

能被磁石所吸引，如磁铁。按磁性强弱分为四类：

（1）强磁性矿物 较弱磁场中易与其他矿物分离，如磁铁矿、钛磁铁矿。

（2）中磁性矿物 较强磁场中能与其他矿物分离，如假象赤铁矿。

（3）弱磁性矿物 很强磁场中能与其他矿物分离，如赤铁矿、褐铁矿、菱铁矿。

（4）非磁性矿物 不能用磁选法与其他矿物分离，如石灰石、石英、萤石。

**2. 抗磁性矿物**

能被磁石所排斥，如自然银。

# 四、矿物膨胀性

矿物膨胀性是指矿物受热后体积变大的性质，如石英。

# 五、矿物润湿性

矿物润湿性是指矿物能被液滴润湿的性质，即亲水性和疏水性。

**1. 判断烧结原料的亲水性和疏水性**

水滴在物料表面上能铺展开，即能被水润湿，具有亲水性。

水滴在物料表面上不能铺展开，仍呈球形，即不易被水润湿，具有疏水性。

烧结生产使用的铁矿粉、熔剂、固体燃料都具有亲水性。

不能用物料粒度粗细评价其亲水性和疏水性。烧结返矿相对于烧结熔剂和固体燃料来说粒度较粗，但极易吸水，亲水性很强；钢铁企业产生的各种除尘灰粒度很细，但疏水，极不易被水润湿。

**2. 物料润湿性在烧结生产中的应用**

铁矿粉亲水性排序：褐铁矿＞菱铁矿＞赤铁矿＞磁铁矿。

亲水性好的物料，毛细力和分子结合力大，成球性好。

利用物料亲水性好的特点，在配料之前对物料充分加水润湿，一是有利于稳定烧结水分，二是有利于强化制粒，改善烧结料层透气性。

对于疏水性物料，设置单独的混匀加湿设施，采取边加水边强力搅拌处理后再参与大宗原料配料的措施，以减少对烧结料水分和混匀效果的影响。

# 第三节
## 铁矿石的分类和烧结特性

## 一、地壳主要组成

地壳中氧元素的储量最丰富，约占 48%，位居第一位；硅元素的储量很丰富，约占 26%，位居第二位；铝元素的储量丰富，约占 8%，位居第三位；铁元素的储量较丰富，约占 5%，位居第四位。

在自然界中，铁不能以纯金属状态存在，大多数以氧化物、硫化物或碳酸盐等化合物的形式存在。

## 二、四大类铁矿石及其烧结特性

根据铁氧化物的存在形态不同，将自然界中的铁矿石分为磁铁矿、赤铁矿、褐铁矿、菱铁矿四大类。

### 1. 磁铁矿

磁铁矿的主要存在形态是四氧化三铁，化学分子式 $Fe_3O_4$，化学组成 $Fe_2O_3$ 占 68.97%，FeO 占 31.03%，理论氧化度 88.89%，理论铁含量 72.4%，在四大类铁矿石中最高。开采磁铁矿的铁含量一般为 40%~60%，FeO 含量一般为 25%~29%，主要脉石有石英、硅酸盐和碳酸盐，含少量黏土、黄铜矿、闪锌矿等，S、P 杂质含量较高。

磁铁矿外表呈钢灰色或黑灰色，黑色条痕，又称"黑矿"，有金属光泽，显著物理特性是具有磁性，易用磁选法分选有用成分。

磁铁矿结构致密坚硬，密度 $4.6~5.2t/m^3$，硬度 5.5~6，还原性差，不直接入高炉冶炼，须经选矿和烧结（球团）造块后再用于高炉冶炼。

我国磁铁矿储量较多，广泛应用磁选法提高品位，得到的磁铁精矿粉用于烧结。

磁铁矿熔点虽高达 1597℃，但可烧性良好，是烧结生产的主要铁矿粉之一。烧损小，出矿率高；烧结过程中氧化放热，且易与脉石成分生成低熔点化合物；造块节能且结块强度高。

磁铁矿孔隙率小，不易被水润湿，黏结性差，湿容量小，亲水性和成球性差。

自然界磁铁矿分布很广，储量丰富，但地壳表层很少见纯磁铁矿。因为磁铁矿是铁的非高价氧化物，由于地表氧化作用，使部分磁铁矿氧化成赤铁矿，成为既含 $Fe_3O_4$ 又含 $Fe_2O_3$ 的矿石，但仍保持原磁铁矿的结晶形态，这种现象称为假象化，称该类矿石为假象赤铁矿和半假象赤铁矿。

当磁铁矿中 TFe/FeO＞7.0 时，叫作假象赤铁矿；当磁铁矿中 TFe/FeO 在 3.5～7.0 时，叫作半假象赤铁矿；当磁铁矿中 TFe/FeO＜3.5 时，称为磁铁矿。

一般 FeO 含量越高，磁性越大，被氧化程度越低，这种划分只适用于由单一磁铁矿和赤铁矿组成的铁矿床。如果矿石中含有硅酸铁（$FeO \cdot SiO_2$）、硫化亚铁（FeS）和碳酸铁（$FeCO_3$）等，由于其中的 FeO 不具有磁性，以上划分则不适用。

**2. 赤铁矿**

赤铁矿主要存在形态是不含结晶水的三氧化二铁，化学分子式 $Fe_2O_3$，Fe 呈＋3 价，氧化度最高 100％，还原性良好，理论铁含量 70％。开采赤铁矿的铁含量一般 50％～67％，S、P 杂质含量较磁铁矿少，可烧性较差，烧结造块固体燃料消耗比磁铁矿高。

赤铁矿与磁铁矿化学成分的根本区别是磁铁矿 FeO 含量高，纯赤铁矿不含 FeO。

赤铁矿外表常呈铁红色或土红色，红色条痕，又称"红矿"，无磁性，亲水性较差，熔点 1565℃，组织结构多种多样，由非常致密的结晶体到很松软分散的粉体，硬度也不一，结晶赤铁矿硬度高，为 5.5～6.5，其他形态的硬度较低，密度 4.8～5.3t/m³。

外表呈片状且表面具有金属光泽，明亮如镜的叫镜铁矿。

外表呈云母片状且光泽度较明亮的叫云母状赤铁矿。

质地松软无光泽，含黏土杂质的红色土状赤铁矿，又称铁赭石。

自然界赤铁矿储量丰富，但纯净的赤铁矿较少，常与磁铁矿、褐铁矿等共生，是生产烧结矿和高炉炼铁的主要铁矿石，是氧化烧结的主晶相。

**3. 褐铁矿**

褐铁矿主要存在形态是含结晶水的三氧化二铁，化学分子式表示为 $mFe_2O_3 \cdot nH_2O$。

褐铁矿与赤铁矿化学成分的根本区别是褐铁矿含结晶水，即褐铁矿水化程度高。结晶水含量小于 3％为低水化程度，3％～6％为中水化程度，大于 6％为高水化程度。

自然界褐铁矿大部分以 $2Fe_2O_3 \cdot 3H_2O$ 形态存在，开采褐铁矿的铁含量一般 40％～58％，脉石成分主要为黏土（成球性好）、石英，S、P 杂质含量较高。

褐铁矿是一种次生矿物，由其他矿石风化而成，组织结构松软，孔隙率大，亲水性强，莫氏硬度小，为 1～4，密度 2.7～4.3t/m³，无磁性，外表呈浅褐色到深褐色或黑色，黄色或褐色条痕。

褐铁矿品位低且含结晶水，分解发生热裂，经造块后用于高炉冶炼经济。

褐铁矿因烧损大，故烧结过程收缩率高，自身固结强度低，当配比过高时降低烧结矿转鼓强度，随着对褐铁矿烧结基础特性的深入研究和合理配矿优劣互补，并在生产操作中采取有效技术措施，褐铁矿成为降低烧结原料成本的主要铁矿粉。

**4. 菱铁矿**

菱铁矿的主要存在形态是碳酸铁，化学分子式 $FeCO_3$，理论烧损 37.93%，理论 FeO 含量 62.1%，理论铁含量 48.2%，在四大类铁矿石中最低，开采菱铁矿的铁含量一般 30%~40%，常夹杂有镁、钙、锰等碳酸盐，硫以黄铁矿 $FeS_2$ 形态存在。

原生菱铁矿不稳定，易受空气氧化和水解作用而风化共生一定数量的褐铁矿覆盖在其表层。

自然界中常见坚硬致密的菱铁矿，硬度 3.5~4.5，密度 3.8t/m³，次于磁铁矿和赤铁矿，而比褐铁矿高，经破碎后呈砂性，亲水性较好，外表呈灰白或黄白色，风化后变成褐色或褐黑色，具有灰色或黄色条痕，玻璃光泽，无磁性。

因菱铁矿的储量少、具有开采价值的矿山少、铁含量低、烧损大、可烧性差等原因，烧结生产很少使用菱铁矿。

**5. 铁矿粉的烧结特性**

铁矿粉的烧结特性与其密度、颗粒大小、形状及结构、黏结性、湿容量、烧损、软化和熔化温度等因素有关。

（1）磁铁精矿粉烧结特性　磁铁精矿粉组织结构致密坚硬，形状较规则，密度大，混合料颗粒之间有较大的接触面积，烧结时不需要太多的液相即可成型，能在较低温度和较少固体燃料下与脉石成分作用形成低熔点化合物，得到熔化度适当、还原性和转鼓强度较好的烧结矿，但磁铁精矿粉的黏结性差，湿容量小，不利于成球，且烧结过程中过湿带较明显。

鉴于以上特性，磁铁精矿粉配比较高时，采取强化制粒改善烧结过程料层透气性、降低烧结料水分、低配碳、适当降低烧结料层厚度等措施，以减小其对烧结矿产量的影响。

（2）赤铁矿粉烧结特性　赤铁矿粉组织结构多种多样，由非常致密的结晶体到疏松分散的粉体，高碱度下赤铁矿粉与 CaO 发生固相反应促进生成铁酸一钙液相，有利于提高烧结矿还原性和转鼓强度。

赤铁矿粉高碱度烧结，除低温还原粉化率 $RDI_{+3.15mm}$ 较低外，转鼓强度、粒度组成、粉率、还原性等综合指标优于磁铁精矿粉烧结，主要原因如下：

① 烧结矿的矿物结构决定烧结矿指标　赤铁矿粉高碱度烧结，烧结过程氧位高，500~670℃烧结温度下，$Fe_2O_3$ 与 CaO 发生固相反应生成固态铁酸一钙 $CaO \cdot Fe_2O_3$（简写 CF），控制烧结温度在 1230~1280℃生成固结强度高、还原性好的针状铁酸一钙黏结相，但当烧结温度高于 1280℃时，铝硅铁酸钙 $CaO \cdot Fe_2O_3 \cdot SiO_2 \cdot Al_2O_3$（简写 SF-CA）开始分解，铁酸一钙数量减少，且由针状转变为柱状，强度上升但还原性下降，且高温易产生大量氮氧化物 $NO_x$ 和致癌物质二噁英。另外赤铁矿粉烧结，游离 $Fe_2O_3$ 增加，快速冷却时易形成骸晶 $Fe_2O_3$，烧结矿低温还原粉化指标 $RDI_{+3.15mm}$ 变差。

磁铁精矿粉高碱度烧结，矿物组成一般以钙铁橄榄石 $CaO \cdot FeO \cdot SiO_2$ 为主，只有在氧化性气氛下 $Fe_3O_4$ 经氧化生成 $Fe_2O_3$ 后，才有机会形成少量铁酸一钙液相，且微观结构主要以板状和柱状为主，固结强度和还原性都不及针状铁酸一钙（CF）。

② 烧结过程料层透气性是影响烧结矿指标的主要因素

赤铁矿粉烧结，因赤铁矿粉本身为颗粒料，无需苛求强化制粒，可通过优化配矿控制原料中黏附粉和核颗粒的比例，改善烧结过程料层透气性。

磁铁精矿粉烧结，必须通过强化制粒才能改善烧结过程料层透气性，且制粒小球强度不及原矿，烧结过程料层透气性差。

鉴于以上烧结特性，赤铁矿粉烧结应遵循铁酸钙理论，采取高碱度、低温、强氧化性气氛、配矿控制 $Al_2O_3/SiO_2$ 不超 0.4、设置保温炉、加大表面点火强度、适当加快烧结机速、保证烧好前提下终点后移等措施，发挥赤铁矿粉烧结综合指标优良和烧结产能高的优势。

（3）褐铁矿粉烧结特性　褐铁矿的物理特性是组织结构疏松，密度小，孔隙率大，表面粗糙，亲水性强，毛细力和分子结合力大，所需烧结料水分大，成球性指数高；化学特性是挥发物多，结晶水含量高，烧损大。基于以上特性，褐铁矿在烧结过程中表现出多重烧结特性，因同化温度低，且结晶水分解变得疏松多孔，所以加快同化反应速率并形成初生细赤铁矿，同化性和液相流动性良好，易与 CaO 反应生成低熔点化合物，液相黏度低，铁酸钙系生成能力好，改善烧结矿转鼓强度和还原性，但褐铁矿配比过大时，结晶水剧烈分解而热裂，降低烧结料层热态透气性，液相过度流动，料层收缩率大，易形成多孔薄壁结构的烧结矿，同时褐铁矿软化温度较低，软熔性能较差，黏结相强度和自身连晶固结强度差，降低烧结矿转鼓强度。使用大颗粒褐铁矿粉，烧结低温还原粉化严重，降低烧结矿低温还原粉化率 $RDI_{+3.15mm}$。

因褐铁矿烧结性能中等，价格相对低，非常有利于降低烧结原料成本，所以将褐铁矿作为烧结重要铁矿粉之一，研究褐铁矿粉高配比低成本烧结具有现实意义。

褐铁矿高配比低成本烧结时，如果因液相量过多而降低转鼓强度和烧结生产率，则需增加结构致密且流动性较差的赤铁矿粉和磁铁精矿粉配比。

从结晶水分解吸热的角度考虑，褐铁矿粉烧结需适当增加固体燃耗，保持一定的烧结温度，但从同化性和液相流动性好的角度考虑，褐铁矿粉烧结又需适当降低固体燃耗，最终要根据具体配矿和生产实践决定，不能盲目增减固体燃耗。

（4）菱铁矿粉烧结特性　烧结温度下，菱铁矿 $FeCO_3$ 首先吸热分解成 FeO 和 $CO_2$ 气体，因 FeO 是不稳定相，FeO 发生氧化放热反应生成 $Fe_3O_4$ 和 $Fe_2O_3$，所以相同条件下菱铁矿烧结比磁铁矿烧结固体燃耗高，但比赤铁矿烧结固体燃耗低。因菱铁矿烧损大和分解逸出 $CO_2$ 气体，所以矿物颗粒不能紧密接触，形成疏松多孔结构的烧结矿。菱铁矿烧结具有水分低、烧结后铁品位提高幅度大、转鼓强度低等特点，因烧损大需将其粒度控制在 6mm 以下。

# 三、黄铁矿

黄铁矿是以硫化物形态存在的铁矿石，是地壳中分布最广的硫化物，化学分子式

$FeS_2$，理论铁含量 46.67％，理论硫含量 53.33％，成分中常存在微量钴、镍、铜、金、硒等元素，浅黄铜色，绿黑色条痕，具有强金属光泽，硬度 6～6.5，密度 4.9～5.2t/m³。

黄铁矿为高硫铁矿，烧结过程中发生分解和氧化放热反应，脱硫率高。

# 四、根据脉石碱度划分铁矿石

铁矿石脉石四元碱度
$$R_4 = (CaO+MgO)_{铁矿石} \div (SiO_2+Al_2O_3)_{铁矿石}$$

$R_4 < 1.0$ 为酸性铁矿石。

$1.0 \leqslant R_4 \leqslant 1.3$ 为自熔性铁矿石。

$R_4 > 1.3$ 为碱性铁矿石。

# 第四节
# 铁矿粉及其造块法

## 一、采矿

采矿是对岩矿初步分离的过程，据自然矿产资源在地壳中的埋藏状况，分别选择露天或地下开采方式，通过凿岩、爆破、装运和破碎等工序，将所需矿物开采出来。

## 二、选矿

### 1. 选矿的含义

选矿是将铁矿石破碎并磨细，使有用矿物与脉石矿物单体分离，将有用矿物富集而抛弃无用脉石的过程。

### 2. 选矿基本原理

将铁矿石破碎和磨细到矿物单体分离的程度，利用有用矿物和无用脉石密度、导磁性或亲水性等理化性质的差异，采用适当的方法使有用矿物和无用脉石分离和集聚，收集精矿而废弃尾矿，同时脱除铁矿石中的部分有害杂质（如脱除黄铁矿 $FeS_2$ 中的硫），充分经济合理利用矿产资源，获得高品位精矿粉，达到大幅度提高铁矿石品位的目的。

**3. 选矿方法**

常用选矿方法有重力选矿、磁力选矿、浮游选矿、电力选矿四种方法。

大多精矿粉同时采用多种选矿方法，达到进一步提高品位的目的。

（1）重力选矿法（简称重选）　是利用被选矿物颗粒间密度、粒度、形状差异及其在介质中的运动速率和方向的不同，使之彼此分离的选矿方法。

重力选矿基本原理：置于分选设备内的散体矿石层（称作床层）在流体浮力、动力或其他机械力的推动下松散，使不同密度（或粒度）颗粒发生分层转移，即按密度分层，分层后的矿石在机械力作用下分别排出而实现分选。

重力选矿的实质是松散-分层-分离过程，松散是条件，分层是目的，分离是结果。

（2）磁力选矿法（简称磁选）　是利用各种矿物磁性差别，在不均匀磁场中实现分选的方法。

磁力选矿基本原理：将矿物细磨以致单体分离，矿粒群通过非均匀磁场时，磁性矿物被磁选机的磁极吸引，非磁性脉石被磁极排斥，达到选分的目的。

我国磁铁矿储量较多，广泛大规模采用磁选法提高磁铁矿的品位。

（3）浮游选矿法（简称浮选）　是利用不同矿物表面的不同亲水性进行分选的方法，广泛采用泡沫浮选法。

浮游选矿法分选细粒和极细粒矿物，是应用最广、效果最好的一种选矿方法。

浮游选矿基本原理：将矿物稀释成一定浓度的矿浆，在矿浆中加入大量泡沫剂，疏水性强的矿粒附着在泡沫上而上浮，携带到矿浆表面形成泡沫层，亲水性强的矿粒被水润湿留在矿浆中，实现不同矿物彼此分离的目的。

根据浮选出的成分，分正浮选法和反浮选法。

① 正浮选法　是将有用矿物浮入泡沫产品中，脉石矿物留在矿浆中的浮选方法。

② 反浮选法　是将脉石矿物浮入泡沫产品中，有用矿物留在矿浆中的浮选方法。

**4. 选矿目的**

选矿主要目的是提高铁矿石的品位，去除部分有害杂质。

复合铁矿石经选矿可回收其中有用成分，充分经济、合理利用矿产资源。

# 三、贫矿和富矿

根据开采铁矿石（原矿）的铁含量高低，将铁矿石划分为贫矿和富矿。

**1. 贫矿**

通常把铁含量低于其理论铁含量 70% 的铁矿石定义为贫矿。

贫矿铁含量低，直接用于烧结和高炉冶炼很不经济，需经选矿成为精矿粉，再经烧结和球团造块处理后入高炉冶炼。

**2. 富矿**

富矿是铁含量高，经破碎和筛分处理后即可用于烧结和高炉冶炼的原生铁矿石。

（1）富块矿　富块矿是经过破碎和筛分处理后 +5mm 大粒级的富矿，可直接入高炉冶炼。

（2）富矿粉　富矿粉是经过破碎和筛分处理后 -5mm 小粒级的富矿，用于烧结造块。

# 四、精矿粉

**1. 精矿粉的含义**

贫矿经破碎磨细、选矿等加工处理，富集出高品位的铁矿粉，称为精矿粉。

**2. 精矿粉分类**

按选矿方法不同，分为重力选精矿粉、磁力选精矿粉、正浮选精矿粉、反浮选精矿粉等。

按铁氧化物存在形态不同，分为磁铁精矿、赤铁精矿、磁赤或磁赤褐铁精矿粉等。

**3. 精矿粉和富矿粉的区别**

精矿粉和富矿粉外观区别是粒度粗细不同，精矿粉粒度很细，用网目表示，一般 -200 目粒级达 85% 以上。富矿粉粒度较粗，用 mm 表示，一般平均粒径 3～5mm。

与富矿粉比较，因精矿粉经过选矿处理，故精矿粉水分高，铁品位高。

**4. 目测判断精矿粉品位**

用手指反复搓捏精矿粉，靠手感判断粒度粗细。经同种铁矿石选矿而得的精矿粉，粒度越细，品位越高。

靠眼睛观察精矿粉的颜色，磁铁精矿粉为黑色，赤铁精矿粉为红色，褐铁精矿粉为黄色或褐色，一般颜色越纯，品位越高。

# 五、造块法

钢铁冶金行业有烧结法、球团法、压团法三种造块方法，其中烧结法和球团法应用广泛，发展规模大，产能大。

**1. 烧结法**

烧结法是将铁矿粉（富矿粉和精矿粉）、熔剂、固体燃料、冶金工业和化工副产品按一定质量比例配料，经过加水润湿和混匀制粒形成烧结料后布于烧结机上，通过点火和强制抽风，烧结料层内固体碳自上而下燃烧放热，烧结料在高温作用下进行一系列物理化学变化，生成部分低熔点物质，并软化熔融产生一定数量的液相，在不完全熔化的条件下黏结成块的方法，所得产品称为烧结矿。

**2. 球团法**

球团法是将精矿粉、黏结剂按一定质量比例配料，经过加水润湿、圆盘或圆筒造球机造球形成生球，通过高温焙烧固结成球的方法，所得产品称为球团矿。

**3. 压团法**

压团法是将粉状物料在一定外部压力作用下，使之在模型内受压形成形状大小一定的团块的方法，所得产品称为压团矿。

**4. 烧结法和球团法比较**

钢铁企业两大主要造块法——烧结法和球团法，其过程均为高温氧化性气氛。

（1）烧结法和球团法的根本目的是使矿粉固结成块矿，以适应高炉冶炼的需求。

（2）与球团生产比较，烧结对原料的适应性更强，不仅可以使用精矿粉，还可以使用富矿粉，同时还可以利用钢铁企业和化工副产品。

（3）球团矿为规则球形，自然堆角小，在高炉内布料时易产生偏析。

（4）球团矿冷态机械强度高，在运输、装卸、储存过程中产生粉末少，适合外销。

（5）球团生产过程为强氧化性气氛，球团矿主要成分是 $Fe_2O_3$，FeO 含量低（1%左右），且孔隙率高，还原性优于烧结矿。

（6）酸性氧化球团矿软熔性能较差，但仍比富块矿好，酸性球团矿与高碱度烧结矿搭配是合适的高炉炉料结构。

（7）球团矿具有还原膨胀的缺点，炼铁还原过程中因晶形发生变化而膨胀 20%左右，在 $K_2O$、$Na_2O$、$Zn$、$V$ 等催化作用下异常膨胀。

（8）烧结矿和球团矿的成矿机理不同。烧结矿主要靠液相黏结，扩散黏结起次要作用。为保证烧结矿转鼓强度，要求烧结过程必须产生一定数量的液相，烧结料中必须配加一定数量的固体燃料，通过点火使固定碳燃烧放热为烧结过程提供热源。

球团矿主要靠固相黏结，使矿粉颗粒高温再结晶固结，液相黏结相很少，混合料中不配加固体燃料，由焙烧炉内的燃料燃烧提供热源。

烧结法和球团法比较见表 1-1。

表 1-1　烧结法和球团法比较

| 方法 | 过程气氛 | 主要热源 | 黏结造块 | 产品外形 | 主要铁料 |
|---|---|---|---|---|---|
| 烧结法 | 氧化性气氛 | 碳与空气经燃烧放热提供热源 | 主要靠液相黏结扩散黏结起次要作用 | 不规则多孔状大气孔粒度较均匀 | 富矿粉精矿粉 |
| 球团法 | 氧化性气氛 | 煤粉经燃烧的气体提供热源 | 主要靠固相黏结液相黏结相很少 | 规则球形微气孔粒度均匀 | 精矿粉 |

**5. 烧结目的和意义**

充分合理利用铁矿石资源，满足钢铁工业发展的需求，将富矿粉和精矿粉造块制成具有一定高温强度的烧结矿，满足高炉冶炼的要求。

通过烧结，为高炉提供品位高、碱度适宜、化学成分稳定、有害杂质少、粒度组成均匀、粉率低、转鼓强度高、冶金性能良好的炼铁炉料，为高炉高产、优质、低耗、长寿提供优质原料条件。

通过烧结，铁矿粉与熔剂反应使难还原或还原时易粉化或体积膨胀的矿石可以转变成性能稳定和易还原或易造渣的矿物成分；烧结高温造块处理，脱除矿石中的结晶水、$CO_2$气体、部分有害或无用成分，富集有用成分，改善矿石还原性能；烧结矿的多孔结构具有良好的还原性和造渣性能；通过烧结可以脱除原料中部分硫（S）、氟（F）、砷（As）、钾（K）、钠（Na）等有害杂质。这些都使烧结矿具有比天然铁矿石更好的冶金性能。

通过烧结，有效综合利用冶金工业和化工副产品，降低原料成本，减少污染物外排，保护环境，提高经济效益和社会效益。

# 六、人造富矿和生料

人造富矿指富矿粉和精矿粉经过烧结、球团、压团造块工艺，制成满足高炉冶炼要求的块矿。

烧结矿、球团矿、压团矿统称为人造富矿。

相对而言，高炉炼铁所用的铁矿石中，人造富矿为熟料，富块矿为生料。

烧结矿和球团矿是高炉炼铁精料的两大熟料。

**1. 高炉冶炼熟料优于生料**

烧结矿和球团矿比天然富块矿具有品位高、转鼓强度高、冶金性能良好、粒度组成适宜且均匀、粉末少、有害杂质少、化学成分稳定等优点。

与天然铁矿石比较，烧结矿造渣性能良好，烧结料中配加一定量熔剂所生产的不同碱度烧结矿，可使高炉冶炼少加或不加熔剂，降低高炉冶炼热消耗，改善高炉技术经济指标。烧结过程可不同程度地脱除原料中硫（S）、氟（F）、砷（As）、钾（K）、钠（Na）

等有害杂质，明显减轻高炉冶炼的脱硫任务，大大降低有害元素对高炉炉衬和钢性能的影响，提高生铁质量。

**2. 高炉冶炼提高熟料率**

由于熟料在造块过程中先行完成造渣，故在高炉冶炼过程中只进行金属氧化物的还原和分离，大大降低吨铁燃耗和电耗，降低生铁成本，提高炼铁生产率，特别是大型高炉冶炼尤为显著，所以提高冶炼熟料率是炼铁精料的主要目标。

GB 50427—2015《高炉炼铁工程设计规范》提出炉容 $1000 \sim 5000 m^3$ 级的高炉熟料率不小于 85%。

# 第五节
# 烧结原料

烧结原料有铁矿粉、熔剂、固体燃料、冶金工业和化工副产品等。

烧结原料数量大，品种繁多，物化性能极不均匀，为获得优质烧结矿，精心备料环节十分重要。

烧结原料准备包括原料接受、储存、中和混匀、熔剂和固体燃料破碎筛分等作业。

原料场的作用是接受和储存原料，保证烧结和高炉炼铁安全生产用料，完成烧结铁料的中和混匀并输出混匀矿，减少混匀矿化学成分和粒度组成的波动。

单品种原料主要堆料方法有人字形往复走行堆料法和菱形堆料法两种。

人字形往复走行堆料法适用于流动性差的物料堆积，容易产生粒度偏析。

菱形堆料法适用于流动性好的物料堆积，可减小粒度偏析和因此而造成的化学成分偏析。

烧结主要工艺流程有：原料准备及加工→铁料中和混匀→配料→混匀制粒→布料点火烧结→破碎冷却筛分整粒→成品输出，见图1-1。

# 一、铁料中和混匀

## 1. 铁料中和混匀的含义

烧结铁料中和混匀是根据高炉和烧结生产要求，充分考虑原料场储存原料品种和数量差异，将各种铁料（包括铁矿粉和各种循环副产品）按设定质量配比进行配料，堆料机将

现代烧结生产实用技术

含铁原料均匀往返走行平铺成混匀料堆，取料机沿料堆横截面均匀切取，得到化学成分和粒度组成稳定的混匀矿，输送到烧结工序参与配料的过程。

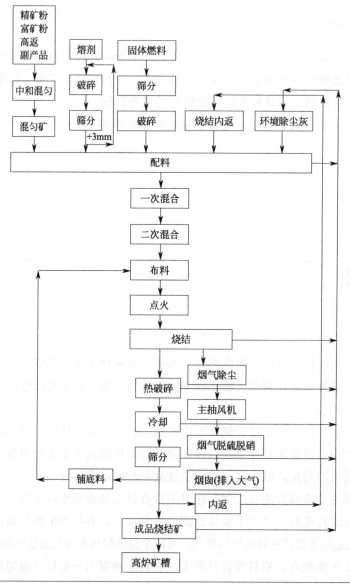

图 1-1　烧结主要工艺流程图

### 2. 评价铁料中和混匀效果

一般用混匀矿 TFe 和 $SiO_2$ 的稳定性评价铁料中和混匀效果，常用极差（最大值和最小值的差）法、图像法、标准偏差法，最常用的是标准偏差法。

$$\delta = \left[ \sum (X - X_{\text{平}})^2 / (n-1) \right]^{1/2} \tag{1-1}$$

式中　$\delta$——混匀矿 TFe 或 $SiO_2$ 的标准偏差；

　　　$X$——混匀矿批样 TFe 或 $SiO_2$ 的含量，%；

$X_{平}$——混匀矿 $n$ 批样 TFe 或 $SiO_2$ 含量的算术平均值，%；

　$n$——混匀矿总分析批次。

控制混匀矿标准偏差 $\delta_{TFe}<0.4$，$\delta_{SiO_2}<0.25$，提高烧结矿产质量和降低能耗。

### 3. 铁料中和混匀的原则

铁料中和混匀的原则是平铺直取。

平铺是将成分不一的铁料分成若干重叠的料层，平铺形成混匀矿堆。

直取是将成分不一的混匀矿堆沿料层高度方向全断面切取，形成混匀矿后输出到烧结工序参与配料。

混匀矿堆越高，堆积层数越多，混匀效果越好。

平铺料层越薄，每层成分越均匀，混匀效果越好。

直取布点越多，取料粒度和成分越均匀，混匀效果越好。

### 4. 提高铁料中和混匀效果的主要措施

(1) 有完善的中和混匀系统和科学管理方法并严格执行。

(2) 原料有足够的安全储量，保证混匀矿连续稳定生产。

(3) 稳定入厂原料成分，来料按品种和成分分别堆放，标识定置管理，不得混堆。

(4) 严控入厂原料水分和粒度，不得因水分过大而影响混匀效果，大粒料需经破碎筛分处理后再混匀，避免铺料过程中产生粒度偏析。

(5) 对于来量少、配比小、成分波动大的多品种循环物料，预先通过质量配料和混匀工艺形成综合粉后再参与混匀矿造堆。

(6) 混匀矿造大堆，一堆一取交替进行，铺料要匀、薄、层数多，取料要全断面多点垂直切取，避免不均匀取料。

(7) 设计完善的混匀矿端部料处理工艺，将端部料返回一次料场循环使用。如果没有端部料处理工艺，采取改变布料起点和终点位置的多段布料方式，力求减少端部料量及其成分波动。

(8) 根据物料品种、水分、粒度、成分不同，合理调整不同原料在混匀矿配料仓的布置位置，减小沿混匀矿堆横截面方向上粒度和成分的波动，例如 TFe 或 $SiO_2$ 含量相差很大的几种物料靠近布置；水分大、粒度粗的物料不宜最后入堆；辅料杂料、炉尘等配比小的物料应堆置在料堆横断面的中部等。

(9) 选择混匀效率高的取料机，如双斗轮取料机，同时取混匀矿堆的端部和中部料，减小因粒度偏析而造成的化学成分偏析。

# 二、烧结铁矿粉

根据铁氧化物存在形态分类，主要有磁铁矿、赤铁矿、褐铁矿等。

根据铁矿石处理流程分类，有富矿粉和精矿粉。

### 1. 铁矿粉烧结性能评价内容

铁矿粉烧结性能评价内容包括化学性能、物理性能、烧结基础特性等。

对于烧结生产，铁矿粉化学性能是基础，物理性能是保证，烧结基础特性是关键。

铁矿粉化学性能包括有价成分、负价成分、有害杂质三部分。

有价成分包括 $TFe$、$Fe_2O_3$、$Fe_3O_4$、$FeO$、$FeCO_3$、$CaO$、$MgO$ 等。

负价成分包括 $SiO_2$、$Al_2O_3$ 等。

有害杂质包括 $S$、$P$、$F$、$Cl$、$As$、$K_2O$、$Na_2O$、$Pb$、$Zn$ 等。

$$铁矿粉综合品位 = \{TFe_{铁矿粉}/[100 + 2R_{4炉渣}(SiO_2 + Al_2O_3)_{铁矿粉} - 2(CaO + MgO)_{铁矿粉}]\} \times 100\%$$

物理性能包括粒度组成、密度、孔隙率、比表面积、亲水性、成球性等。

烧结基础特性包括同化性、液相流动性、铁酸钙生成特性、黏结相强度特性、连晶固结特性。

### 2. 烧结对铁矿粉的质量要求

烧结要求铁矿粉品位高，化学成分稳定，脉石成分适于造渣，有害杂质少，粒度和水分适宜，由铁矿粉配合而成的混匀矿综合烧结特性良好。

水分以不影响带料和混匀为宜，精矿粉水分小于10%，富矿粉水分小于8%。

精矿粉粒度与晶粒大小、磨矿选矿生产工艺有关，烧结对精矿粉粒度不做要求。

烧结要求富矿粉粒度小于8mm。当生产高碱度烧结矿和烧结高硫矿粉时，为有利于生成铁酸钙系液相和提高脱硫率，富矿粉和高硫矿粉的粒度不宜大于6mm。

富矿粉粒度需适宜，力求+8mm粒级小于10%，因为大颗粒物料影响制粒效果，而且烧不透，降低烧结温度，不能与其他矿粉熔融黏结，同时−3mm粒级小于45%，粒度组成趋于均匀，有利于改善烧结料层透气性。

富矿粉粒度过大的不利影响：

(1) 在相同料层厚度下，烧结温度水平低，烧结成型条件差，烧结矿中有大量残留未熔固结的颗粒生料，降低烧结矿转鼓强度，增加返矿率。

(2) 布料时易偏析落到台车边部和料层下部，加重边部效应，加大料层上部和下部烧结矿组织结构和化学成分不均匀，熔剂矿化不充分。

(3) 烧结过程料层透气性过剩，降低总管负压，废气带走的热量增加，热利用率低，降低烧结矿产量且质量变差。

富矿粉粒度过小，烧结过程均匀性好，加快熔剂和铁矿粉之间的固相反应，脱除有害杂质较完全，但烧结料层透气性变差，垂直烧结速度减慢，降低烧结矿产量。

# 三、烧结熔剂

## 1. 熔剂分类

熔剂按其性质分为碱性熔剂、中性熔剂、酸性熔剂三种，见表 1-2。

表 1-2　熔剂分类及其作用特点

| 分类 | 中文名称 | 化学分子式 | 作用 | 特点 |
|---|---|---|---|---|
| 碱性熔剂 | 生石灰(冶金石灰、白灰) | $CaO$ | 提供 $CaO$ | $CaO$ 高<br>遇水消化放热 |
| | 石灰石(方解石) | $CaCO_3$ | 提供 $CaO$ | $CaO$ 较高<br>需吸热分解 |
| | 消石灰(熟石灰) | $Ca(OH)_2$ | 提供 $CaO$ | $CaO$ 较高<br>微溶于水放热<br>580℃脱水成 $CaO$<br>与 $CO_2$ 反应生成 $CaCO_3$ |
| | 白云石 | $Ca \cdot Mg(CO_3)_2$ | 提供 $CaO$、$MgO$ | $CaO$ 低<br>$MgO$ 低<br>含 $CaO$ 和 $MgO$ 碱性氧化物<br>需吸热分解 |
| | 菱镁石 | $MgCO_3$ | 提供 $MgO$ | $MgO$ 高<br>需吸热分解 |
| 酸性熔剂 | 蛇纹石 | $3MgO \cdot 2SiO_2 \cdot 2H_2O$ | 提供 $SiO_2$、$MgO$ | $SiO_2$ 较高<br>$MgO$ 较高<br>含有酸碱两种氧化物<br>首先吸热分解结晶水，然后结晶产生放热效应 |
| | 橄榄石 | $(Mg \cdot Fe)_2SiO_4$ | 提供 $SiO_2$、$MgO$ | $SiO_2$ 低<br>$MgO$ 较低<br>含有酸碱两种氧化物<br>不易发生分解和吸热反应 |
| | 石英石(硅石) | $SiO_2$ | 提供 $SiO_2$ | $SiO_2$ 高<br>无需分解 |
| 中性熔剂 | 三氧化二铝 | $Al_2O_3$ | 提供 $Al_2O_3$ | 唯一中性熔剂 |

　　烧结常用碱性熔剂和酸性熔剂，不使用中性熔剂。

　　常用碱性熔剂有生石灰、石灰石、白云石、菱镁石，常用酸性熔剂是蛇纹石。

　　蛇纹石和橄榄石虽然含有酸碱两种氧化物，但属于酸性熔剂，因为烧结原料中配加蛇纹石和橄榄石的目的是提高烧结矿 $SiO_2$ 含量。

## 2. 烧结对熔剂的质量要求

　　烧结要求熔剂化学成分稳定，有效成分高，有害杂质少，粒度和水分适宜。

　　生石灰、石灰石的有效成分是 $CaO$，白云石的有效成分是 $CaO$ 和 $MgO$，菱镁石的有效成分是 MgO。

蛇纹石和橄榄石的有效成分是 $SiO_2$ 和 MgO，硅石的有效成分是 $SiO_2$。

熔剂（生石灰和消石灰除外）水分以小于 3％为宜，既不影响破碎筛分和皮带机、料嘴溜槽带料粘料，不影响熔剂在混合料中均匀分布，又起到熔剂在输送和破碎筛分过程中抑尘的作用，有利于熔剂提前充分润湿、制粒造球和烧结过程中传热、矿化反应。

为了有利于熔剂充分分解和完全矿化，控制熔剂－3mm 粒级在 85％以上。熔剂粒度过粗，在烧结过程中分布不均匀，分解和矿化反应速率缓慢，生成物成分不均匀，甚至烧结矿中残留未反应的石灰石、白云石、CaO、MgO，尤其游离 CaO 受潮遇水后体积膨胀和产生粉化，导致烧结矿转鼓强度变差。熔剂粒度过细不仅增加电耗，而且增加配料除尘灰量。

**3. 烧结使用熔剂的目的**

（1）满足高炉冶炼造渣成分，使烧结矿 CaO、$SiO_2$、MgO 含量达到高炉冶炼要求值。

（2）使烧结矿熔剂化，强化烧结过程和提高烧结产质量指标。根据高炉炉料结构生产酸性、自熔性、熔剂性烧结矿，达到适宜炉渣碱度，使高炉冶炼少加或不加碱性/酸性熔剂，强化高炉冶炼，减少渣量，高炉增铁节焦。

（3）选择适宜熔剂品种并合理使用，已经成为强化烧结过程和改善烧结矿冶金性能必不可少的手段。

（4）烧结常用碱性熔剂及其作用。铁矿石的脉石成分大多以 $SiO_2$ 为主，烧结常用碱性熔剂调整烧结矿碱度和 MgO 含量，满足高炉要求。

烧结使用碱性熔剂，碱性氧化物 CaO 和 MgO 能与 $Fe_2O_3$、$SiO_2$、$Al_2O_3$ 发生矿化作用生成低熔点物质，在固体燃耗较低的情况下获得足够的液相，改善烧结矿的物化性能和冶金性能。

（5）烧结配加酸性熔剂及其作用。烧结矿 $SiO_2$ 含量过低时配加酸性熔剂，增加烧结过程液相生成量，提高转鼓强度，满足质量要求。

**4. 生石灰主要特性和作用**

生石灰是石灰石经高温煅烧而成，化学反应方程式为 $CaCO_3 \Longrightarrow CaO + CO_2$。

900℃下，石灰石 $CaCO_3$ 热分解产生 $CO_2$。实际生产中为加快石灰石的分解，将煅烧温度提高到 1000～1100℃，由于石灰石原料粒度不均匀和煅烧温度分布不均匀等原因，产品生石灰中常有生烧和过烧现象。

（1）生石灰的生烧、过烧、灼减　生石灰的生烧指未分解的石灰石，难溶于水，与水不发生化学反应，当有 $CO_2$ 存在时，发生化合反应 $CaCO_3 + CO_2 + H_2O \Longrightarrow Ca(HCO_3)_2$。

生烧率指未分解的石灰石质量 $G_{石灰石}$ 占生石灰总质量 $G_{生石灰}$ 的百分数。

灼减指生石灰被加热到1000℃左右，完全灼烧后失去的质量占生石灰总质量的百分数。生石灰灼减一是由于存在残余未分解的$CaCO_3$，二是由于生石灰吸收了大气中的水分和$CO_2$。因烧结用的生石灰存储在料仓内且用密封罐车输送、压缩空气或氮气打入烧结配料仓，吸收大气中的水分和$CO_2$可忽略不计，所以生石灰灼减几乎是残余未分解$CaCO_3$灼烧后放出的$CO_2$量$G_{CO_2}$占生石灰总质量$G_{生石灰}$的百分数。

由生烧率$K=(G_{石灰石}\div G_{生石灰})\times100\%$，灼减$\eta=(G_{CO_2}\div G_{生石灰})\times100\%$推导出：

$$K=(G_{石灰石}\div G_{CO_2})\eta=(100\div44)\eta=2.273\eta$$

（$CaCO_3$分子量为100，$CO_2$分子量为44）

生石灰灼减高则生烧率高，表明有较多$CaCO_3$未完全煅烧分解生成CaO，黏结力差。

生石灰的过烧指石灰石煅烧过程中由于局部温度过高，与硅酸盐互相熔融生成的硬块和消化很慢的石灰，短时间内不能被水化。

过烧石灰结构致密，气孔率低，表面常包覆一层熔融物，活性度差，水化很慢。

生石灰生烧率和过烧率之和小于15%，能充分发挥提高料温、强化制粒等作用。

（2）生石灰的活性度

① 检测生石灰活性体积

$$CaO+H_2O = Ca(OH)_2 \quad （生石灰水化反应式）$$

$$Ca(OH)_2+2HCl = CaCl_2+2H_2O \quad （水化产物与盐酸中和反应式）$$

a. 称取1~5mm生石灰试样50g，放入干燥器中备用。

b. 量取（40±1）℃水2000mL倒入3000mL烧杯中，开启搅拌器，用温度计测水温。

c. 烧杯中加酚酞指示剂8~10滴，将生石灰试样一次倒入水中消化并开始计时。

d. 消化开始呈红色时用4mol/L的HCl滴定直到红色消失，又出现红色时继续滴入4mol/L的HCl，直到混合液中红色再消失，如此往复操作，记录10min内消耗的4mol/L的HCl体积，即为生石灰活性体积。

② 计算生石灰活性度

$$S=0.112V/(GC) \tag{1-2}$$

式中　$S$——生石灰活性度，mL/gCaO；

0.112——换算系数（56gCaO——2mol/L的HCl，4mol/L的HCl——112gCaO）；

$V$——生石灰活性体积，mL；

$G$——生石灰试样质量，50g；

$C$——生石灰CaO含量，%。

生石灰活性度表征一定质量（50g）的生石灰中CaO水化反应后生成$Ca(OH)_2$，在10min内用4mol/L的HCl中和$Ca(OH)_2$所消耗的体积，反映生石灰水化反应性能。

（3）目测判断生石灰CaO含量

① 观察生石灰的颜色，颜色越白，CaO含量越高。

② 称量生石灰质量，相同体积生石灰质量越轻，CaO含量越高。

③ 水洗生石灰，水洗后残留量越少，生烧率和过烧率越低，CaO含量越高。

④ 生石灰水化反应越强烈，水温升高越多，生石灰 CaO 含量越高。

（4）生石灰强化烧结过程（生石灰代替石灰石的优点）

① 亲水胶体作用和凝聚作用，增强料球强度和密度。

生石灰遇水消化后呈现粒度极细的消石灰胶体颗粒，平均比表面积达 $30m^2/g$，比消化前增大近 100 倍，消石灰胶体颗粒不仅具有极强亲水胶体作用，而且具有凝聚作用，在烧结料中分布均匀，易进行化学反应促进生成液相，提高烧结矿产质量。

单纯物料加水润湿制成的料球靠毛细力维持，一旦失去水分很容易碎散，而含有消石灰胶体颗粒的料球，在受热干燥过程中收缩，由于凝聚作用使其周围的固体颗粒进一步靠近，产生更大的分子吸引力，增强混合料凝聚力，提高料球强度和密度，强化制粒效果，提高烧结矿产量，是生石灰优于其他熔剂所特有的强化作用。

② 增加湿容量，减小料球破坏。

由于消石灰胶体颗粒具有较大的比表面积，所以含有 $Ca(OH)_2$ 的混合料小球可以吸附和持有大量水分而不失去物料的疏散性和透气性，增大混合料的最大湿容量，减小冷凝水破坏料球和堵塞料球间的气孔，保持烧结料层良好的透气性。

③ 热稳定性好，保护料球不被破坏。

胶体颗粒持有水分能力强，受热时水分蒸发没有单纯物料那样猛烈，烧结过程热稳定性好，抵抗干燥过程对料球的破坏作用，料球不易炸裂，增强抵抗过湿的能力，是生石灰改善料层透气性的主要原因。

④ 生石灰遇水消化放热，提高混合料温度，减小料层阻力。

生石灰代替石灰石，减少碳酸钙分解所消耗的热量，利于降低固体燃耗，提高混合料温度，能更快更均匀矿化，促进固相反应和液相生成，更易生成熔点低、流动性好、易凝结的液相，加快烧结速度，且防止游离 CaO "白点"残存于烧结矿中而粉化，提高烧结矿产量，改善质量。

⑤ 生石灰消化成消石灰产生的 $H^+$ 和 $OH^-$ 是碳素燃烧的催化剂，促进烧结料中碳顺利而迅速地燃烧，加快烧结速度，提高烧结生产率。

综上所述，生石灰是铁矿粉烧结必不可少的碱性熔剂，活性度高的生石灰是强化烧结过程的有效途径之一，对提高烧结产量、改善质量有显著的正面影响。

（5）使用生石灰注意事项

① 生石灰配比适宜。配加生石灰是强化制粒和强化烧结过程的重要手段，但并非生石灰配比越高越好，需根据原料性质适量配加。一是生石灰单价比石灰石高，用量过多则增加熔剂成本，不经济；二是生石灰密度小，用量过多则烧结料过分疏松，降低堆密度，加快垂直烧结速度，烧结矿脆性增大，降低强度转鼓，增加返矿率；三是生石灰消化后比表面积剧增且激烈放出消化热，可能引起水分激烈蒸发，料球因体积膨胀而破碎，反而恶化料层透气性；四是生石灰配比加到一定程度后，烧结生产率增长幅度平缓甚至减小。

以赤铁矿和褐铁矿富矿粉为主料烧结条件下，因富矿粉本身含有大量颗粒料，若配加大量生石灰则料层透气性过剩，固体燃料燃烧产生的高温热量大量被烧结废气带走，浪费固体燃料且不利于烧结矿固结，同时生石灰密度小，造成烧结料堆密度小，烧结矿收缩大，形成大孔薄壁烧结矿，转鼓强度低且成品率低，所以赤铁矿和褐铁矿配比高时，烧结料湿容量大，烧结过程过湿带的影响程度明显减弱，不需要配加过高的生石灰。

若使用制粒性能较差的镜铁矿粉或以细粒精矿粉为主料烧结条件下，生石灰配比可适当高些，以改善混合料制粒效果。

② 生石灰在特定工艺段内完成消化。生石灰与水或湿料接触时便开始消化反应，需在配料室和一次混合机内完成消化。如果在特定工艺段内加水量不足，生石灰则吸收混合料中的水分而且体积膨胀，产生水分波动和破坏混合料成球性的负面影响。再者生石灰完全消化，则充分发挥消化放热提高料温和制粒黏结剂的作用。

生石灰消化的最佳参数为：温度 50℃ 以上，粒度 0.5～3mm 并充分搅拌。

③ 适宜的生石灰活性体积。实验室研究和生产实践表明，生石灰活性体积高，则加快水化反应速率；活性体积较低，不利于生成铝硅铁酸钙 $CaO \cdot Fe_2O_3 \cdot SiO_2 \cdot Al_2O_3$，但活性体积也并非越高越好，活性体积大于 300mL 后生成 SFCA 的比例反而有所降低，适宜的生石灰活性体积为 260～300mL。

④ 生石灰在运输储存过程中避免受潮，防止失去 CaO 作用和污染环境。

(6) 有关计算

【例 1-1】生石灰 CaO 含量 85%，计算 1t 生石灰完全消化理论加水量。计算结果保留小数点后两位小数。

**解** 设理论需加水 $X$(t)。

$$CaO \quad + \quad H_2O = Ca(OH)_2$$
$$56g \qquad\quad 18g$$
$$(1 \times 85\%)t \qquad X$$
$$X = 18 \times (1 \times 85\%) \div 56 = 0.27(t)$$

实际烧结生产中，适当加过量水并伴有搅拌是生石灰充分消化的前提，一般 1t 生石灰约加 0.3t 水，且加热水有助于生石灰快速消化并提高活性度。

【例 1-2】混合料平均比热容 1.05kJ/(kg·℃)，生石灰 CaO 含量 80%，配加 5% 生石灰消化放出的热量全部被混合料利用，计算理论提高混合料温度是多少？计算结果保留小数点后一位小数。

**解** 生石灰消化放热反应如下：

$CaO + H_2O = Ca(OH)_2 \quad +64.35kJ/mol$

生石灰充分消化放热 = 64.35 × 5% × 1000 × 0.8 ÷ 56 = 45.96(kJ/kg)

理论提高混合料温度 = 45.96 ÷ 1.05 = 43.8(℃)

但因混合料为冷料尤其冬季有冻块和所加的水吸热，实际生产中提高料温有限。

【例 1-3】石灰石 CaO 含量 49.6%，MgO 含量 3.2%，$SiO_2$ 含量 1.6%，烧损 43.2%，石灰石焙烧过程损耗忽略不计，计算石灰石完全焙烧后生成的生石灰 CaO 和 MgO 含量。计算结果保留小数点后两位小数。

**解** 生石灰 CaO 含量 = 49.6% ÷ (1−43.2%) = 87.32%

生石灰 MgO 含量 = 3.2% ÷ (1−43.2%) = 5.63%

**【例 1-4】**石灰石 CaO 含量 49.6%，MgO 含量 3.2%，烧损 43.2%，石灰石焙烧过程中 CaO 损耗 5%，计算石灰石完全焙烧后生成生石灰 CaO 的含量。计算结果保留小数点后两位小数。

**解**　生石灰 CaO 含量＝49.6%÷(1−43.2%)×(1−5%)＝82.96%

**【例 1-5】**焙烧生石灰所需热值：

$$CaCO_3 = CaO + CO_2 - 5.33MJ/kg\ CaO$$

焙烧生石灰为煤粉和转炉煤气混烧，煤粉热值 27MJ/kg，煤粉单耗 160kg/tCaO，转炉煤气热值 5.434MJ/m³，计算生石灰产量 25t/h 所需转炉煤气的流量（m³/h）。计算结果保留小数点后两位小数。

**解**　生石灰产量 25t/h 所需总热值＝5.33×1000×25＝133250（MJ/h）

煤粉提供热值＝160×25×27＝108000（MJ/h）

需转炉煤气提供热值＝133250−108000＝25250（MJ/h）

需转炉煤气流量＝25250÷5.434＝4646.67（m³/h）

### 5. 白云石、蛇纹石烧结特性和作用

烧结 MgO 源有白云石、菱镁石、蛇纹石、橄榄石，常用白云石和蛇纹石。

（1）白云石、蛇纹石的物化特性　白云石是钙镁碳酸盐，化学分子式 Ca·Mg$(CO_3)_2$，理论 CaO 含量 30.43%，理论 MgO 含量 21.74%，理论烧损 47.83%，自然界开采白云石 CaO 含量一般 32%左右，MgO 含量一般 17%~19%，含有 $SiO_2$、$Al_2O_3$、$Fe_2O_3$、Mn、Pb、Zn 等杂质，颜色多为白色、灰色、暗粉红色等，透明到半透明，具有玻璃光泽，莫氏硬度 3.5~4.5，密度 2.8~3.0g/cm³，亲水性差，不利于混合料制粒。

蛇纹石属低品位橄榄石，是高镁高硅矿物，化学分子式 3MgO·2SiO$_2$·2H$_2$O，理论 MgO 含量 43.64%，理论 SiO$_2$ 含量 43.36%，理论结晶水含量 13.04%，自然界开采蛇纹石 MgO 和 SiO$_2$ 含量一般 35%~38%，主要杂质为 $Al_2O_3$ 和 $Fe_2O_3$，含有 Ni、Mn、Cr 等氧化物。蛇纹石因其外表分化似蛇皮而得名，颜色随所含杂质成分不同而呈现程度不同的绿色，常具蜡状光泽或玻璃光泽，莫氏硬度 2.5~4.0，密度 2.5~2.8g/cm³，蛇纹石是橄榄石风化变质后的矿物，亲水性较好，利于混合料制粒。

（2）白云石、蛇纹石的 MgO 形态和烧结特性　白云石与蛇纹石虽然都属于含 MgO 源矿物，但因 MgO 存在形态和矿物性能不同，而且烧结过程中生成的矿物组成不同，所以对烧结矿产质量影响也不同。

① 随着白云石配比的增加，烧结矿 MgO 含量从 1%提高到 2.8%，固体燃耗升高，利用系数降低，转鼓强度呈降低趋势。

不同产地、不同成因的白云石分解特性不尽相同。

大部分产地白云石热分解分两个阶段完成，低温阶段吸热分解出 $CaCO_3$ 和 MgO 固熔体，高温阶段 $CaCO_3$ 继续吸热分解出 CaO 和 $CO_2$。

$$CaMg(CO_3)_2 = MgO + CaCO_3 + CO_2 \quad 720\sim765℃$$

$$CaCO_3 = CaO + CO_2 \quad 910\sim940℃$$

部分产地白云石 700~900℃ 一步分解为 MgO、CaO、$CO_2$ 的混合物，MgO 的生成速率略高于 CaO。

烧结过程中，白云石首先发生吸热分解反应，随着白云石配比的提高，分解所需热耗提高，需相应增加固体燃耗，其次分解后的 MgO、CaO 需与其他液相黏结，否则烧结矿转鼓强度变差，且分解产生的 MgO 矿化生成镁橄榄石 $2MgO \cdot SiO_2$、钙镁橄榄石 $CaO \cdot MgO \cdot SiO_2$、铁酸镁 $MgO \cdot Fe_2O_3$ 等高熔点化合物，烧结温度下这些高熔点化合物不易生成液相而降低烧结固结强度，同时生成的镁橄榄石和钙镁橄榄石一般以玻璃质的物相存在，玻璃相数量增加且其中微细裂纹有损烧结矿转鼓强度，黏结相中铁酸钙系矿物也有所降低。

烧结过程中，MgO 起难熔相的作用，液相线温度上升，由于生成含镁高熔点物质，MgO 矿化需较高烧结温度和较长高温保持时间，需适当降低垂直烧结速度。

如果白云石配比增加而固体燃耗不增加，垂直烧结速度不降低，则烧结料层内热量不足，白云石分解和矿化不充分，部分 MgO 残骸保留在烧结矿中，不能和其他矿物反应或矿物结晶程度低，晶粒粗大，晶型不完整，影响烧结矿粒度组成、转鼓强度，使还原性变差。如果增加配碳量，同样会使转鼓强度和还原性变差，同时降低烧结生产率，因为白云石高温条件下形成高熔点含镁矿物，如镁橄榄石 $2MgO \cdot SiO_2$ 熔点 1890℃、钙镁橄榄石 $CaO \cdot MgO \cdot SiO_2$ 熔点 1490℃ 等，这些矿物的强度和还原性都不及铁酸钙系矿物，而且随着白云石配比的增加，液相量减少，液相黏度增大，气孔率增大，物相变得复杂且各种物相结晶膨胀系数差异大，在冷凝过程中形成大气孔且形状不规则、应力集中的烧结矿结构组织，降低转鼓强度。

② 随着蛇纹石配比的提高，烧结矿 MgO 含量从 1% 提高到 2.8%，烧结固体燃耗降低，转鼓强度和利用系数提高，烧结矿粒度组成趋于合理，改善冶金性能，转鼓强度呈升高趋势，但蛇纹石配比大于 2.5%（因烧结矿碱度和铁矿粉种类不同而不同）后，出现部分柱状和片状结构铁酸钙，转鼓强度不再提高甚至有降低的趋势，还原性也降低。

a. 烧结过程中蛇纹石的热化学性质

$$3MgO \cdot 2SiO_2 \cdot 2H_2O \xrightarrow{\text{吸热}} 2MgO \cdot SiO_2 + SiO_2 + 2H_2O \xrightarrow{\text{放热}} 2MgO \cdot SiO_2 + MgO \cdot SiO_2$$

蛇纹石 300℃ 吸热分解出结晶水，685℃ 生成镁橄榄石 $2MgO \cdot SiO_2$ 和无定性的游离 $SiO_2$，813℃ 镁橄榄石 $2MgO \cdot SiO_2$ 再结晶成为烧结矿中的低熔点黏结相并产生放热效应，且游离 $SiO_2$ 与部分镁橄榄石结合形成 $MgO \cdot SiO_2$，有利于 MgO 的矿化，增加烧结液相量，改善结晶状态和烧结矿转鼓强度。

b. 蛇纹石中 MgO 属化合态物相，能与 $Fe_2O_3$ 和 $Fe_3O_4$ 构成铁矿物黏结相，而不破坏烧结矿转鼓强度，镁橄榄石 $2MgO \cdot SiO_2$ 即使不与其他矿物反应也能起黏结相作用，无需经过固液相反应，固体燃耗较白云石低，如果蛇纹石粒度细，降低燃耗效果则更明显。

c. 蛇纹石中结晶水分解使烧结过程均匀矿化，烧结料层中氧位升高，增加铁酸钙生成量，而且再结晶后的镁橄榄石 $2MgO \cdot SiO_2$ 在烧结温度下难以熔化起骨架的作用，有利于转鼓强度、利用系数和成品率的提高。

d. 蛇纹石主要组成为 MgO 和 $SiO_2$，配加蛇纹石不仅带入活性较高的 MgO，使之易与其他组分形成化合物，改善 MgO 反应活性，同时提高烧结矿中 $SiO_2$ 含量，高铁低硅烧结条件下提高烧结矿产质量指标。

e. 蛇纹石熔剂的黏结相强度高。某院校将不同镁质熔剂与 -0.15mm 混匀矿混合制成 $\phi$8mm、高 5mm 小饼试样，在 R2.0、$SiO_2$ 含量 5%、MgO 含量 2% 条件下进行微型烧结试验，测试黏结相抗压强度见表 1-3。

表 1-3　蛇纹石和白云石黏结相抗压强度比较

| 名称 | R2.0、$SiO_2$ 含量 5%、MgO 含量 2%，黏结相抗压强度/N | | |
| --- | --- | --- | --- |
| | 1240℃ | 1280℃ | 1320℃ |
| 蛇纹石 | 400 | 625 | 510 |
| 轻烧白云石 | 410 | 510 | 380 |
| 白云石 | 396 | 500 | 300 |

较低温度 1240℃ 时，三种镁质熔剂试样的黏结相强度相差不大，都在 400N 左右，较高温度 1280℃ 和 1320℃ 时，蛇纹石的黏结相强度高。

以上综述是蛇纹石优于白云石的根本原因。如果蛇纹石粒度细（小于 2mm），则能更好发挥其烧结特性，利于增强烧结过程氧化性气氛并改善热态透气性，促进生成铁酸钙，利于蛇纹石的矿化，为提高成品率和转鼓强度、改善低温还原粉化性能创造有利条件。

随着蛇纹石配比的增加，控制烧结矿中 $Al_2O_3$ 含量不宜过高（1.0%～1.8%），$Al_2O_3/SiO_2$ 在 0.1～0.35（不超 0.4），否则铝固熔于铝硅铁酸钙 SFCA 的量增多，会部分结合烧结矿中 CaO 和 $SiO_2$，减少 CaO 和 $SiO_2$ 参与形成黏结相，降低烧结矿转鼓强度，因此考虑降低 $Al_2O_3/SiO_2$ 的同时，增加 CaO 含量生产高碱度烧结矿，促进生成铁酸钙而减少 $Fe_2O_3$ 含量，同时实施低温烧结生成针状铁酸钙，对于改善烧结矿转鼓强度和还原性具有重要意义。

蛇纹石配比大于 2.5%，烧结矿中柱状和片状结构铁酸钙增多，强度和还原性不及针状铁酸钙，断裂韧性较差，尽管矿物组成变化不大，但结构上 $Fe_3O_4$ 减少，再生 $Fe_2O_3$ 赋存在交织熔蚀结构中，再生 $Fe_2O_3$ 还原促进裂纹产生，恶化低温还原粉化性能。

③ 蛇纹石改善烧结矿还原性。烧结过程中蛇纹石分解出结晶水，促进蛇纹石均匀矿化，固体燃料用量一定情况下烧结料层氧位提高，随着蛇纹石配比的提高，烧结矿 FeO 含量降低，还原性好。

蛇纹石中的镁橄榄石 2MgO·$SiO_2$ 晶体不但提高烧结矿的转鼓强度和软化温度，同时改善还原性能，因为还原过程中镁橄榄石受热产生异轴膨胀，有利于还原气体的扩散。

配加白云石，烧结矿黏结相中玻璃质和 MgO 均属均质体和等轴晶系，受热后产生等向膨胀，造成的间隙不大或没有，不利于还原。

④ 磁铁精矿粉破坏蛇纹石性质。蛇纹石配比一定情况下，增加磁铁精矿粉配比，因为 $Fe_3O_4$ 氧化放热效应（300℃ 开始氧化，700～900℃ 仍有放热反应）使固熔温度升高，

蛇纹石结晶水分解后生成的镁橄榄石 $2MgO \cdot SiO_2$ 固熔铁的现象加重，黏度增大，促使镁橄榄石 $2MgO \cdot SiO_2$ 向玻璃相转化，破坏蛇纹石的性质，使得烧结矿的转鼓强度和还原性变差，所以增加磁铁精矿粉配比应降低固体燃耗。

赤铁矿粉烧结配加蛇纹石，无论蛇纹石与赤铁矿反应或不反应、构成或不构成铁矿物黏结相，都不破坏蛇纹石的性质。蛇纹石结晶水分解后生成镁橄榄石 $2MgO \cdot SiO_2$ 是烧结矿中较理想的黏结相，有利于提高转鼓强度，提高烧结矿软化温度和改善还原性，因为 $Fe_2O_3$ 需在 1383℃下吸热发生分解反应 $6Fe_2O_3 \rightleftharpoons 4Fe_3O_4 + O_2$，而在 813℃镁橄榄石 $2MgO \cdot SiO_2$ 已完成再结晶过程，所以赤铁矿对蛇纹石的性质基本无影响。

（3）白云石和蛇纹石的作用　在烧结和高炉冶炼过程中，适量 MgO 改善烧结矿低温还原粉化率 $RDI_{+3.15mm}$ 和熔滴性能，提高烧结矿软熔温度，同时 MgO 作为高炉炉渣重要成分，有效改善炉渣理化性能，抑制碱金属在高炉内循环，减少富集。

① 烧结配加白云石的目的　烧结配加白云石主要是调整烧结矿 MgO 含量，满足高炉炉渣 MgO 含量和镁铝比 $MgO/Al_2O_3$ 的要求，降低炉渣黏度，改善炉渣流动性，提高炉渣脱硫能力。

② 烧结配加蛇纹石的目的　烧结配加蛇纹石主要是为了提高烧结矿 $SiO_2$ 含量。

酸性熔剂选用蛇纹石而不选用硅石，因为硅石焙烧时转化迟钝且膨胀性大，硅石纯度高（$SiO_2 > 98\%$），在同等 $SiO_2$ 补充量下硅石的配比约是蛇纹石配比的 $1/3$，很小的配比影响配料电子秤的称量精度，且硅石在混合料中混不均匀直接导致烧结矿中 $SiO_2$ 分布不均匀、液相生成量不均匀。配加蛇纹石同时带入 $SiO_2$ 和 MgO 两种造渣成分，有助于改善烧结矿低温还原粉化率 $RDI_{+3.15mm}$，对烧结矿质量和烧结工艺均有利。

③ 烧结料中 MgO 的作用和影响　烧结料中 MgO 含量主要通过白云石和蛇纹石带入，有些铁矿粉中也含少量 MgO。

a. MgO 有助于稳定 $Fe_3O_4$ 和抑制二次 $Fe_2O_3$ 形成，改善烧结矿低温还原粉化性能。

烧结矿在高炉内低温还原区的条件下，首先由 $\alpha\text{-}Fe_2O_3$ 经过 $\gamma\text{-}Fe_2O_3$ 还原为 $Fe_3O_4$，$\alpha\text{-}Fe_2O_3$ 常分布在烧结矿边部和孔洞边，还原过程中由于 $\alpha\text{-}Fe_2O_3 \longrightarrow Fe_3O_4$ 相变体积膨胀，在烧结矿边部和孔洞边形成低温相变破裂而粉化。配加白云石或蛇纹石后，在较高焙烧温度下 $Mg^{2+}$ 很容易进入磁铁矿晶格中占据 $Fe^{2+}$ 空位生成镁磁铁矿 $Fe_3O_4 \cdot MgO$（因 $Mg^{2+}$ 半径和磁铁矿中 $Fe^{2+}$ 半径相近，$Mg^{2+}$ 和 $Fe^{2+}$ 可互相取代形成连续的完全类质同相物质），同时 MgO 稳定了磁铁矿晶格，使 $Fe_3O_4$ 氧化为 $Fe_2O_3$ 的反应受阻，减少了降温过程中二次 $Fe_2O_3$ 的形成，有效抑制烧结矿低温还原粉化。

MgO 对烧结矿低温还原过程的影响与 $Al_2O_3$ 含量有关，不含 $Al_2O_3$ 时，MgO 抑制烧结矿低温还原；$Al_2O_3$ 存在时，MgO 对低温还原的抑制作用减弱。

烧结矿还原过程中裂纹的形成与矿物组成及结构有关，适当的孔隙有利于减少裂纹的形成，这是适量 MgO 可以改善烧结矿低温还原粉化性能的原因。

b. MgO 改善烧结矿软熔性能。MgO 属高熔点（2800℃）物质，烧结温度下不可能被熔化，但当配加磁铁矿粉时，MgO 与 $Fe_3O_4$ 无限固熔生成镁浮氏体，且随 MgO 在浮氏体内固熔量的增加，固熔体开始软化温度升高，软熔温度区间较窄，所以 MgO 在特定条件下能改善烧结矿的软熔性能。

c. MgO对转鼓强度和还原性的影响。MgO对转鼓强度和还原性有正负双重影响。

MgO的存在加大MgO与CaO、$SiO_2$、FeO结合机会，MgO固溶于$\beta$-2CaO·$SiO_2$中，对$\beta$-2CaO·$SiO_2 \rightarrow \gamma$-2CaO·$SiO_2$相变起稳定作用，抑制了$\gamma$-2CaO·$SiO_2$的形成，减轻烧结矿冷却过程中的粉化。烧结矿MgO含量适当时，玻璃相减少，液相张力增加，对提高转鼓强度有一定作用，同时改善高炉渣相流动性，对高炉造渣有良好作用。

MgO与$Fe_2O_3$在800℃开始形成铁酸镁MgO·$Fe_2O_3$，减少铁酸钙生成量，且MgO·$Fe_2O_3$熔点高（1580℃），烧结温度下不熔化，降低烧结矿转鼓强度。

MgO易与$Fe_3O_4$生成镁磁铁矿$Fe_3O_4$·MgO，阻碍$Fe_3O_4$被氧化成$Fe_2O_3$，减少铁酸钙黏结相量，降低烧结矿转鼓强度和还原性。

加入MgO，因生成的钙镁橄榄石阻碍难还原的铁橄榄石和钙铁橄榄石的生成，所以一定程度上改善烧结矿还原性。

烧结料中MgO含量过高时，因MgO熔点高不易熔化，使得初熔相的液相线温度升高，熔体的过热度降低，黏度增大，使铁酸钙聚集长大速度变慢，因此抑制了铁酸钙的形成，使得烧结温度低时烧结矿中有生料，从而降低烧结矿转鼓强度。

加入MgO熔剂后生成的矿物不易扩散，黏结相分布不均匀，不利于提高转鼓强度，因此烧结矿MgO含量宜小于1.8%，且提供MgO的白云石和蛇纹石粒度不宜过大。

d. MgO降低烧结生产率。烧结料中MgO含量高，需增加固体燃耗才能生成含镁高熔点矿物，如镁橄榄石2MgO·$SiO_2$、钙镁橄榄石CaO·MgO·$SiO_2$等，这些矿物具有较好的强度，但降低烧结生产率，烧结矿MgO含量在2.5%以上时显著降低烧结生产率。

### 6. 橄榄石主要特性和作用

橄榄石因常呈橄榄绿色而得名，是镁橄榄石2MgO·$SiO_2$和铁橄榄石2FeO·$SiO_2$系列的中间品种，属镁铁硅酸盐矿物，化学分子式$(Mg·Fe)_2SiO_4$，理论$SiO_2$含量23.81%，理论MgO含量31.75%，同时含有铝、锰、镍、钴等元素，变质可形成蛇纹石或菱镁矿，具有脆性，韧性较差，极易出现裂纹，玻璃光泽，透明至半透明，硬度6.5～7，密度3.27～3.48g/$cm^3$，属酸性熔剂，不溶于水，烧结很少使用。

橄榄石熔点高，具有良好的热稳定性，烧结温度下自身结构不易改变，不易发生分解和吸热反应，消耗热量少。

烧结配加橄榄石，有利于改善烧结矿低温还原粉化率$RDI_{+3.15mm}$和软化性能，对转鼓强度的影响小。

# 四、烧结固体燃料

### 1. 固体燃料的种类

烧结工艺要求固体燃料的挥发分小于10%，所以固体燃料的种类必须是焦粉和无烟煤。

焦粉的挥发分一般小于 2.5%，低于任何煤种的挥发分，符合烧结工艺要求。不同煤种的挥发分见表 1-4。

表 1-4　不同煤种的挥发分比较

| 煤种 | 无烟煤 | 贫煤 | 烟煤 | 褐煤 | 泥煤 |
|---|---|---|---|---|---|
| 挥发分/% | <10 | 10~20 | 20~40 | >40 | >70 |

无烟煤俗称白煤或红煤，有金属光泽，与其他煤种相比埋藏年代久远，炭化程度高，挥发分低（小于 10%），结构致密，机械强度大，坚硬不易破碎，着火点高，不易点燃，燃烧火焰短而少烟，不结焦，热值约 25.12~27.21MJ/kg，在所有煤种中，尽管无烟煤的发热量较低，但碳含量最高，杂质含量最少。

无烟煤最突出的特点是挥发分低，一般在 4%~10%，符合烧结工艺要求，其他煤种的挥发分大于 10%，不符合烧结工艺要求，不能用作烧结固体燃料。

烧结过程中，固体燃料中的部分挥发分在预热带挥发进入烧结废气中，不能参与燃烧化学反应。固体燃料的挥发分高，不仅影响燃烧效率，且一部分挥发分在料层温度较低处凝结，恶化料层透气性，另一部分被抽入抽风系统，被废气带走，冷凝后黏附在机头电除尘器阳极板上和黏结在主抽风机转子叶片上，降低除尘效率，且主抽风机转子失去平稳而发生振动，危及主抽风机而不能正常生产，甚至造成设备事故，因此烧结必须使用焦粉和无烟煤，不能使用其他煤种。

固体燃料燃烧放热是烧结过程的主要热源，固体燃料的挥发分高，则固定碳含量相对低，影响固体燃耗升高。

**2. 固体燃料的质量评定**

固体燃料的质量用工业分析和化学性质评定。

（1）固体燃料的工业分析项目　工业分析项目有固定碳、灰分、挥发分、硫、水分，主要组成部分是固定碳和灰分，二者互为消长，固定碳高，则灰分低。

固体燃料的灰分分析 $SiO_2$、$Al_2O_3$、$CaO$、$MgO$，灰分主要由 $SiO_2$ 和 $Al_2O_3$ 组成，二者之和约占 75%~85%。灰分低，灰分带入 $SiO_2$ 和 $Al_2O_3$ 低，可减少碱性熔剂用量。固体燃料烧结后，灰分的主要成分是 $SiO_2$。

（2）固体燃料的化学性质　固体燃料的化学性质主要指其燃烧性和反应性。

固体燃料的燃烧性指一定温度下，固体燃料中 C 与 $O_2$ 的反应速率。

固体燃料的反应性指一定温度下，固体燃料中 C 与 $CO_2$ 的反应速率。

燃烧性和反应性取决于固体燃料的种类、化学成分、粒度等。

固体燃料的燃烧性预示烧结过程是否完全燃烧，直接影响固体燃耗。

固体燃料完全燃烧指燃烧产物为 $CO_2$ 和 $H_2O$ 等不能再进行燃烧的稳定物质。

一般情况下，固体燃料碳的反应性与燃烧性成正比关系。

烧结料水分中 $H^+$ 与 $OH^-$ 有利于促进固体燃料的燃烧反应。

### 3. 固体燃料的着火特性

气体、液体和固体等可燃物与空气或氧气共存，按一定升温速度加热到一定温度时，可燃物与火源接触即自行燃烧，火源移走后，可燃物仍能连续燃烧的最低温度，称为该物质的着火温度或燃点。

煤的着火温度与煤化程度有关，一般规律是挥发分愈高，着火温度愈低。所有煤种中，无烟煤的着火温度最高，为550～700℃；烟煤400～550℃；褐煤300～400℃。煤的着火温度同时与煤中无机矿物质含量有关，一般矿物质含量愈高，着火温度愈高。烧结用的无烟煤经过氧化后，着火温度明显降低到360～420℃。

焦粉在空气中的着火温度为450～650℃。焦粉的化学活性越高，其着火温度越低。焦粉着火温度主要取决于原料煤的煤化度、炼焦终温和助燃气体中氧的浓度。随着原料煤的煤化度和炼焦终温的提高，焦粉的着火温度也提高。采用富氧空气可以降低焦粉着火温度。据试验，空气中氧的浓度每增加1%，焦粉着火温度大致可降低6.5～8.5℃。

烧结生产中，焦粉的着火温度一般高于无烟煤150～200℃，使用焦粉时适当提高点火温度，以防点火后上部热量不足，下部焦粉燃烧不充分。某厂固体燃料的燃烧特性参数见表1-5。

表1-5　某厂固体燃料的燃烧特性参数

| 名称 | 着火温度/℃ | 燃尽时间/min | 900℃燃烧率/% |
|---|---|---|---|
| 高炉返焦 | 558 | 28.3 | 81.13 |
| 外购焦粉 | 534 | 29.4 | 79.52 |

### 4. 烧结对固体燃料的质量要求

烧结要求固体燃料的固定碳高，灰分低，挥发分低，硫含量低，粒度组成和水分适宜，燃烧性和反应性好。

固体燃料的固定碳含量低，发热值低，则烧结燃耗高。

固体燃料的灰分低，固定碳含量相对高，发热值高，则烧结固体燃耗低。

固体燃料的灰分低，意味着 $SiO_2$ 和 $Al_2O_3$ 含量低，在碱度一定情况下减少碱性熔剂消耗量，提高烧结矿品位。

固体燃料的硫含量低，带入烧结料中的硫含量低，降低烧结硫负荷。

固体燃料中硫被氧化成 $SO_2$ 挥发，腐蚀设备和污染环境。

固体燃料的适宜水分为5%～10%，以不影响带料和破碎加工为宜。

焦粉适宜粒度为0.5～3mm，反应性强的无烟煤粒度上限可适当放宽到4.5mm。

### 5. 焦粉和无烟煤烧结性能比较

焦粉和无烟煤烧结性能比较见表1-6。

表 1-6　焦粉和无烟煤烧结性能比较

| 种类 | 性能评价 | | | | | |
| --- | --- | --- | --- | --- | --- | --- |
| | 固定碳/% | 灰分/% | 挥发分/% | 硫含量 | 硬度 | 燃烧速度和反应速率 |
| 焦粉 | 55～97 | 4～20 | <2.5 | 高 | 大 | 慢,接近烧结传热速度 |
| 无烟煤 | 40～95 | 5～25 | <10 | 低 | 较小 | 快,快于烧结传热速度 |

传统的烧结固体燃料为焦粉,焦粉的价格比无烟煤高,为降低固体燃料成本,烧结使用无烟煤代替部分焦粉。

焦粉和无烟煤在烧结过程中的作用相同,但其烧结性能存在差异。

(1)焦粉烧结性能　焦炭/焦粉是煤在焦炉内高温条件下经干馏而产生的,孔隙率大,硬度大,难破碎。

焦粉具有固定碳高、挥发分低、有害杂质少、燃尽时间长的特点。焦粉燃烧时间较长,能够燃尽烧透,且灰成分不会影响烧结过程料层透气性和液相黏结性,能够与矿物质黏结而不影响烧结矿转鼓强度。

烧结过程中,焦粉燃烧速率和反应速率比无烟煤慢,接近空气传热速度,碳燃烧化学热和空气传热物理热接近同步,向下传递叠加而产生较高烧结温度和较薄的燃烧带,改善烧结固结强度,提高成品率,降低固体燃耗。

(2)无烟煤烧结性能　无烟煤硬度较小,易破碎,孔隙率比焦粉小得多,相同配加量下在烧结料中所占的体积小,亲水性比焦粉差,降低烧结料层透气性。

固体燃料孔隙率越大,挥发分越高,燃烧速度越快。无烟煤孔隙率比焦粉小得多,但挥发分比焦粉高,燃烧速度比焦粉快,同时挥发分在挥发气化过程中形成氮氧化物 $NO_x$,配加无烟煤势必使烟气中 $NO_x$ 浓度升高,对 $SO_2$ 和颗粒物浓度无明显变化。

烧结过程中,无烟煤燃烧速度比焦粉快,比空气传热速度快,碳燃烧化学热和空气传热物理热不同步传递,碳燃烧产生热量不能被烧结料层充分吸收,高温保持时间短,易产生夹生料,所以使用无烟煤时要适当加大固体燃耗。

通过调整固体燃料破碎机的辊间隙,适当控制无烟煤破碎粒度比焦粉粗些,以降低其燃烧速度,提高烧结料层热利用率。

因无烟煤和焦粉的硬度、固定碳含量和热值不同,所以二者采用单独破碎、单独分仓配加的使用方式。

固体燃料中30%以下的无烟煤代替焦粉生产基本可行,烧结过程控制参数无明显变化,受固体燃耗、固体燃料粒度、布料点火等诸多因素的干扰,无烟煤代替部分焦粉对烧结矿产质量的影响不同企业情况不同。

**6. 熔剂和固体燃料加工流程**

(1)开路破碎　破碎前后不经过筛分,叫作开路破碎。根据破碎次数分为:

① 一段开路破碎:经过一次破碎。

② 两段开路破碎:经过两次破碎。

入厂固体燃料粒度小于25mm而大于15mm时,采用两段开路破碎流程,先经过对辊破碎机进行一次粗破，破碎到－15mm粒级后再经过四辊破碎机进行二次细破，细碎到3mm以下。

入厂固体燃料粒度小于15mm时，采用一段开路破碎流程，经过四辊破碎机一次破碎到3mm以下。

(2)闭路破碎 破碎前或破碎后经过筛分，叫作闭路破碎。根据筛分和破碎顺序分为：

① 闭路预先筛分：先筛分后破碎。

② 闭路检查筛分：先破碎后筛分，筛上物再返回破碎。

熔剂加工采用闭路检查筛分一段破碎工艺流程，将熔剂破碎到3mm以下。

固体燃料水分大时，极易堵塞筛孔，筛分效率低且影响正常生产，不宜采用闭路预先筛分流程。

固体燃料水分小于12%且粒度小（－15mm，其中－3mm粒级占40%以上）时，采用闭路预先筛分一段破碎工艺流程，筛下物直接进配料室固体燃料仓参与配料，筛上物进四辊破碎机细碎，既降低加工成本，又减少固体燃料过粉碎现象，降低燃耗，同时有利于提高烧结矿产量，改善质量。

棒条筛预筛分固体燃料筛孔易堵，导致筛分效率大大降低。

滚筒筛预筛分固体燃料投资少，易维护，运行成本低，但筛网部件更换频繁，筛分效率低。

河南某振动设备公司引进欧洲技术，研发出新型产品复频筛-C（图1-2），适用于筛分细、黏、湿的物料，预筛分烧结固体燃料效果良好。复频筛-C筛箱和机架不参与振动，多段筛芯独立振动，全部静态环保密封，采用高分子聚氨酯筛网，通过筛芯上两排剪切弹簧的作用，主振框和浮动框交替做张紧和松弛运动，筛孔不断产生变形，筛面产生50倍重力的加速度，周期性的弹性挠曲运动使物料产生弹跳前进运动，有效克服黏附筛网和卡堵筛孔现象。可根据物料不同的工况条件，通过调节复频筛-C激振器抱箍来调整筛面角度，也可实现各个筛芯高频低幅、低频高幅的自由调节，改变传统筛分设备同振源、同振幅、同振频的振动方式。用户可根据需求选择单层分节筛分、双层或多层分段筛分。复频筛-C具有筛分效率高、动负荷小、功耗低、环保密封等优点。

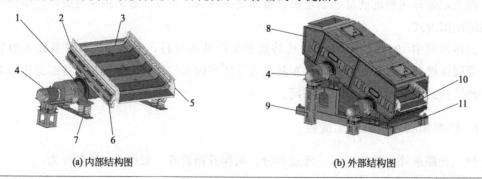

(a)内部结构图          (b)外部结构图

图1-2 复频筛-C结构图

1—激振器；2—剪切弹簧；3—高弹性聚氨酯筛板；4—驱动部分；5—主振框；6—浮动框；7—减振弹簧；8—外筛箱；9—电机支架；10—筛芯；11—底托总成

# 五、烧结用副产品

烧结可利用的冶金工业和化工副产品有高炉炉尘、氧气转炉炉尘、转炉钢渣和钢渣磁选粉、轧钢皮、硫酸渣等。

烧结要求副产品化学成分稳定，有益可回收成分含量高，有害成分少。

## 1. 高炉炉尘

高炉炉尘是随高速上升的煤气带离高炉的细粒炉料，分重力除尘灰和干法布袋除尘灰两种，是入炉铁矿石和燃料的混合物，一般铁含量约 $23\%\sim46\%$，碳含量约 $15\%\sim40\%$，含有一定碱性氧化物，重力除尘灰产生量约 $8\sim16kg/t$ 铁。因布袋除尘灰含 Zn、$K_2O$、$Na_2O$ 等有害杂质较高而外排不用。

烧结利用高炉重力除尘灰回收其中的铁含量和碳含量，可代替部分铁料和固体燃料，回收其中的 CaO 和 MgO 可代替部分碱性熔剂，利于降低烧结原料成本和固体燃耗。

高炉重力除尘灰粒度细，亲水性差，一定程度上影响混合料水分、混匀制粒效果、料层透气性等。

## 2. 氧气转炉炉尘

氧气转炉炉尘是炼钢过程吹出炉气经除尘器回收的含铁粉料，是铁水在吹炼时部分金属铁被氧化成 $Fe_2O_3$ 的炉尘，铁含量 $50\%$ 以上，可作为烧结辅助铁料，其粒度极细，亲水性差，一定程度上影响混合料水分、混匀制粒效果、料层透气性等。

炼钢污泥是氧气顶吹转炉湿法除尘的副产品，简称 OG 泥，吨钢产生 $15\sim30kg$ 的尘泥，是钢铁冶金企业中产生量较大的副产品。

炼钢污泥铁含量较高，一般 $50\%$ 以上，主要杂质为 CaO，组成简单，杂质较少，有利于综合回收利用，但因转炉工况和除尘回收系统变化，炼钢污泥成分不稳定、波动大，且存在水分大、黏度大、粒度细（-200 目占 $95\%$ 以上）、干燥后易扬尘等特点，循环利用难度大。

将炼钢污泥浓缩脱水后通过磨、选、烘干制成铁粉，不失为经济环保的处理利用方法，但处理流程复杂，技术要求高，周转时间长，占地面积大且投资大，适合大规模生产。

以炼钢污泥为主要原料，制备聚合硫酸铁铝用于焦化废水深度处理的研究应用，为炼钢污泥有效利用开辟了一条新途径。

大多钢铁企业将炼钢污泥作为烧结原料，普遍存在炼钢污泥中硫、磷、锌、铅有害杂质含量较高，在烧结和炼铁过程中循环富集的问题。将炼钢污泥脱硫、脱磷、脱锌、浓缩脱水深度压滤后制成污泥饼，或制成碱性污泥球，由转炉炼钢自身循环利用，是很好的炼钢造渣剂和冷却剂，从铁的回收率、成本消耗指标、工艺适应性等方面考虑是较好的资源循环再利用模式，但其利用量只是炼钢污泥产生总量的很少一部分。

炼钢污泥作为烧结原料的使用方式有以下几种：

（1）直接与高返、除尘灰等预先混合后参与烧结配料　存在炼钢污泥成大块泥团极不易离散的弊端（将水分控制在15％以下，可改善其离散性和混匀效果），使混合料混匀效果差和烧结矿成分偏析波动大，且布料时大泥团落到烧结机底部与炉条接触，极易引起炉条间隙堵塞，恶化料层透气性，降低烧结生产率，同时污泥存放占用大量场地，晾晒和运输过程中污染环境，是主要粉尘污染源。

（2）在原料场晾晒后作为混匀矿的底料平铺使用　存在炼钢污泥露天存放晾晒时间过长、脱水不明显的问题，混匀矿成分波动，且占地面积大，不利于生产组织。

（3）将炼钢污泥稀释成泥浆喷入混合机中使用　设置炼钢污泥预处理水池并设压缩气体搅拌装置和蒸汽加热装置，将污泥稀释成浓度15％的泥浆，通过污泥喷嘴将泥浆均匀喷入混合机中，可以改善污泥成分均匀性和污泥颗粒松散度，同时有效利用污泥黏度大的特点，增强混合料成球能力和制粒小球强度。

此方法易出现的问题及注意事项：

① 泥浆加入量不宜过大，需通过生产实践确定适宜配加量，以混合料中不出现大粒径污泥团块为宜。

② 易出现泥浆管道堵塞的问题，需注意保持污泥池水位和泥浆浓度稳定，尤其泥浆浓度不宜过高；加强系统污泥流量和压力检测，提高系统自动控制水平，便于及时判断管路状况；污泥池出口增加过滤网；选用旋流性能好且孔径适宜的污泥喷嘴；尽量减少泥浆管道的阀门弯头数量；使用立式污泥泵故障率低。

③ 易出现混合机筒体粘料结圈的问题，需注意混合机筒体内泥浆管道的安装位置，让泥浆喷射到混合料上扬运动的部位，不得喷射到筒体底部，因为筒体底部的混合料位移很小，故泥浆和混合料之间几乎没有摩擦运动；泥浆管不采用钢丝绳吊挂形式，在混合机外设置支撑架固定泥浆管。

### 3. 转炉钢渣和钢渣磁选粉

转炉钢渣是氧气转炉产生的炉渣，因转炉炉型、钢种、每炉钢冶炼阶段不同，钢渣成分有一定差异。钢渣主要含有 $Fe_2O_3$ 和 FeO、CaO、MgO、$SiO_2$ 等，矿物组成中有低熔点物质，用于烧结回收其中的铁代替部分铁矿粉，同时代替部分碱性熔剂，具有降低烧结温度、降低固体燃耗、提高转鼓强度、降低原料成本的效果，但转炉钢渣中磷（$P_2O_5$）含量较高，烧结不宜过高比例配加，且控制粒度小于5mm。

转炉钢渣矿物组成主要是硅酸钙和硅酸铁，烧结过程中提供 CaO 但没有活性。

转炉钢渣铁含量较低，化学成分和粒度组成波动大，通过破碎磁选，得到铁含量较高、化学成分稳定、粒度小于3mm的钢渣磁选粉，是一种很好利用转炉钢渣的处理方法。

### 4. 轧钢皮

轧钢皮是轧钢过程加工钢锭钢材表层氧化剥裂的脱落物，因呈鳞片状且铁含量很高，也叫铁鳞或氧化铁皮。

轧钢皮铁含量很高（60％～70％以上），主要以 $Fe_3O_4$ 形态存在，也有少量金属铁，

$SiO_2$ 和 $Al_2O_3$ 含量很少，且有害杂质少，密度大。

烧结利用轧钢皮，其中的 FeO 在烧结过程中氧化放热，所以轧钢皮用于烧结不仅可以提高烧结矿品位，同时有利于降低固体燃耗。

要求从轧钢系统源头控制轧钢皮中的杂物和利器，以防输送过程中堵塞料嘴和划伤皮带机，并控制轧钢皮粒度小于 5mm。

**5. 硫酸渣**

硫酸渣是用黄铁矿制造硫酸或亚硫酸过程中产生的废渣，又称黄铁矿烘渣或烧渣，主要化学成分是 $Fe_2O_3$ 和 $SiO_2$，S、P、As、Pb、Zn 有害杂质含量较高，含有一定量的 Cu、Co，其化学成分不同，利用途径也不同。

硫酸渣综合利用的方法很多，我国绝大部分硫酸渣采用"分选铁精矿，余渣制砖"的方法，投资见效快，技术难度小，分选出的铁含量在 50% 以上、S 含量小于 1% 的高铁硫酸渣可作为烧结原料。

苏联曾配加 15%～20% 的高铁硫酸渣，回收其中的有色金属 Cu 生产含铜烧结矿，用于冶炼含铜钢种。我国 20 世纪 60 年代个别企业曾在特定原料条件、特定烧结参数（300mm 低料层、75℃高料温、11%高水分、8%高配碳量、160℃以上高废气温度）下大量配加高铁硫酸渣生产自熔性烧结矿。现代烧结原料条件和技术条件下，因高铁硫酸渣具有微孔多、粒度较细（−0.25mm 粒级 90% 以上）、吸水性强而成球性差的散砂性特点，对烧结矿产质量影响大，所以烧结生产中小配比（不超 3%）使用硫酸渣，控制烧结烟气中 $SO_2$ 和 $As_2O_3$ 排放浓度，控制 S、P、As、Pb、Zn 满足高炉界限要求。

# 第六节
# 高炉炼铁基本知识

**1. 高炉炼铁的含义**

高炉炼铁是在高温下，通过气体还原剂将铁从铁氧化物或矿物状态中还原成含有碳、硅、锰、硫、磷等杂质的液态生铁的过程。

**2. 高炉炼铁主要原料**

高炉炼铁主要原料有铁矿石、燃料、熔剂、鼓风等。

高炉以烧结矿、球团矿、天然富块矿作为主要铁矿石，以焦炭、喷吹煤粉作为还原剂和热源生产铁水。

高炉铁料是铁的主要来源，主要成分是铁的氧化物。

高炉用铁矿石中 $SiO_2$ 含量越低越好。

为了降低焦比，在高炉风口喷吹煤粉以代替部分焦炭，作为炼铁补充燃料。

高炉冶炼基本不加熔剂，通过调整烧结矿碱度和炉料结构达到适宜炉渣碱度。

鼓风是高炉炼铁的重要气态原料，鼓风的质量包括风压、风温、富氧、湿度，对高炉低碳低成本冶炼有影响。

**3. 高炉炼铁产品**

高炉炼铁主产品是生铁，副产品主要是炉顶煤气、炉尘、炉渣。

（1）生铁　生铁是含碳在 1.7% 以上并含有一定数量的硅（Si）、锰（Mn）、硫（S）、磷（P）等元素的铁碳合金的统称。

（2）炉顶煤气　炉顶煤气主要成分是 $N_2$、$CO$、$CO_2$、$H_2$、$CH_4$ 等，其中 $N_2$ 含量约 55%，$CO_2$ 含量约 15%，可燃成分 $CO$ 含量 20% 以上，含有少量的 $H_2$ 和极少量的 $CH_4$。

炉顶煤气经除尘净化后是低发热值气体燃料，可供烧结机、热风炉、炼焦炉、均热炉等使用。

（3）炉尘　炉尘是随高炉煤气带出炉外的细粒炉料，主要含铁和碳，经除尘处理与分离可作为烧结原料。高炉炉尘一种是粗除尘产生的重力除尘灰，另一种是精除尘产生的布袋除尘灰，因布袋除尘灰含有较高的 $Zn$、$K$、$Na$ 等有害杂质，故外排而不用于烧结。

（4）炉渣　炉渣由铁矿石中的脉石、熔剂、燃料灰分、被侵蚀的炉衬等熔化后组成，其主要成分为 $CaO$、$MgO$、$SiO_2$、$Al_2O_3$ 及少量的 $MnO$、$FeO$、$S$ 等构成的硅酸盐系物质。

# 第七节
# 物质的物化基础知识

## 一、物理性质

物质的物理性质包括物理水分、粒度组成、密度、重度、相对密度、比表面积、静自然堆角（或安息角）、动自然堆角、流动性等性质。

物料的物理水分和粒度组成详见"第三章 第三节 混料工技术操作指标 二、混合料水分 三、混合料制粒效果"。

### 1. 密度

密度指单位体积物料的质量，又称堆密度，国际单位为 $kg/m^3$，液体密度单位用 g/L 或 g/mL 表示。

密度单位换算：$1t/m^3 = 1g/cm^3 = 10^3 kg/m^3$，$1kg/m^3 = 1g/L = 10^{-3} g/mL$。

### 2. 重度

重度指单位体积物料的重量，又称体积重量或容重，国际单位为 $N/m^3$。

牛顿（N）是力的单位，千克（kg）是质量单位，二者不可混淆。

通常地面附近1kg的物体受到约9.8N的地球引力作用，即 $1kgf = 9.8N$，自由落体重力加速度近似标准值为 $9.8m/s^2$。

重度与密度相对而言，之间的关系为：重度＝重力加速度×密度。

### 3. 相对密度

相对密度也称比重，是无量纲的量。

对于液体或固体，指该物料在某一特定温度、压力下完全密实状态的密度与纯水在标准大气压下的最大密度（温度3.98℃时的密度为 $999.972kg/m^3$）的比值。

对于气体，指该气体的密度与标准状况下空气密度的比值，也即该气体的分子量与空气分子量28.9644的比值。

相对密度随温度和压力而变化。

### 4. 比表面积

比表面积指有孔和多孔的固体物料单位质量所具有的总面积（分外表面积和内表面积），国际单位为 $m^2/g$。

理想的非孔性物料只具有外表面积，如硅酸盐水泥、一些黏土矿物粉粒等。

有孔和多孔的固体物料具有外表面积和内表面积，但外表面积相对内表面积而言很小，基本可以忽略不计，因此比表面积通常指内表面积。

不同固体物料比表面积差别很大，通常用作吸附剂、脱水剂和催化剂的固体物料比表面积较大，如活性炭比表面积可达 $1000m^2/g$ 以上。

比表面积是评价吸附剂、催化剂及其他多孔物料的重要指标之一，一般比表面积大、活性大的多孔物料吸附能力强。

### 5. 静自然堆角（或安息角）、动自然堆角

静自然堆角指将散状物料自然堆放在水平面上，散料斜面与水平面的夹角。

静自然堆角反映散状物料之间的活动性，不同散状物料其静自然堆角不同。

动自然堆角指自然堆放的散状物料沿垂直方向振动后散料斜面与水平面夹角。

一般动自然堆角＝0.7 静自然堆角。

静自然堆角与流动性关系：物料流动性好，则静自然堆角小。

常见物料堆密度和自然堆角见表 1-7。

表 1-7　常见物料堆密度和自然堆角

| 物料名称 | 堆密度/(t/m³) | 自然堆角/(°) | | 物料名称 | 堆密度/(t/m³) | 自然堆角/(°) | |
| --- | --- | --- | --- | --- | --- | --- | --- |
| | | $\gamma_{动}$ | $\gamma_{静}$ | | | $\gamma_{动}$ | $\gamma_{静}$ |
| 铁矿粉 | 2.1~2.5 | 30~35 | 43~50 | 烧结返矿 | 1.4~1.6 | 35 | 50 |
| 铁精粉 | 1.6~2.5 | 33~35 | 47~50 | 焦炭 | 0.5~0.7 | 35 | 50 |
| 高炉炉尘 | 1.4~1.6 | 25 | 36 | 无烟煤 | 0.6~0.95 | 27~30 | 38~43 |
| 轧钢皮 | 2.0~2.5 | 35 | 50 | 石灰石粉 | 1.2~1.6 | 30~35 | 43~50 |
| 烧结混合料 | 1.6~1.7 | 35~40 | 50~57 | 白云石粉 | 1.2~1.6 | 30~35 | 43~50 |
| 烧结矿 | 1.7~2.0 | 35 | 50 | 生石灰粉 | 0.5~0.65 | 23~28 | 32~40 |

# 二、绝对温度和摄氏温度

绝对温度也称热力学温度和开氏温度，是英国物理学家开尔文 1948 年建立的一种与任何物理性质均无关的热力学温标，单位是开［尔文］，单位符号为 K。

物体温度越低，构成物质的分子和原子运动越慢，分子和原子停止运动的温度称为绝对温度，记作 0K。

摄氏温度的单位是摄氏度，单位符号为℃，在 1 标准大气压下，将水开始结冰的温度称为冰点，定为 0℃；水开始沸腾的温度称为沸点，定为 100℃。

绝对温度与摄氏温度的换算公式：0℃＝273K。

# 三、热容和比热容

使某物质温度升高 1℃时需要的热量，称为物质的热容。

使单位质量或体积的物质升温 1℃时需要的热量，称为物质的比热容。

# 四、显热、潜热、反应热

一定压力条件下，物质发生温度变化时所吸收或放出的热量，称为显热。

一定压力条件下，物质发生相变时所吸收或放出的热量，称为潜热。

汽化热（凝结热）、融化热（凝固热）、升华热（凝聚热）等均属潜热。

相变过程中，温度不发生变化。

一定温度压力条件下，物质发生化学反应时所吸收或放出的热量称为反应热。

# 五、热、功、能［量］、功率

### 1. 热、功、能［量］的国际单位

热、功、能［量］国际单位是焦［耳］（J）。热的另一个计量单位卡（cal）是非法定计量单位，但目前在生产和日常工作中仍使用，它与国际计量单位焦（J）的换算关系为1cal＝4.1868J。

热学上定义1标准大气压下，1g纯水温度升高1℃所需要的热量，称为1cal。

千瓦时（俗称"度"，符号kW·h）也可表示热值，但不常用，1kW·h＝3600000J。

### 2. 焦耳定义

（1）力学焦耳定义　1N力作用于质点上使其沿力方向移动1m所做的功，称为1J。

（2）电学焦耳定义　1A电流在1Ω电阻上，1s内所消耗的电能，称为1J。

### 3. 热、功、能［量］单位换算

1J＝1N·m

### 4. 功率、辐射［能］通量

功率、辐射［能］通量国际单位是瓦［特］（W）。

有关功率、辐射［能］通量的单位换算：

1W＝1N·m/s

1kgf·m/s＝9.80665W

# 六、压强

### 1. 法定压强单位

我国法定压强单位为帕斯卡，简称帕，符号为Pa。

### 2. 非法定压强单位

因Pa太小，工程上常用标准大气压（atm）、工程大气压（$kgf/cm^2$）、巴（bar）、毫米汞柱（mmHg）、毫米水柱（$mmH_2O$）等非法定压强单位。

通常把相当于760mmHg高的大气压叫作1atm。

工程上为计算方便，常以 $kgf/cm^2$ 作为压强单位，kgf 是工程单位制中力的单位，是 1kg 物质受到的地心引力，约等于 9.8N，即 1kgf＝9.8N。

### 3. 压强单位换算

$1Pa＝1N/m^2$    $1bar＝10^5Pa$

$1atm＝760mmHg＝1.0336kgf/cm^2＝101325Pa≈10^5Pa＝1.013bar$

某烧结机总管负压为 13.6kPa＝0.136atm。

# 七、气体标准状况

气体标准状况指气体处在 1atm 和 0℃下的状态。

标准状况下，任何 1mol 气体体积均为 22.4L。

标准状况下 12g 碳完全燃烧需要 22.4L 的 $O_2$，生成 $CO_2$ 气体，放出热量 12×34.07kJ。

# 八、流体的流量

流量指单位时间内流体（气体、液体）流过管道或设备某处断面的数量。

流过的数量按体积计算，称为体积流量 $Q$，单位有 $m^3/h$、$L/s$、$m^3/min$ 等。

流过的数量按质量计算，称为质量流量 $G$，单位有 $kg/h$、$t/h$ 等。

体积流量与质量流量的关系式：

$$G＝\rho Q \tag{1-3}$$

式中　$G$——质量流量，kg/h；

　　　$\rho$——流体的密度，$kg/m^3$；

　　　$Q$——体积流量，$m^3/h$。

由于气体的密度随温度和压力的不同而不同，所以表示气体的体积流量时，必须注明气体的温度和压力。

为了便于比较气体的体积流量，一般将体积流量换算成标准状况下的体积流量，常用单位 $m^3/min$ 或 $m^3/h$。

# 九、静压、动压、全压、真空度

### 1. 静压（表压）

静压 $H_j$ 指空气分子之间的压力（如大气压力）或气体对容器或管道壁的压力。

静压低于大气压力时为负压，高于大气压力时为正压。

烧结生产中常用表压和负压表示压力的大小。表压即静压，指压力高于或低于大气压的部分，当压力高于大气压时，表压为正压；当压力低于大气压时，表压为负压。烧结机通过主抽风机强制抽风，在抽风系统形成负压，习惯上叫真空度，单位为帕（Pa）或千帕（kPa）。

### 2. 动压（速压）

在流动空气中除静压外，还有作用于流动方向横断面上的压力，称为动压或速压，其数值永远为正，空气流速与动压之间的关系式为：

$$H_d = v^2 V / (2g) \tag{1-4}$$

式中　$H_d$——动压，$kg \cdot s/m^3$；

$v$——空气流速，$m/s$；

$V$——空气容量，$kg/m^3$；

$g$——重力加速度，$m/s^2$。

对于 20℃、1atm 下的空气，$V = 1.2 kg/m^3$，空气流速 $v = 4.04 H_d^{1/2}$。

### 3. 全压

静压 $H_j$ 与动压 $H_d$ 的代数和称为全压 $H_q$，即 $H_q = H_j + H_d$。

# 十、化学知识

常用化学元素和常见矿物见表 1-8、表 1-9。

表 1-8　常用化学元素名称、符号、原子量

| 元素 | 符号 | 原子量 | 元素 | 符号 | 原子量 | 元素 | 符号 | 原子量 |
|---|---|---|---|---|---|---|---|---|
| 氢 | H | 1 | 硅 | Si | 28 | 锰 | Mn | 55 |
| 碳 | C | 12 | 磷 | P | 31 | 铁 | Fe | 56 |
| 氮 | N | 14 | 硫 | S | 32 | 镍 | Ni | 59 |
| 氧 | O | 16 | 氯 | Cl | 35 | 铜 | Cu | 64 |
| 氟 | F | 19 | 钾 | K | 39 | 锌 | Zn | 65 |
| 钠 | Na | 23 | 钙 | Ca | 40 | 砷 | As | 75 |
| 镁 | Mg | 24 | 钛 | Ti | 48 | 锡 | Sn | 119 |
| 铝 | Al | 27 | 铬 | Cr | 52 | 铅 | Pb | 207 |

表 1-9　常见矿物名称和化学分子式

| 中文名称 | 化学分子式 | 中文名称 | 化学分子式 | 中文名称 | 化学分子式 |
|---|---|---|---|---|---|
| 一氧化碳 | $CO$ | 铝酸钙 | $CaO \cdot Al_2O_3$ | 磁铁矿 | $Fe_3O_4$ |
| 二氧化碳 | $CO_2$ | 蛇纹石 | $3MgO \cdot 2SiO_2 \cdot 2H_2O$ | 赤铁矿 | $Fe_2O_3$ |
| 生石灰 | $CaO$ | 橄榄石 | $(Mg \cdot Fe)_2SiO_4$ | 褐铁矿 | $mFe_2O_3 \cdot nH_2O$ |
| 方镁石 | $MgO$ | 镁橄榄石 | $2MgO \cdot SiO_2$ 或 $Mg_2SiO_4$ | 菱铁矿 | $FeCO_3$ |
| 方解石<br>石灰石 | $CaCO_3$ | 钙镁橄榄石 | $CaO \cdot MgO \cdot SiO_2$ | 浮氏体<br>氧化亚铁 | $Fe_xO$<br>$FeO$ |
| 菱镁石 | $MgCO_3$ | 铁橄榄石 | $2FeO \cdot SiO_2$ 或 $Fe_2SiO_4$ | 铁酸镁 | $MgO \cdot Fe_2O_3$ |
| 白云石 | $Ca \cdot Mg(CO_3)_2$ | 钙铁橄榄石 | $CaO \cdot FeO \cdot SiO_2$ | 铁酸一钙 | $CaO \cdot Fe_2O_3$　简写 CF |
| 石英石/硅石 | $SiO_2$ | 黄铁矿 | $FeS_2$ | 铁酸二钙 | $2CaO \cdot Fe_2O_3$ |
| 硅酸一钙 | $CaO \cdot SiO_2$ | 黄铜矿 | $CuFeS_2$ | 铁酸三钙 | $3CaO \cdot Fe_2O_3$ |
| 硅酸二钙 | $2CaO \cdot SiO_2$ | 闪锌矿 | $ZnS$ | 铝硅铁酸钙<br>复合铁酸钙<br>四元铁酸钙 | $CaO \cdot Fe_2O_3 \cdot SiO_2 \cdot Al_2O_3$<br>简写 SFCA |
| 硅酸三钙 | $3CaO \cdot SiO_2$ | 方铅矿 | $PbS$ | | |
| 三氧化二铝 | $Al_2O_3$ | 石膏 | $CaSO_4 \cdot 2H_2O$ | 二铁酸钙 | $CaO \cdot 2Fe_2O_3$ |

注：黄铁矿、黄铜矿、闪锌矿、方铅矿列对应"硫主要存在形态"。

### 1. 铁矿粉、烧结矿、球团矿中 TFe、FeO、Fe₂O₃ 的关系式

Fe 原子量 56，O 原子量 16，FeO 分子量 72，$Fe_2O_3$ 分子量 160。

铁矿粉、烧结矿、球团矿中 Fe 以 $Fe_2O_3$ 和 FeO 形态存在，$Fe_3O_4$ 视为 $Fe_2O_3$ 和 FeO 的固熔体。

$$Fe_2O_3\% = [TFe\% - (56 \div 72) \times FeO\%] \times (160 \div 112) \qquad (1-5)$$

式中，TFe=$Fe_2O_3$ 中的 Fe+FeO 中的 Fe；$Fe_2O_3$ 中 Fe%=[2Fe/(2Fe+3 个氧原子)]$\times Fe_2O_3\%$=(112÷160)$\times Fe_2O_3\%$；FeO 中 Fe%=[Fe/(Fe+1 个氧原子)]$\times$FeO%=(56÷72)$\times$FeO%。

【例 1-6】已知 Fe 原子量 56，O 原子量 16，澳粉 TFe 含量 62.3%，FeO 含量 0.4%，计算澳粉中 $Fe_2O_3$ 含量。计算结果保留小数点后两位小数。

**解**　澳粉中 $Fe_2O_3\%$=[TFe%-(56÷72)$\times$FeO%]$\times$(160÷112)

=(62.3%-0.778$\times$0.4%)$\times$1.429=61.99%$\times$1.429=88.58%

【例 1-7】已知 Fe 原子量 56，O 原子量 16，烧结矿 TFe 含量 56.6%，FeO 含量 7.8%，计算烧结矿中 $Fe_2O_3$ 含量。计算结果保留小数点后两位小数。

**解**　烧结矿中 $Fe_2O_3\%$=[TFe%-(56÷72)$\times$FeO%]$\times$(160÷112)

=(56.6%-0.778$\times$7.8%)$\times$1.429=50.53%$\times$1.429=72.21%

### 2. 计算矿粉中某元素或化合物的理论含量

已知原子量 H 为 1，C 为 12，O 为 16，Mg 为 24，Si 为 28，Ca 为 40，Fe 为 56。

【例 1-8】计算磁铁矿理论铁含量。计算结果保留小数点后两位小数。

**解**　磁铁矿分子式为 $Fe_3O_4$，$Fe_3O_4$ 分子量232。

磁铁矿理论铁含量 $=[(3\times56)\div232]\times100\%=72.41\%$。

【例1-9】计算赤铁矿理论铁含量。

**解**　赤铁矿分子式为 $Fe_2O_3$，$Fe_2O_3$ 分子量160。

赤铁矿理论铁含量 $=[(2\times56)\div160]\times100\%=70\%$

【例1-10】计算褐铁矿 $2Fe_2O_3\cdot3H_2O$ 理论铁含量和结晶水含量。计算结果保留小数点后两位小数。

**解**　褐铁矿 $2Fe_2O_3\cdot3H_2O$ 分子量 $=2\times(2\times56+3\times16)+3\times(2\times1+16)=374$

褐铁矿 $2Fe_2O_3\cdot3H_2O$ 理论铁含量 $=[(4\times56)\div374]\times100\%=59.89\%$

褐铁矿 $2Fe_2O_3\cdot3H_2O$ 理论结晶水含量 $=[(3\times18)\div374]\times100\%=14.44\%$

【例1-11】计算石灰石理论 CaO 含量。

**解**　石灰石分子式 $CaCO_3$，$CaCO_3$ 分子量100，CaO 分子量56。

石灰石理论 CaO 含量 $=(56\div100)\times100\%=56\%$

【例1-12】计算白云石理论 MgO 和 CaO 含量。计算结果保留小数点后两位小数。

**解**　白云石分子式 $Ca\cdot Mg(CO_3)_2$，$Ca\cdot Mg(CO_3)_2$ 分子量184，MgO 分子量40，CaO 分子量56。

白云石理论 MgO 含量 $=(40\div184)\times100\%=21.74\%$

白云石理论 CaO 含量 $=(56\div184)\times100\%=30.43\%$

【例1-13】计算蛇纹石 $3MgO\cdot2SiO_2\cdot2H_2O$ 理论 MgO、$SiO_2$、结晶水含量。计算结果保留小数点后两位小数。

**解**　蛇纹石分子量276，MgO 分子量40，$SiO_2$ 分子量60，$H_2O$ 分子量18。

蛇纹石理论 MgO 含量 $=[(3\times40)\div276]\times100\%=43.48\%$

蛇纹石理论 $SiO_2$ 含量 $=[(2\times60)\div276]\times100\%=43.48\%$

蛇纹石理论结晶水含量 $=[(2\times18)\div276]\times100\%=13.04\%$

# 第二章
# 配料理论和技能

## 第一节
## 配料

## 一、配料的含义

配料是将不同成分的铁矿粉、熔剂、固体燃料、冶金工业和化工副产品根据烧结和高炉的要求，按一定配比进行精确配合的过程。

随着原料场的建设，含铁料在原料场进行平铺混匀后形成混匀矿，进入烧结配料室混匀矿仓参与配料。

## 二、配料目的要求

根据高炉冶炼对烧结矿的要求，获得化学成分稳定、物理性能和冶金性能良好的烧结矿，同时满足烧结生产对烧结料层透气性的要求，生产优质、高产、低耗烧结矿。

掌握原料性质，取长补短合理配矿，合理利用资源并开发资源，最大限度降低烧结原料成本，使烧结料具有良好的综合烧结性能，及时准确调整烧结矿碱度、$SiO_2$ 含量、$MgO$ 含量、固体燃料配比（烧结矿 $FeO$ 含量），以符合考核要求和高炉需求。

给料量稳定，定期校秤，配料精度在允许误差范围内。

# 三、配料方法

### 1. 容积配料法

容积配料法是基于物料具有一定堆密度，借助于给料设备控制物料容积，达到按比例配料的方法。为了提高配料精度，通常辅助以质量检查。

该方法的优点是设备简单，操作方便，缺点是物料堆密度随粒度和水分等因素变化，靠人工调整配料设备的闸门开度控制给料量，配料精度差，调整时间长，质量检查劳动强度大，难以实现自动配料，目前烧结不采用容积配料法。

### 2. 质量配料法

质量配料法是按物料的质量，借助于皮带电子秤和定量给料自动调整系统，实现自动配料的方法，通常称为连续质量配料法。

与容积配料法比较，质量配料法易于实现自动配料，精度高，国内外烧结普遍采用质量配料法。

### 3. 成分配料法

成分配料法是采用在线检测仪分析烧结料化学成分，通过计算机控制化学成分波动，按原料化学成分配料的方法。

成分配料法是最理想的配料法，国外采用成分配料法，我国尚无企业采用。

# 第二节
# 配料计算

确定原料配比，首先根据高炉对烧结矿的要求，如碱度、MgO 含量、转鼓强度、有害元素等进行配矿研究，即根据不同矿种化学成分、有害元素、烧结基础特性进行配矿设计，扬长避短合理配矿，通过烧结杯试验检测不同配矿方案下烧结生产率、转鼓强度等技术指标，得出最优烧结矿物化性能和冶金性能、成本经济的配矿方案，应用于烧结生产。

配料比人工设定，由计算机自动控制给料量。为了稳定配料仓的料位，保证物料体积密度恒定，各个配料仓均设称重式料位计。

# 一、配料计算原则

## 1. 烧结过程物料平衡关系式

混匀矿（湿）＝铁矿粉（湿）＋高炉返矿（干）＋副产品（湿）＋工艺加水量

新原料（湿）＝混匀矿（湿）＋熔剂（湿）＋副产品（湿）＋工艺加水量

烧结料（湿）＝新原料（湿）＋固体燃料（湿）＋烧结内返（干）＋工艺加水量

烧结饼（干）＝烧结料（湿）－物理水量－烧损＋铺底料（干）

　　　　　　　＝成品烧结矿（干）＋烧结内返（干）＋铺底料（干）

（1）配料计算以干基为准，因为各种原料的原始水分不一且波动大，实际原料水分不能为一固定值，且烧结矿化学成分是以干基为准进行化验的。

（2）依据烧结原料化学成分和高炉对烧结矿质量指标的要求，通过数学模型计算参与配料的各种原料湿配比，烧结中控室在计算机画面上输入"设定新原料湿配比"，并通过"设定新原料湿配比＝100％"合理性检查，得到"采用湿配比"，系统才能进入自动配料计算（因调整碱度而增减熔剂配比时，计算机系统自动减增混匀矿配比，保持新原料湿配比100％不变）。如果检查"设定新原料湿配比≠100％"，计算机系统则发出报警提示，需重新设定湿配比，直至合理性检查通过，确定"采用湿配比"。

（3）岗位人员需根据烧结机生产情况随时调整固体燃料和烧结内返配比，为了稳定"设定新原料湿配比＝100％"不变，固体燃料和烧结内返不计入新原料配比中，作为外配原料参与配料计算。

外配固体燃料湿配比＝（湿基固体燃料÷湿基烧结料）×100％

外配烧结内返干配比＝（干基烧结内返÷湿基烧结料）×100％

（4）需在以下情况下重新调整新原料湿配比：

① 由于某种原料化学成分大变化、变更烧结矿碱度等原因，需重新调整新原料湿配比。

② 由于气候、季节等原因，原料原始水分变化大；因变更原料配比引起变更烧结料目标水分时，需重新调整新原料湿配比。

## 2. 配料仓给料量设定值的运算处理

系统根据各原料的湿配比，计算出各配料仓的给料量设定值。

沿物料流程各配料仓启停有先后差异，所以各配料仓给料量依料仓位置的先后顺序按一定的时间间隔延迟设定，使配料系统在顺序启停或原料配比发生变化时，各原料的给料量在配料皮带机上顺序给料而不缺料，不致发生配料紊乱。

# 二、反推算法

配料计算是在配料与给定烧结矿指标之间进行一系列演算的过程。

烧结过程涉及热力学、动力学、传热学、流体力学、结晶矿物学等多学科理论，许多物理化学变化错综复杂，有固体燃料燃烧、热交换、水分蒸发与冷凝、碳酸盐和结晶水的分解、铁氧化物的氧化还原、硫化物的氧化和脱除、固相反应、液相生成和冷凝结晶、烧结矿再氧化等瞬息万变的过程，原料成分和水分随时在波动，要精确进行配料理论计算尤为烦琐，所以现场配料计算一般多采用简易计算即反推算法。

反推算法是先假定一个原料配比，根据各种原料化学成分、水分、烧损等原始数据，理论计算出烧结矿化学成分，按此原料配比组织生产，如果实物烧结矿化学成分与理论计算值偏差较大，则修订理论计算值直至与实物烧结矿化学成分吻合，下发原料配比作业指导书，生产岗位执行原料配比和碱度中线值要求。

原料配比作业指导书是生产操作岗位的指导方向，规定原料配比和烧结矿碱度中线值，配料人员通过调整铁矿粉（调整烧结矿 $SiO_2$ 含量）、熔剂（碱性熔剂调整烧结矿 $CaO$ 和 $MgO$ 含量，酸性熔剂调整烧结矿 $SiO_2$ 含量）、固体燃料（调整烧结矿 $FeO$ 含量）配比，使烧结矿质量符合考核要求和满足高炉需求。执行原料配比作业指导书，烧结矿 $TFe$、$Al_2O_3$、$S$、$P$、$K_2O$、$Na_2O$、$As$ 含量由物质不灭定律和烧结过程有害杂质脱除率决定，配料人员不能调整其含量，不属于配料调整成分的范畴。

# 三、烧损、残存、烧成率、成品率、矿耗

**1. 烧损**

烧损指干物料在高温烧结状态下灼烧后失去质量的百分数。

烧结物料烧损越小，烧结过程中体积收缩越小，出矿率越高。

**2. 残存和出矿率**

残存指 100% 湿基烧结料在高温烧结状态下脱除物理水分和灼烧后的残留物料量。

一定原料配比下，理论残存为小于 1 的一个小数，换算成百分数为出矿率。例如，某原料配比下，烧结料残存 0.865，则该原料配比下的出矿率为 86.5%。

出矿率指烧结机机头 100% 湿基烧结料经高温烧结脱除物理水分和灼烧（烧损）后，在烧结机机尾所得烧结饼（即残留物料量）的百分数。出矿率与烧结料的烧损有关，与生产操作好坏关系不大。

### 3. 烧结饼、烧成率、成品率、内返率、矿耗、单耗

烧结机机尾烧结饼落下后，过程损耗忽略不计，经过破碎筛分整粒，分为成品烧结矿和烧结内返量（视铺底料恒定不变），即烧结饼＝成品烧结矿量＋烧结内返量。

烧成率指干基烧结料灼烧成烧结饼后经破碎筛分整粒产生成品烧结矿的百分数。

烧成率与烧结物料的烧损有关，同时与生产操作好坏有很大关系。

成品率指烧结饼经破碎筛分整粒产生成品烧结矿的百分数。

内返率指烧结饼经破碎筛分整粒产生内返量的百分数。

矿耗指生产1t成品烧结矿所需干基烧结料的质量。

单耗指生产1t成品烧结矿所需某干基物料的质量。

例如，某原料配比下，湿基烧结料配比100%，干基烧结料配比为94.33%，残存为0.8536，则矿耗＝0.9433÷0.8536＝1.105（t/t）＝1105kg/t。即生产1t成品烧结矿需干基烧结料1.105t（1105kg）。

再例如，某原料配比下，湿基烧结料配比100%，白云石干配比为4%，则白云石单耗＝0.04÷0.8536＝0.04686（t/t）＝46.86kg/t。

### 4. 有关计算

**【例2-1】** 某班某原料配比下烧结料残存0.87，烧结机干基总上料量12178t，产生内返2456t，过程损耗忽略不计，计算成品烧结矿产量。计算结果保留小数点后两位小数。

**解** 根据"残存＝烧结饼÷干基烧结料""烧结饼＝成品烧结矿量＋内返量"有：

0.87＝（成品烧结矿量＋2456）÷12178

成品烧结矿量＝0.87×12178－2456＝8138.86（t）

**【例2-2】** 已知烧结料水分7%，堆密度1.65t/m³，烧结机机速2.2m/min，台车内宽3m，料层厚度700mm，出矿率87%，成品率75%，当班作业时间8h，日历作业率99%，计算该班成品烧结矿产量。计算结果保留小数点后两位小数。

**解** 干基烧结料＝2.2×60×3×0.7×8×0.99×1.65×（1－7%）＝3368.88（t）

根据"出矿率＝（烧结饼÷干基烧结料）×100%"有：

87%＝（烧结饼÷3368.88）×100%

烧结饼＝87%×3368.88＝2930.92（t）

根据"成品率＝（成品烧结矿÷烧结饼）×100%"有：

75%＝（成品烧结矿÷2930.92）×100%

成品烧结矿＝75%×2930.92＝2198.19（t）

**【例2-3】** 某烧结作业区一天消耗干基烧结料总量15000t，生产成品烧结矿12000t，出矿率86%，计算内返量。

**解** 根据"出矿率＝［（成品烧结矿量＋内返量）÷干基烧结料］×100%"有：

86%＝［（12000＋内返量）÷15000］×100%

内返量＝86％×15000－12000＝900（t）

【例2-4】某105$m^2$烧结机利用系数1.42t/($m^2$·h)，日历作业率100％，成品率65.43％，计算该烧结机日产生内返量。计算结果保留小数点后两位小数。

**解**　成品烧结矿＝1.42×105×24＝3578.40（t）

根据"成品率＝[成品烧结矿÷(成品烧结矿＋内返量)]×100％"有：

65.43％＝[3578.40÷(3578.40＋内返量)]×100％

内返量＝3578.40÷65.43％－3578.40＝1890.65（t）

【例2-5】某月某厂烧结机消耗干基含铁原料和副产品38303.71t，干基熔剂8383.57t，干基固体燃料2742.8t，生产成品烧结矿40946t，内返量17475.99t，计算该烧结机烧成率、成品率、内返率。计算结果保留小数点后两位小数。

**解**　干基烧结料＝38303.71＋8383.57＋2742.8＋17475.99＝66906.07（t）

烧成率＝(40946÷66906.07)×100％＝61.20％

成品率＝[40946÷(40946＋17475.99)]×100％＝70.09％

内返率＝100％－成品率＝29.91％

# 四、有效熔剂

碱性熔剂有效熔剂是根据烧结矿碱度的要求，扣除碱性熔剂中和本身酸性氧化物后的剩余碱性氧化物含量。

有效熔剂＝$(CaO＋MgO)_{熔剂}$－$(SiO_2＋Al_2O_3)_{熔剂}$×$[(CaO＋MgO)÷(SiO_2＋Al_2O_3)]_{烧结矿}$

烧结矿二元碱度$R_2$下有效熔剂＝$(CaO)_{熔剂}$－$(SiO_2)_{熔剂}$×$R_{2烧结矿}$

【例2-6】已知烧结矿和生石灰成分，计算生石灰有效熔剂。计算结果保留小数点后两位小数。

| 名称 | CaO/％ | MgO/％ | SiO₂/％ | Al₂O₃/％ |
|---|---|---|---|---|
| 烧结矿 | 9.97 | 2.33 | 5.12 | 1.51 |
| 生石灰 | 88.67 | 1.82 | 2.03 | 0.32 |

**解**　生石灰有效熔剂

＝(88.67＋1.82)－(2.03＋0.32)×[(9.97＋2.33)÷(5.12＋1.51)]

＝86.13％

【例2-7】某厂生产碱度为1.8的烧结矿，生石灰CaO含量84.6％，$SiO_2$含量2.4％，计算生石灰有效CaO含量。计算结果保留小数点后两位小数。

**解**　有效$CaO_{生石灰}$＝84.6％－2.4％×1.8＝80.28％

【例2-8】已知烧结矿CaO含量10.14％，$SiO_2$含量5.2％，白云石CaO含量

32.9%，$MgO$ 含量 18.8%，$SiO_2$ 含量 2.45%，计算白云石有效 $CaO$ 含量。计算结果保留小数点后两位小数。

**解** 有效 $CaO_{白云石}$＝32.9%－2.45%×(10.14÷5.2)＝28.12%

# 五、调整烧结矿碱度

## 1. 快速调整烧结矿碱度的方法

当烧结矿碱度不合格时，调整配比后的新原料经配料、混料、布料点火烧结、冷却整粒、取样制样检测分析工序，需很长时间才能报出碱度结果，如果碱度不合格，则需再次调整配比，可见调整碱度非常滞后。为了及早得知调整碱度结果，通常在布料点火后的烧结机料面上取烧结矿样，这样往往造成碱度分析不准确，因为多辊布料器和物料自重的偏析作用，使物料的粗粒分布在料层下部，细粒分布在料层上部，表层烧结矿碱度偏低。如果在环冷机后取烧结矿，因未进行筛分整粒，也存在取样随意、不规范、所取烧结矿粒度和碱度波动大的问题。

结合烧结过程分析配料计算过程，烧结料从烧结机机头布料，通过物理水蒸发、结晶水分解、碳酸盐分解、铁氧化物氧化还原、脱硫脱硝等一系列错综复杂的物理化学变化，进行"五带"演变到烧结机机尾形成烧结饼，配料计算过程则是烧结料从烧结机机头投入，经扣除物理水分和烧损后到烧结机机尾残留烧结饼的物料平衡过程。烧结过程与配料计算过程对照见表 2-1。

表 2-1　烧结过程与配料计算过程对照表

| 项目 | 烧结过程与配料计算过程对照 | | | |
|---|---|---|---|---|
| 烧结机头 | 物理水分蒸发(成为干基烧结料) | | 烧结机尾 | |
| | 结晶水分解、碳酸盐分解、铁氧化物氧化还原、脱硫脱硝等(烧损) | | | |
| 湿配比 | $\Sigma$湿配比×(1－水分)＝$\Sigma$干配比 | | 烧结饼 | 成品烧结矿＋内返量 |
| | $\Sigma$干配比×(1－烧损)＝残存 | | | 铺底料 |
| 物料 $CaO$ | $CaO_{烧结料}$＝$\Sigma$物料湿配比×(1－水分)×$CaO_{物料}$ | | | $CaO_{烧结矿}$＝$CaO_{烧结料}$÷残存 |
| 物料 $SiO_2$ | $SiO_2{}_{烧结料}$＝$\Sigma$物料湿配比×(1－水分)×$SiO_2{}_{物料}$ | | | $SiO_2{}_{烧结矿}$＝$SiO_2{}_{烧结料}$÷残存 |
| …… | …… | | …… | |
| 出矿率 | 出矿率＝(烧结饼÷干基烧结料量)×100% | | | |
| 烧成率 | 烧成率＝(成品烧结矿量÷干基烧结料量)×100% | | | |
| 成品率内返率 | 成品率＝(成品烧结矿量÷烧结饼)×100% | | | |
| | 内返率＝(内返量÷烧结饼)×100% | | | |
| | 成品率＋内返率＝100% | | | |

由此推导出：

$R_{烧结矿}=CaO_{烧结矿}/SiO_{2烧结矿}=(CaO_{烧结料}/残存)/(SiO_{2烧结料}/残存)$

$\qquad\qquad=CaO_{烧结料}/SiO_{2烧结料}=R_{烧结料}$

"$R_{烧结矿}=R_{烧结料}$"正是快速调整烧结矿碱度的技术支撑。当烧结矿碱度不合格时，根据废品原因调整原料配比后，在配料室取不包括固体燃料的其他原料给料量，一是校核原料给料量是否在允许误差范围内，二是将各原料的取样量混匀，分析其碱度就可反映烧结矿碱度是否合格，这样把长流程等待烧结矿碱度转换为快速分析烧结料碱度，大大减少2倍以上流程时间所产生的烧结矿碱度废品量。需注意不得混入固体燃料，因为固体燃料会损坏熔样铂金坩埚，而且化学分析过程中焙烧烧结料的温度和氧化还原气氛（烧损和残存程度）与烧结生产实际相差很大，影响碱度分析结果的准确性。

**2. 调整烧结矿碱度配料计算**

**【例 2-9】** 已知烧结原料成分和配比（副产品配比忽略不计）如下表，外配烧结内返和焦粉且返矿平衡，烧结料残存 0.8512，用石灰石调整碱度，调整石灰石同时混匀矿配比随着变化，新原料干配比 100%，要求烧结矿碱度 $R2.2$，简易计算所需石灰石配比和烧结矿 TFe。计算结果保留小数点后两位小数。

| 原料名称 | 烧损/% | TFe/% | SiO₂/% | CaO/% | MgO/% | 干配比/% |
|---|---|---|---|---|---|---|
| 混匀矿 | 8 | 54.2 | 5.1 | 1.4 | 0.5 | |
| 石灰石 | 43 | | 2.1 | 49.6 | 3.7 | |
| 生石灰 | 7.2 | | 1.6 | 84.5 | 1.6 | 4.3 |
| 白云石 | 44 | | 1.7 | 31.2 | 18.4 | 2.3 |
| 焦粉 | 83 | | 7.5 | 0.7 | 0.4 | 外配4.2 |

**解** 设混匀矿配比为 $X$（%），石灰石配比为 $Y$（%）。

根据"$R_{烧结矿}=R_{烧结料}=CaO_料/SiO_{2料}$"有：

$X+Y=100-4.3-2.3$

$2.2=(1.4X+49.6Y+84.5\times4.3+31.2\times2.3)\div(5.1X+2.1Y+1.6\times4.3+1.7\times2.3)$

得：混匀矿配比 $X=84.17\%$

石灰石配比 $Y=9.23\%$

烧结料 TFe$=84.17\%\times54.2\%=45.62\%$

烧结矿 TFe$=45.62\%\div0.8512=53.59\%$

**【例 2-10】** 某原料配比下，烧结料残存 0.86，生石灰 CaO 含量 82%，忽略其他因素对烧结矿 CaO 含量的影响，计算生石灰配比增加 1 个百分点，烧结矿 CaO 含量增加多少个百分点。计算结果保留小数点后两位小数。

**解** 烧结矿 CaO 含量增加百分点$=1\times82\%\div0.86=0.95$

**【例 2-11】** 某原料配比下，烧结料残存 0.86，烧结矿 CaO 含量 9.69%，SiO₂含量

5.1%，生石灰 CaO 含量 78%，$SiO_2$ 含量 2.1%，忽略其他因素对烧结矿碱度的影响，计算生石灰配比从 5% 增加到 7%，烧结矿碱度增加到多少？计算结果保留小数点后两位小数。

**解** 有效 $CaO_{生石灰}$ = 78 − 2.1 × (9.69 ÷ 5.1) = 74.01（%）

烧结矿 CaO 含量增加百分点 = (7 − 5) × 74.01% ÷ 0.86 = 1.72

烧结矿 CaO 含量从 9.69% 增加到：9.69% + 1.72% = 11.41%

烧结矿碱度增加到：11.41% ÷ 5.1% = 2.24

**【例 2-12】** 某原料配比下，烧结料残存 0.85，用白云石调整烧结矿 MgO 含量，未配加白云石时烧结矿 MgO 含量 1.2%，白云石水分 5%，MgO 含量 17.63%，忽略其他因素对烧结矿 MgO 含量的影响，计算将烧结矿 MgO 含量提高到 2.7%，需配加白云石湿配比多少？计算结果保留小数点后两位小数。

**解** 根据烧结过程物料（MgO 含量）平衡有：

[白云石湿配比 × (1 − 水分) × $MgO_{白云石}$] / 残存 = $MgO_{烧结矿}$

[白云石湿配比 × (1 − 5%) × 17.63%] ÷ 0.85 = 2.7% − 1.2%

白云石湿配比 = 7.61%

**【例 2-13】** 烧结生产中，当生石灰或石灰石断料时，如何对调生石灰和石灰石配比？

**解** 增减生石灰配比 × 有效 $CaO_{生石灰}$ = 减增石灰石干配比 × 有效 $CaO_{石灰石}$

其中：有效 $CaO_{生石灰}$ = $CaO_{生石灰}$ − $SiO_2{}_{生石灰}$ × $R_{烧结矿}$

有效 $CaO_{石灰石}$ = $CaO_{石灰石}$ − $SiO_2{}_{石灰石}$ × $R_{烧结矿}$

### 3. 返矿和搭配烧结内返配料计算

（1）返矿和返矿平衡 烧结用的返矿包括高炉返矿和烧结内返。

高炉返矿是炼铁工序槽下筛分系统对入炉铁矿石进行筛分，得到烧结矿、球团矿和富块矿的混合返矿。

生产组织中平衡高炉返矿量，将高炉返矿作为一种循环物料返回烧结参与配料。

烧结矿经环冷机冷却后，进入成品整粒系统进行三次筛分，其中三次筛的筛下物构成烧结内返，由转鼓强度差的筛下小粒烧结矿、未烧透和未烧结小粒烧结料组成。

烧结内返是烧结过程中的循环物料，正常情况下遵循返矿平衡，内返的数量和质量（化学成分、粒度组成）稳定。

所谓返矿平衡是指烧结矿经成品整粒系统筛分所得内返量 $R_A$ 与配加到烧结料中内返量 $R_E$ 的比值接近 1，即返矿平衡 $B = R_A / R_E = 1 ± 0.05$。

（2）烧结返矿平衡 正常情况下烧结返矿平衡，配料计算和生产操作不考虑内返，但在什么情况下必须考虑内返对烧结矿质量和生产操作的影响？

要在发现内返量增长的初期及早小幅度加大内返配比控制仓位不上涨，同时采取措施减少内返产生量。内返配比增加幅度控制在 2 个百分点以下时，可以不考虑内返对烧结矿质量和生产操作的影响。如果内返恶性循环继续上涨，配比增加超过 2 个百分点，则需要考虑内返数量和质量对烧结水分、配碳、风量、烧结矿化学成分等的影响，必须搭配烧结内返进行配料计算。

当检修和突发事故等原因造成烧结内返量猛增（配比增幅超过 2 个百分点）时，要关注以下方面：

① 加大内返加水量和混合机内加水量（因为内返为干料且孔隙率大，极易吸水），稳定烧结料水分。

② 考虑内返中 +5mm 粒级含量增多的影响。如果内返尤其内返中 +5mm 粒级为小粒熟料，则内返化学成分与成品烧结矿基本相同；如果内返为矿粉生料，则内返化学成分与成品烧结矿差别大，要关注内返的残碳和碱度变化。

内返中 +5mm 粒级不能作为制粒核心，更有可能破坏制粒料，影响烧结料粒度组成和烧结料层透气性，要根据情况调整烧结风量等操作参数。

③ 考虑内返对固体燃耗和转鼓强度的影响。与新料比较，内返的黏结性差，随着内返量的增加需增加固体燃耗，保证烧结矿转鼓强度不降低。

（3）搭配烧结内返配料计算

① 当烧结矿碱度连续同向废品时，内返碱度也同向废，应搭配内返进行配料计算，适当调整熔剂配比，保证成品烧结矿碱度合格。

② 当较大幅度变更原料配比，尤其大幅度变更烧结矿碱度时，应考虑仓存内返的影响，测算仓存内返和新内返切换时间节点，相应调整熔剂配比。

考虑烧结内返影响因素及调整措施见表 2-2。

表 2-2　考虑烧结内返影响因素及调整措施

| 序号 | 考虑烧结内返影响因素 | 调整措施 |
|---|---|---|
| 1 | 烧结矿碱度连续同向低废时,考虑低碱度内返对烧结矿碱度的影响 | 需加熔剂配比 |
| 2 | 大幅提高烧结矿碱度变料时,考虑低碱度内返对烧结矿碱度的影响 | |
| 3 | 烧结矿碱度连续同向高废时,考虑高碱度内返对烧结矿碱度的影响 | 需减熔剂配比 |
| 4 | 大幅降低烧结矿碱度变料时,考虑高碱度内返对烧结矿碱度的影响 | |
| 计算 | 加(减)熔剂配比×熔剂有效 CaO＝外配内返配比×内返有效 CaO | |

③ 有关计算。

【例 2-14】配料室上料量和相关化学成分见下表，熔剂使用白云石和生石灰，当烧结矿碱度中线值由 1.75 提高到 1.9 时，为抵消仓存内返对烧结矿碱度的影响，应如何调整生石灰配比？计算结果保留小数点后两位小数。

| 项目 | 混匀矿、固体燃料、白云石等 | 生石灰 | 烧结内返 |
|---|---|---|---|
| 干基上料量/(t/h) | 290.58 | | 76.86 |
| CaO/% | | 83.25 | 9.25 |
| SiO$_2$/% | | 1.80 | 5.29 |

**解**　有效 $CaO_{生石灰}$＝83.25－1.8×1.9＝79.83（％）

有效 $CaO_{内返}$＝5.29×1.9－9.25＝0.801（％）

烧结内返配比＝［76.86÷（76.86＋290.58）］×100％＝20.92％

根据"加（减）生石灰配比×有效 $CaO_{生石灰}$＝内返配比×有效 $CaO_{内返}$"有：

生石灰配比×79.83％＝20.92×0.801％

生石灰配比＝0.21（个百分点）

抵消仓存内返对烧结矿碱度的影响，生石灰配比应增加 0.21 个百分点。

# 第三节
# 影响配料准确性的主要因素

影响配料准确性的主要因素有原料条件、配料设备状况、操作因素等。

# 一、原料条件

原料条件包括原料化学成分、粒度、水分、原料是否混料等。

### 1. 原料化学成分

原料化学成分波动，直接影响烧结矿化学成分波动。

监控原料化学成分波动，一是通过化学分析，二是目测原料颜色、光泽、致密度和粒度是否发生变化。

### 2. 原料粒度

铁矿石经破碎后，粒度大的品位高，脉石成分低。

同一种原料，粒度不同，堆密度不同，原料粒度小，堆密度大，在配料设备开度一定的情况下，原料给料量大。

### 3. 原料水分

配料计算过程中，原料水分取固定值进行干基计算，如果原料实际水分值较大偏离配料计算水分取值，需调整原料湿配比，保证干配比不变。

原料水分高时，料仓内易产生崩料悬料现象，破坏给料均匀性和配料连续准确性。

**4. 原料混料**

原料发生混料，则完全打乱配料准确性，所以杜绝混料。

配料巡视工一般通过观察原料颜色和粒度判断是否混料。

# 二、配料设备状况

配料设备状况主要包括料仓衬板完整性、给料机功能精度、配料秤计量精度及其负荷率、调速电机稳定性、配料皮带速度等。

**1. 料仓衬板完整性**

保证料仓内原料受到稳定的摩擦力而均匀出料。

**2. 给料机功能精度**

影响给料机功能精度的主要因素有：给料机与料仓中心线的同心度；配料仓衬板磨损程度；给料机的水平度。

圆盘给料机具有出料均匀、调整方便、运转平稳可靠、易维护等特点。

圆盘给料机盘面越粗糙，出料越平稳，配料误差越小。

圆盘闸门开度过大，闸门出口处下料量时大时小。

**3. 配料秤精度及其维护**

配料秤精度分校验标定精度和运转精度，校验标定精度的稳定周期能保持多久，与配料秤的稳定性、工况条件及运行维护密切相关。随着配料秤的连续运行，运转精度会低于校验标定精度，需要定期校皮和日常维护保证配料精度。

配料秤需要有计量审核资质的专业部门定期挂码标定，日常生产中使用方专业人员定期校验皮重，特殊情况更换电子秤皮带机或更换头尾轮（严禁踩在皮带称量段上）必须进行挂码和校皮。岗位人员做好日常配料秤的点检维护工作，如及时调整皮带机防止跑偏，配料秤架及周围必须清理干净，称重传感器不得有异物等。

影响配料秤称量精度的关键是秤架和电子秤皮带机的稳定性，以及给料的均衡稳定性。秤架扭曲变形、电子秤皮带机的头尾轮松紧度变化和润滑加油不到位、皮带机托辊磨损或锈蚀不转、称重传感器有杂物卡阻、皮带机跑偏或磨损、给料不均衡等，均是影响配料秤称量精度的主要因素。

配料秤负荷率在 30%～80%范围内时称量精度高，负荷率过大或过小时，应调整给料机闸门开度在适宜范围。

# 三、操作因素

### 1. 配料仓料位

圆盘给料是借助摩擦力、离心力和机械作用力来完成的，摩擦力大小与料柱正压力成正比，料仓料位波动，破坏圆盘出料均匀性。

配料仓高料位（在 2/3 以上）时，圆盘出料量均衡稳定；低料位（低于 1/3 时），圆盘出料量增大；快空仓时，圆盘出料量急剧增加。所以生产操作至少要控制料位在 1/2 以上。

### 2. 小品种物料配加方式

高炉炉尘、氧气转炉炉尘、转炉钢渣和钢渣磁选粉、炼钢污泥、轧钢皮等工业副产品配加方式粗放或不当，影响配料准确性。建小型的"质量配料→加湿混匀"工艺，将小品种物料形成综合粉后再参与混匀矿配料，可减小副产品的用量波动。

熔剂和固体燃料加工系统除尘灰、配料系统和成品整粒系统除尘灰的排放方式不当或不匀，影响配料准确性。将烧结工序所有环境除尘灰通过气力输送收集到配料室专用灰仓参与配料，可稳定环境灰的使用量。

### 3. 生石灰提前消化

生石灰提前消化一是放出的热量散失，起不到提高料温的作用；二是生石灰消化成消石灰，带入烧结料的 CaO 含量减少，要保证烧结矿 CaO 含量不降低，需增加生石灰配比。生石灰消化程度不同和消化不均匀，影响烧结矿 CaO 含量波动。

### 4. 其他

① 变更原料配比、变更烧结矿碱度、混匀矿变堆时，新旧混匀矿切换和调整熔剂配比不同步、混匀矿和熔剂调控幅度不当、混匀矿新堆成分波动等影响配料准确性。

② 烧结矿取样频次不够、取样量不足、取样代表性不强、制样和化学分析过程中误差大等，对配料调整指导不力甚至误导，影响配料准确性。

# 第三章

# 混匀制粒理论和技能

根据工艺目的和作用不同，分一次、二次、三次圆筒混合机（以下简称混合机），分别完成混合料的润湿混匀、制粒、燃料分加作业。

通常二次混合机也称制粒机，三次混合机也称滚煤机。

## 第一节
## 混合机及其工艺参数

## 一、圆筒混合机的工作原理

由于混合料与混合机筒体内壁以及混合料之间存在摩擦力，借助筒体旋转离心力的作用，混合料被带到筒体一定高度（高度相应于物料的休止角）后沿筒壁向下滚动，因筒体入口高、出口低，所以具有一定的安装倾角，混合料沿圆筒轴线方向滚动前行而呈螺旋曲线轨迹，混合机内加水装置将水均匀喷洒在混合料上，因水的表面张力和混合料的亲水性，使混合料在滚动过程中达到充分润湿混匀和制粒的目的。

## 二、混匀制粒过程三阶段

混匀制粒必须具备两个基本条件，一是物料充分加水润湿，二是作用在物料上的机械力。

混合料的成球机理简单地说即滴水成核，雾化长大，无水密实。

混匀制粒分三个阶段，即形成母球、母球长大、长大的母球进一步密实。

### 1. 形成母球（即球核）

这一阶段具有决定意义的是加水润湿。

当物料润湿到最大分子结合水以后，成球过程才明显开始。当物料继续润湿到毛细水阶段时，成球过程才得到应有的发展。因为当已经润湿的物料在制粒机中受到滚动和搓动的作用后，借毛细力的作用，颗粒被拉向水滴的中心形成母球。

所谓母球，实际上就是毛细水含量较高的紧密颗粒的集合体。

### 2. 母球长大

这一阶段润湿作用下的机械力作用重大。

母球长大的条件是在母球表面其水分含量要接近于适宜的毛细水含量，精矿粉为主料时其水分含量要比较低些，只需接近最大分子结合水含量。

第一阶段形成的母球在制粒机内继续滚动，母球被进一步压紧，引起毛细管状和尺寸改变，使过剩毛细水被挤压到母球表面，过湿的母球表面在运动过程中很容易粘上润湿程度较低的颗粒。母球的这种长大过程多次重复进行，一直到母球中颗粒间摩擦力比滚动成型的机械力作用大时为止。

### 3. 长大的母球进一步密实

这一阶段滚动和搓动的机械作用成为决定因素。

利用制粒机产生滚动和搓动的机械力作用，使生球内颗粒按接触面积最大有选择性地排列，并使生球颗粒进一步压紧密实，形成由若干颗粒所共有的薄膜水层，各颗粒依靠分子黏结力、毛细黏结力和内摩擦阻力的作用相互结合起来，这些结合力越大，生球机械强度越大。

# 三、混合机工艺参数及其对混匀制粒的影响

混合机工艺参数包括长度、转速、安装倾角、混匀制粒时间、填充率。

原料配比不同，适宜的混合机工艺参数不同。

### 1. 混合机长度

混合机有效长度 $L_e$＝实际长度 $L-1$（m）；混合机有效内径 $D_e$＝实际内径 $D-$ 0.1（m）。

长度和内径是决定混合机生产能力的主要参数，直接关系到混匀制粒效果。

随着烧结机大型化，混合机直径已达 4～5m，长度为 21～26m 不等。

### 2. 混合机转速

（1）混合机临界转速　混合机临界转速指物料在混合机内随滚筒旋转方向转动而不脱落的速度。

$$N_临 = 30/R_e^{1/2} \tag{3-1}$$

式中　$N_临$——混合机临界转速，r/min；

　　　$R_e$——混合机有效半径，m。

（2）混合机规范转速

$$N_1 = (0.2～0.3)N_临 \tag{3-2}$$

$$N_2 = (0.25～0.35)N_临 \tag{3-3}$$

式中　$N_1$——一次混合机规范转速，r/min；

　　　$N_2$——二次混合机规范转速，r/min；

　　　$N_临$——混合机临界转速，r/min。

混合机实际转速在规范转速内，有利于混匀和制粒，实际转速在规范转速低限时，影响混匀制粒效果，需提高混合机转速。

混合机实际转速过小，筒体产生的离心力小，物料被带到的高度低，物料呈堆积状态即滑动状态，混匀和制粒效果都差。

混合机实际转速过大，筒体产生的离心力大，物料紧贴在圆筒壁上，不能翻动也不能滚动，完全失去混匀和制粒的作用。

设计二次混合机（制粒机）实际转速大于一次混合机，且二次混合机转速可调，根据不同物料调整转速，改善制粒效果。

小直径的制粒机转速可大些，大直径的制粒机转速稍小些，有利于制粒。

（3）有关计算

【例 3-1】一次混合机和二次混合机有效半径均为 1.35m，转速均为 6r/min，计算其临界转速和规范转速，并说明实际转速是否在规范转速范围内。计算结果保留小数点后两位小数。

**解**　一次混合机和二次混合机临界转速 $N_临 = 30÷1.35^{1/2} = 25.86$（r/min）

一次混合机规范转速 $N_1 = (0.2～0.3)N_临 = 5.17～7.76$（r/min）

二次混合机规范转速 $N_2 = (0.25～0.35)N_临 = 6.46～9.05$（r/min）

一次混合机实际转速 6r/min，在规范转速范围内，可以不提高。

二次混合机实际转速 6r/min，低于规范转速，需要提高。

### 3. 混合机安装倾角

混合机安装倾角决定物料混匀停留时间，安装倾角小，混匀和制粒时间长。

### 4. 混合机混匀制粒时间

$$t = L_e / (\pi D_e n \tan \upsilon) \tag{3-4}$$

式中　$t$——混合机混匀制粒时间，min；

　　$L_e$——混合机有效长度，m；

　　$D_e$——混合机有效内径，m；

　　$n$——混合机转速，r/min；

　　$\upsilon$——混合料的前进角度，(°)。

$$\tan \upsilon \approx \sin \upsilon = \sin \alpha \div \sin \psi$$

　　$\alpha$——混合机的安装倾角，(°)；

　　$\psi$——混合料的安息角，(°)。

混匀制粒时间与混合机长度成正比，与半径、转速及安装倾角成反比。

烧结工艺要求混合机有足够的混匀制粒时间，混匀时间越长混匀效果越好，但制粒时间越长不一定制粒效果越好，尤其三次混合时间不宜太长，否则黏附在料球上的颗粒会脱落下来。

一般设计一次混合机混匀时间 2.5～3min，二次混合机制粒时间 4.5～5min，三次混合机外裹固体燃料时间 1min 左右。

### 5. 混合机填充率

混合机填充率指圆筒内混合料体积占混合机有效容积的百分数。

$$\varphi = [Qt / (60 \pi R_e^2 L_e \rho)] \times 100\% \tag{3-5}$$

式中　$\varphi$——混合机填充率，%；

　　$Q$——混合机生产能力，t/h；

　　$t$——混合机混匀制粒时间，min；

　　$R_e$——混合机有效半径，m；

　　$L_e$——混合机有效长度，m；

　　$\rho$——混合料的堆密度，t/m³。

混合机填充率与生产能力和工艺参数有关，适宜的填充率才有利于混匀和制粒。

适宜的填充率和转速，可获得适宜的物料运动状态，有利于混匀和制粒。

当填充率过大，混匀和制粒时间不变时，虽然提高了混合机产能，但因料层增厚，物料运动受到限制和破坏，反而不利于混匀和制粒。

填充率过小，不仅混合机产能低，而且物料相互间作用力小，不利于混匀和制粒。

一般设计一次混合机填充率 12%～14%，二次混合机填充率 10%～12%。

### 6. 混合机内物料运动状态

混合机内物料运动状态主要由转速、安装倾角、填充率、物料的物理性质决定。

混合机内物料呈翻动、滚动、滑动三种运动状态，运动幅度为翻动＞滚动＞滑动。

混合机内物料呈翻动运动状态，对混匀有利；呈滚动运动状态，对混匀和制粒有利；呈滑动运动状态，对混匀制粒都不起作用。改善混匀制粒效果，应增强物料翻动和滚动，削弱滑动运动状态。

# 四、三次混合的目的

一次混合主要目的是加入足量的水，将混合料各组分充分润湿和混匀，均匀混合料水分、粒度、化学成分，使混合料达到二次混合基本不加水的要求。混合料的亲水性强，则一次混合的加水量大，一般占总加水量 80% 以上。

二次混合除继续混匀外，主要目的是补充少量水，使小球进一步密实长大强化制粒，使混合料水分、粒度、料温满足烧结工艺要求。

制粒是烧结混合料在水分的作用下，细颗粒黏附在粗颗粒上或细颗粒之间相互聚集而长大成小球的过程，目的是改善混合料粒度组成，减少细粒级颗粒含量，以改善料层透气性，提高烧结矿产量。混合料制粒是铁矿粉烧结的一个重要环节。

三次混合的主要目的是将强化制粒后的混合料小球表面外裹固体燃料，改善固体燃料的燃烧条件。

混烧比指混合机有效容积之和与对应烧结机有效面积的比值，单位为 $m^3/m^2$。

混烧比不是混合机的工艺参数。

混烧比是衡量混合机混匀制粒能力的一个重要参数。混烧比越大，混匀制粒能力越大。随着烧结精粉率的提高和冶金工业辅料的循环利用，为了提高混匀和制粒能力，设计混烧比大于 $1.5m^3/m^2$。

【例 3-2】$450m^2$ 烧结机一次混合机规格 $\phi4.4m \times 17m$，二次混合机规格 $\phi4.4m \times 18m$，三次混合机规格 $\phi3.8m \times 9.5m$，计算其混烧比。计算结果保留小数点后两位小数。

**解**　一次混合机有效长度 $L_e = 17 - 1 = 16$（m）

一次混合机有效内径 $D_e = 4.4 - 0.1 = 4.3$（m）

二次混合机有效长度 $L_e = 18 - 1 = 17$（m）

二次混合机有效内径 $D_e = 4.4 - 0.1 = 4.3$（m）

三次混合机有效长度 $L_e = 9.5 - 1 = 8.5$（m）

三次混合机有效内径 $D_e = 3.8 - 0.1 = 3.7$（m）

一次混合机有效容积 $= 3.14 \times (4.3 \div 2)^2 \times 16 = 232.23$（$m^3$）

二次混合机有效容积 $= 3.14 \times (4.3 \div 2)^2 \times 17 = 246.75$（$m^3$）

三次混合机有效容积 $= 3.14 \times (3.7 \div 2)^2 \times 8.5 = 91.35$（$m^3$）

混烧比 $= (232.23 + 246.75 + 91.35) \div 450 = 1.27$（$m^3/m^2$）

# 第二节
# 影响混匀制粒效果的主要因素

混匀是指混合料中各组分的化学成分、粒度组成、水分均匀分布，制粒是混合料中细颗粒在水分和黏结剂的作用下黏附粗颗粒长大的过程，因此影响混匀制粒效果的主要因素有物料物理性质、混合料水分、加水方式、混合机工艺参数、黏结剂用量和性质等。

## 一、物料的物理性质

物料的物理性质包括堆密度、黏结性、润湿亲水性、粒度组成、颗粒形状等。

物料各组分堆密度相差大，不利于混匀和制粒。如除尘灰堆密度小，不易离散，不利于与其他物料混匀。

物料黏结性好，易于制粒，不利于混匀。

在混合制粒过程中，依靠颗粒间的毛细水作用，使粒子相互聚集成小球，易润湿亲水的矿物在颗粒间形成的毛细力强，制粒性能好。常见铁矿粉的制粒性能依次是褐铁矿＞赤铁矿＞磁铁矿。含泥质的铁矿粉易成球。

物料润湿亲水性强，毛细力和分子结合力大，成球性好，易于制粒，不利于混匀。

物料各组分粒度相差过大，易产生粒度偏析，难混匀，不易制粒。

物料孔隙率大，分子湿容量大，成球性好。

在粒度组成相同的情况下，结构疏松、多棱角和形状不规则、表面粗糙的片状、树枝状或条状颗粒比结构致密、表面圆滑的球形或柱状颗粒制粒性能好，且制粒小球强度高。颗粒接触面积和比表面积大，则成球性好，利于制粒。

"颗粒越大越容易制粒，颗粒越小越不容易制粒"的说法不对。

"颗粒越大越不容易制粒，颗粒越小越容易制粒"的说法也不对。

## 二、混合料水分、加水方式

### 1. 混合料水分

影响混合料成球性的决定因素是物料水分、亲水性、孔隙率、颗粒表面形状。

适宜制粒水分取决于物料成球性，成球性由物料亲水性、水在物料表面的迁移速度、物料粒度组成、机械力作用大小等诸因素决定。

由于烧结过程水分冷凝带（即过湿带）的存在，混合料适宜水分稍低于最大透气性水分的 0.3 个百分点为宜。

混合料水分过大或过小都会导致料层透气性差，总管负压高，垂直烧结速度慢。

物料亲水性强，结构松散多孔，则需加水分大且提前充分润湿效果好，如褐铁矿。

物料亲水性差，组织致密，则需加水分小，如磁铁矿。

物料亲水性强，宏观看水分不大，而实测水分却较大。

物料亲水性差，宏观看水分偏大，而实测水分不一定大。

物料水分相同情况下，宏观看大粒物料表面水分大，小粒物料表面水分小。

混合料水分过大，不利于混匀，也不利于制粒；水分过小，虽有利于混匀，但不利于制粒。

混合料中返矿配比和生石灰配比增加，总加水量应增加。

**2. 加水点和加水方式**

加水点和加水方式是混匀制粒的关键环节，原料提前充分润湿、混合机内加热水并高压雾化，是提高料温、提高混匀制粒效果的重要措施之一。

（1）原料提前加水润湿　原料没有充分加水润湿，则水分渗透不进内部，内外水分不一，影响烧结过程传热速度，所以原料准备期间加入足量水（如原料场入厂原料中加水、混匀矿中加水、烧结内返和高炉返矿中加水、除尘灰等循环物料综合加水；配料室生石灰消化加水等），使物料提前充分润湿，有利于强化制粒和提高烧结速度。

（2）混合机内加水　混合机内加水必须均匀，将水均匀喷在随筒壁上扬的混合料料面上，不能喷在筒体底部混合料上（此处混合料基本呈相对静止状态，混合料和水分之间几乎没有摩擦运动）或筒体衬板上，否则将造成混合料水分不均匀和圆筒内壁粘料。

一混是主要加水环节，物料在此充分润湿和混匀；二混加入少量的补充水并通入蒸汽提高料温。当混合料水分过小时，立即在一混增加水量，而不急于在二混多加水，因为二混加入过多的水量，水分没有足够时间渗透到物料内部，只能形成过高的表面水，往往控制不好反而会使混合料水分偏高，带来布料点火、料层厚度、总管负压波动等一系列负面影响，需要较长时间调整恢复正常。

混合机内加柱状水，则水分过于集中不易分散，不利于水分均匀和制粒；加 0.5MPa以上高压雾化水，有利于水分均匀和形成母球并加速小球长大，促进混匀和制粒。

根据一混、二混目的和作用不同，设计不同的加水曲线。一混进料端设置 2m 或3m 扬料衬板使混合料上扬充分混匀，避开扬料段和出料端 2m 内不加水，其他长度方向上每隔 700～800mm 安装雾化加水喷头；二混进料端设置 3m 扬料衬板，避开扬料段每隔 800～850mm 安装雾化加水喷头，一直到混合机长度的 1/2 处则停止加水，可用于强化制粒和密实小球，提高料球强度。

# 三、混合机工艺参数

详见"第三章 第一节 三、混合机工艺参数及其对混匀制粒的影响"。

随着烧结机大型化和精矿粉用于烧结以及循环经济下大量细粒除尘灰作为烧结辅助原料，原有的混合制粒能力不能满足新的烧结原料和工艺要求，开始重视和推行强化混匀制粒技术。如巴西采用立式强力高效混合机处理超细精矿粉，宝钢采用卧式强力混合机用于粉尘的强力混匀和制粒。

# 四、返矿粒度

返矿包括烧结内返和高炉返矿。

适宜返矿粒度为1～5mm，重点控制烧结内返和高炉返矿中＋5mm粒级含量不大于8%。

返矿粒度过小特别是－1mm粒级过多，将降低烧结料层透气性，尤其是细精矿粉烧结，返矿作为制粒核心及料层骨架料，改善烧结料粒度组成，提高垂直烧结速度，同时由于返矿为经过烧结的熟料，含低熔点物质，有助于生成液相，故配加一定数量合格的返矿可改善烧结过程。

返矿为干料且孔隙率大，极易吸水，如果返矿粒度和数量增大，将影响加水量和混合料水分波动，从配料到烧结短暂时间内，大粒度返矿很难达到内外完全润湿，所以有必要在配料之前将返矿充分加水润湿，以减小返矿对水分的影响。

返矿粒度过大，将本该入高炉使用的成品烧结矿却作为返回料重新参与配料，降低烧结成品率和产能，且返矿量增多，新原料减少，固体燃耗升高，是一种浪费和不经济的生产操作。

返矿粒度过大，不能作为制粒球核，只能作为单独的料球存在于混合料中，几乎没有黏结细粒物料的能力，相反还会冲刷黏附在料球表面上的颗粒，对制粒很不利，且烧结过程中大粒度返矿周围成型条件差，很难固结成一体，降低烧结矿转鼓强度。

4～6mm小粒度烧结矿分级入炉，既提高烧结矿有效入炉量，又改善返矿粒度组成。

# 五、生石灰强化制粒

生产实践表明，生石灰配比提高到5%以上，消化后－0.5mm粒级含量大于70%，活性体积大于260mL，有利于发挥其黏结性能，制粒所需的水分大，制粒小球干燥脱粉率低，降低混合料中－1mm粒级含量，提高混合料平均粒径，改善烧结料层透气性。

# 六、预先制粒（复合制粒）措施

将各种除尘灰、精矿粉等细粒物料混合并添加黏结剂（皂土、生石灰等），预先制成小球后进入二次混合机内与其他物料复合混匀制粒，可大大减小亲水性差且粒度极细物料对混匀制粒的影响。

# 七、富矿粉和精矿粉成球制粒机理

富矿粉和精矿粉二者的成球制粒机理不同。

富矿粉自身有－0.25mm颗粒起黏附粉作用，有1～3mm作为核颗粒，所以富矿粉烧结通过粒度配矿可以增加3～5mm粒级，改善混合料粒度组成，改善成球制粒效果。

精矿粉自身－200目（－0.074mm）粒级为黏附粉，无核颗粒和理想的3～5mm粒级，所以精矿粉烧结以精矿粉为黏附颗粒，以其他物料作为核颗粒决定制粒成球能力，需通过强化制粒改善混合料成球制粒性能。

# 第三节
# 混料工技术操作指标

混料工技术操作指标主要有混合料的混匀效率、混合料水分、制粒效果、混合料温度、料仓料位等。

# 一、混合料的混匀效率

混匀作业效果主要从两方面衡量，一方面以混匀前后混合料各组分的波动幅度衡量，称为混匀效率，另一方面对比混合前后混合料粒度组成的变化，称为制粒效果。

### 1. 按均匀系数计算混匀效率

$$\eta = (K_{min}/K_{max}) \times 100\% \tag{3-6}$$

式中　　　$\eta$——混匀效率，此值越接近 $100\%$，说明混匀效果越好；

$K_{min}$，$K_{max}$——所取试样均匀系数最小值、最大值。

$$K_1 = C_1/C, K_2 = C_2/C, K_3 = C_3/C, \cdots, K_n = C_n/C$$

式中　$K_1$，$K_2$，$\cdots$，$K_n$——各试样均匀系数；

$C_1$，$C_2$，$\cdots$，$C_n$——某一组分在各试样中的含量，%；

$C$——某一组分在各试样中含量的平均值，%；

$n$——取样数目。

$$C = (C_1 + C_2 + \cdots\cdots + C_n)/n$$

### 2. 按平均均匀系数计算混匀效率

$$\eta' = \left[ \sum(K_a - 1) + \sum(1 + K_b) \right]/n \tag{3-7}$$

式中　$\eta'$——混匀效率，此值越接近 0，说明混匀效果越好；

$K_a$——各试样中大于 1.0 的均匀系数；

$K_b$——各试样中小于 1.0 的均匀系数；

$n$——取样数目。

上述两种计算方法均可使用，但按均匀系数计算混匀效率 $\eta$ 只是两个偏差的比较，不能说明全部试样情况。按平均均匀系数计算混匀效率 $\eta'$，将所有的试样分析结果参加计算，反映全部试样情况较准确。

混匀效率与混合前物料的均匀程度有关。

混匀效率是用于检查混合料的质量指数，通常用于测定混合料中 TFe、CaO、$SiO_2$、固定碳、水分和粒度的混匀效率。

# 二、混合料水分

### 1. 混合料中水分的来源

① 铁矿粉、熔剂、固体燃料等物料自身带入的物理水。

② 混匀制粒过程中添加的物理水。

③ 具有一定湿度的空气带入的物理水。

④ 固体燃料中碳氢化合物燃烧所产生的水分。

⑤ 烧结过程中，含结晶水的矿物分解析出的化合水。

### 2. 物理水（游离水）和结晶水（化学水）的区别

（1）存在形态不同

① 物理水存在于物料的表面和空隙里，是外界加入的水，是一个变数，是经加热只发生物理变化（蒸发其中水分）不发生质的变化就能脱除的水。

② 结晶水是物料内部本身所固有的水，是物料内在的水，是一个定数，是经化学反应发生质的变化才能脱除的水。结晶水主要存在于水化物矿石中，天然块矿和熔剂中也含有少量的结晶水，如褐铁矿 $2Fe_2O_3 \cdot 3H_2O$，高岭土 $Al_2O_3 \cdot 2SiO_2 \cdot 2H_2O$。澳洲褐铁矿粉含有较高的结晶水，如杨迪粉、罗布河粉、超特粉、FMG 混合粉。

（2）脱除水的温度不同 物理水蒸发的理论温度是 100℃，但使物料内部的物理水全部蒸发出来需要 120℃甚至更高的温度。

一般固熔结晶水 200℃以上吸热分解出来，以 $OH^-$ 存在的结晶水在更高温度下分解。

与金属氧化物结合的结晶水分解温度相对低，吸热相对少，如褐铁矿 $2Fe_2O_3 \cdot 3H_2O$ 中的结晶水在 250℃开始分解，到 360～400℃分解完毕；针铁矿 $Fe_2O_3 \cdot H_2O$ 中的结晶水在 300℃左右开始分解。

与脉石氧化物结合的结晶水分解温度相对高，吸热相对多，如黏土高岭土矿 $Al_2O_3 \cdot 2SiO_2 \cdot 2H_2O$ 和莫来石 $(FeAl)_2O_3 \cdot 3SiO_2 \cdot 2H_2O$ 中的结晶水约 500℃开始分解，完全分解要达 1000℃左右。

烧结过程中，烧结料中的物理水在干燥带 100～120℃蒸发，为物理变化；铁矿粉和熔剂中的结晶水在预热带和燃烧带分解析出，为化学变化。

通常物料水分是指物料中物理水质量占物料总质量的百分数。

### 3. 常用测定物料水分的方法及特点

常用测定物料水分方法及其比较见表 3-1。

表 3-1 常用测定物料水分方法及其比较

| 方法 | 内容 | 特点 |
|---|---|---|
| 称重烘干法 | 根据不同物料取 100g、200g、400g 样量，置于烘干箱中 105～120℃恒温，至水分完全蒸发物料完全烘干，计算水分质量占试样质量的百分数 | 测定时间长 测定值准确 |
| 快速失重法 | 根据不同物料取 50～200g 样量，置于快速水分仪中，在极限失重温度下快速烘干物料，快速水分仪自动读出水分值 极限失重温度指物料不发生化学反应，仅物理水蒸发的最高温度 | 测定时间短 测定值较准确 |
| 中子法在线测水 | 利用中子源产生的快速中子被氢原子慢化的次级反应原理，在线测定物料水分 | 投资和运行费用高，核源申请和环评难度大，响应速度慢 |
| 电导法在线测水 | 利用润湿物料电导性与水分含量成线性关系的原理，在线测定物料水分 | 抗干扰能力强，较准确反映水分变化趋势 |
| 红外线法在线测水 | 利用水分可吸收特定波长的红外线特性，随物料水分增减从被测物料反射回来的红外光束随之减短或增长的原理，在线测定物料水分 | 受检测物料表面特性和环境因素干扰，不易维护，测的是表面水 |
| 微波法在线测水 | 利用微波穿过物料时损耗的能量随物料水分的增加而增加的原理，在线测定物料水分 | 抗干扰能力强，受环境影响小，易维护，测的是表面和内部水 |
| 说明 | 取样量据物料粒度组成和堆密度等确定，物料粒度组成均匀和堆密度小，则取样量少，反之取样量多，原则上使取样具有代表性 | |

烧结生产中，最原始也最准确的物料水分测定方法是称重烘干法。

称重烘干法虽然较快速失重法用时长，但测定结果较准确，二者根本区别是烘干温度不同。

在线测水法干扰因素多，仅能反映水分变化趋势，需用称重烘干法校正。

烧结工适宜用快速失重法和目测相结合的方法掌控混合料水分。

(1) 中子法测定水分原理　当一个中子源紧靠物料表层时，中子源不断发射的快中子与物料原子核发生碰撞而被减速，即中子慢化，每碰撞一次减速一次，直到最终慢化成为热中子。

在快中子减速慢化过程中，氢与其他物质的原子核所起作用有着明显的差异。元素的原子核对中子减速慢化的能力由两个因子决定：一是被碰撞核的质量，即中子与核碰撞所损失的能量随核质量增大而迅速减小，氢核最轻，碰撞使中子损失能量最大，慢化能力最强；二是中子与原子核的碰撞概率（散射截面），氢核对中子的散射截面最大，慢化能力最强。氢原子的结构对快中子的减速作用最大，氢核对中子的减速能力比其他核大得多，介质的减速性质主要受氢含量的控制。因此中子法测定水分严格地说是测定物料中氢含量，通过直接测定物料中氢含量间接测定出物料水分。

中子测水仪测定精度较高，但投资和运行费用高，核源申请困难，环评难度大，放射源到期需要重新注源，设备维护难度大。

(2) 电导法测定水分原理　电导测水仪也称接触式散料测水仪，电极与物料直接接触，其中激励电极提供激励信号，检测电极反映水分信号，经转换电路将模拟检测信号转换成数字量，利用模糊数学经软件处理在水分仪上实时显示水分值及其变化趋势。

电导测水仪适用于高磁、高温、高湿度（蒸汽）、粉尘的工业现场，抗干扰能力强，不受物料成分变化和料量变化的影响，系统易维护，性能和运行较稳定，能够较准确地反映水分变化趋势，测定响应时间短（约 $2\sim5s$）。

随着电极的磨损，需要调整电极使之与物料充分接触，并平整物料料面，此举有助于提高测定精度。

(3) 红外线法测定水分原理　水对一些特定波长的红外线表现出强烈的吸收特性，当用这些特定波长的红外线照射物料时，物料中的水吸收部分红外线的能量，物料水分越大吸收红外线的能量越多，红外反射光的能量越小，因此可通过反射光能量减少量计算物料的水分。

红外线测水仪经建模标定后静态精度高，但动态精度易受物料料面、光线、蒸汽、温度、粉尘、振动和冲击等环境因素的干扰，受物料成分变化和料量变化的影响，系统稳定性较差，不易维护，测定响应滞后时间较长（约 1min）。

(4) 微波法测定水分原理　物料在输送过程中，微波检测位于发射探头和接收探头之间区域的物料水分，当微波从物料的一端穿过时，电磁场引起共振，在此过程中微波损耗部分能量，损耗的能量随着物料水分的增加而增加，到达微波接收探头的能量（物料的另一端）随着物料水分的增加而减少，通过计算物料能量吸收量和几何参数，可以计算出物料水分含量。

(5) 计算物料水分

**【例 3-3】** 用称重烘干法测定白云石粉水分，湿重 200g，完全烘干后称重 193g，计算白云石粉水分。计算结果保留小数点后一位小数。

**解** 白云石粉水分＝[(200－193)÷200]×100％＝3.5％

**【例 3-4】** 取 400g 混合料试样，置于烘干箱中 105～120℃ 恒温至水分完全蒸发，取出后称重 371.68g，计算该混合料水分。计算结果保留小数点后两位小数。

**解** 混合料水分＝[(400－371.68)÷400]×100％＝7.08％

### 4. 混合料水分控制

（1）计算机前馈加反馈控制混合料水分

① 根据配料结构、各原料原始水分和目标水分值，通过智能专家系统运算得到预加水量。

② 将信号发送到由比例调节阀、电磁流量计、切断阀组成的可计量加水单元，并与主机给出的加水量组成闭环控制。

③ 通过在线测水仪连续测定混合料水分，与目标水分值比较，将差值通过"混合料水分智能测控主系统"反馈给"预加水量"和"加水单元"增加或减少水量，实现混合料水分前馈加反馈控制。控制图见图 3-1。

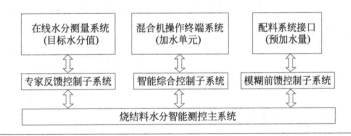

图 3-1　混合料水分前馈加反馈控制图

（2）人工控制混合料水分　控制混合料水分不单纯是混料工的职责，需要从原料到成品各工序之间密切配合互通有无。根据原料结构、烧结料层厚度、季节等因素确定适宜目标水分和加水量，稳定混合料水分在目标水分±0.3％范围内波动，满足烧结机要求。

① 一次混合是控制混合料水分的关键环节，应从以下方面加强控制减小波动。

a. 了解各原料物理性能，掌握配料室各原料给料量、原始水分、粒度组成，尤其关注生石灰给料量和质量变化，根据情况加减水量。

b. 关注烧结内返、高炉返矿的配加量、粒度组成是否变化。

c. 烧结启停机时。

d. 掌握除尘灰、钢污泥、轧钢皮等副产品的配加量和润湿程度。

e. 定期检查加水设施、水压、水量，确保设备稳定运行。

f. 知晓变更原料配比、变更烧结矿碱度、混匀矿变堆等情况，适当加减水量。

② 目测判断混合料水分。

a. 混合料水分适宜。手握混合料成团状，有柔和感，料团上有指纹，少量粉料黏在手上但不黏手，轻微抖动即散开，有小球颗粒，料面无特殊光泽。

b. 混合料水分偏干。手握混合料松散不易成团，料中无小球颗粒或小球颗粒很少。用铁锹或小铲搓动混合料不易成球。

c. 混合料水分偏湿。混合料料面有光泽，手握成团后抖动不易散开且有泥料黏在手上。

**5. 水分在烧结生产中的作用**

（1）润湿物料和制粒的作用　水分充分润湿物料使物料表面变得光滑，有利于混合料制粒。

（2）润滑的作用　水覆盖在物料颗粒表面，起类似润滑剂的作用，降低料面粗糙度，减小气流通过烧结料层的阻力。

（3）导热、传热、导电、导磁的作用　水的热导率为 $126\sim419kJ/(m^2 \cdot h \cdot ℃)$，矿石的热导率为 $0.63kJ/(m^2 \cdot h \cdot ℃)$，水的导热性能远远超过矿石和固体物料的导热性能，可改善烧结料层的热交换条件。

水分良好的导热性，不仅可以限制燃烧带在一个较窄的范围内，而且保证在较少固体燃耗下获得必要的高温烧结区。

水的热容量很大，水通过本身的杂质可以导电、导磁。

（4）溶质和助燃的作用　水分子受热分解或电解成 $H^+$ 和 $OH^-$，起溶质的作用，有利于固体燃料的燃烧反应。

（5）抑尘的作用　物料加水润湿后，在输送过程中起到抑制粉尘飞扬的作用。

# 三、混合料制粒效果

## 1. 网目和标准筛孔径的对应关系

网目是指 $1in$❶ 见方筛面上所具有的大小相等的方筛孔数目。其与标准筛孔径的对应关系见表 3-2。

表 3-2　网目和标准筛孔径的对应关系

| 网目 | 标准筛孔径/mm | | | |
| --- | --- | --- | --- | --- |
| | 英国泰勒标准 | 美国标准 | 国际标准 | 日本标准 |
| 100 | 0.147 | 0.149 | 0.150 | 0.149 |
| 120 | | 0.125 | 0.125 | |
| 150 | 0.104 | | | 0.105 |
| 160 | | 0.105 | 0.100 | |
| 170 | 0.088 | 0.088 | 0.090 | 0.088 |
| 200 | 0.074 | 0.074 | 0.075 | 0.074 |
| 230 | 0.062 | 0.062 | 0.063 | 0.062 |
| 270 | 0.053 | 0.052 | 0.050 | 0.053 |
| 325 | 0.043 | 0.044 | 0.040 | 0.044 |
| 400 | 0.038 | | | |

注：冶金行业习惯使用美国标准。一般大于100目的粒度不用网目表示。

---

❶ 英寸，$1in=25.4mm$。$12in=1ft$(英尺)。

## 2. 测定物料粒度组成

用物料含有一定的水分，测定物料粒度组成时，需要自然干燥一段时间后再筛析。当物料不糊筛孔、颗粒间不黏结不碎散时，合乎筛析条件。

筛析后将各粒级物料全部烘干分别称重，计算其质量百分比，得出物料粒度组成。不同物料粒度筛析规范见表 3-3。

表 3-3 不同物料粒度筛析规范

| 物料 | 物料粒度筛析规范 |
| --- | --- |
| 块状物料<br>（如烧结矿、焦炭） | 选用筛孔为 40mm、25mm、16mm、10mm、5mm 的方孔套筛进行筛分 |
| 粗粒物料<br>（如烧结混合料） | 选用筛孔为 10mm、8mm、5mm、3mm、1mm、0.5mm、0.25mm 的方孔套筛进行筛分 |
| 细粒物料<br>（如精矿粉） | 选用 100 网目、200 网目、325 网目的筛子进行筛分 |
| 特细物料 | 采用沉析法，根据颗粒在液体介质中的沉降速度测定物料颗粒大小 |

## 3. 评价混合料制粒效果

（1）以制粒前后混合料中某一粒级的产出率增量评价

$$B_i = (Q_i/Q_o) \times 100\% \tag{3-8}$$

式中　$B_i$——某一粒级产出率，%；

　　　$Q_i$——某一粒级产出量，kg；

　　　$Q_o$——试样总量，kg。

（2）以制粒前后混合料中 +3mm 粒级质量百分数（即成球率）评价

$$\eta = [(Q_2 - Q_1)/Q_1] \times 100\% \tag{3-9}$$

式中　$\eta$——成球率，%；

　　　$Q_1$——制粒前混合料中 +3mm 粒级质量，kg；

　　　$Q_2$——制粒后混合料中 +3mm 粒级质量，kg。

（3）以制粒前后混合料的平均粒径增值评价

① 为使计算物料粒径接近实际物料粒径，每一筛分级别中最大颗粒直径和最小颗粒直径的比值（即筛比）不应超过 $2^{1/2} = 1.414$。

② 某级别颗粒的平均直径 $d_i$ 计算方法：

$$d_i = (d_1 + d_2)/2 \qquad 用于计算粒级范围的平均直径$$

$$d_i = (d_1 + d_1/1.414)/2 \qquad 用于处理下限粒级的平均直径$$

$$d_i = (d_2 + 1.414d_2)/2 \qquad 用于处理上限粒级的平均直径$$

计算精矿粉平均粒径时，近似取 -325 目的平均颗粒直径为 0.0215mm。

③ 混合料平均粒径 $D$ 计算见表 3-4。

表 3-4　混合料平均粒径计算

| 项目 | 混合料粒度组成/mm | | | | | | |
|---|---|---|---|---|---|---|---|
| | +10 | 10~8 | 8~5 | 5~3 | 3~1 | 1~0.5 | -0.5 |
| 各粒级含量/% | 2.39 | 3.55 | 6.02 | 13.56 | 27.12 | 17.99 | 29.36 |
| 各粒级平均颗粒直径/mm | 12.07 | 9.00 | 6.50 | 4.00 | 2.00 | 0.75 | 0.43 |
| 混合料平均粒径 $D$/mm | 0.29 | 0.32 | 0.39 | 0.54 | 0.54 | 0.13 | 0.13 |
| | 2.34 | | | | | | |

+10mm 粒级平均颗粒直径＝$(10+10×1.414)÷2=12.07(mm)$

-0.5mm 粒级平均颗粒直径＝$(0.5+0.5÷1.414)÷2=0.43(mm)$

烧结混合料较好的粒度组成应当是力求减少 0~3mm 粒级和大于 10mm 粒级的含量，增加 3~8mm 粒级，尤其增加 3~5mm 粒级。

# 四、混合料温度和提高料温措施

### 1. 蒸汽露点

蒸汽露点指一定大气压下，水蒸气分压等于该饱和蒸气压时的温度，即水蒸气（气体）被冷凝变成水滴（液体）的温度。

一定大气压下，水蒸气分压低，则露点低。

### 2. 烧结混合料露点及其影响因素

混合料露点是一定烧结负压下，混合料中水蒸气分压等于该饱和蒸气压时的温度，即混合料中水蒸气被冷凝变成水滴时的温度。

混合料温度低于露点温度时，气流中的水蒸气冷凝变成水滴。

烧结过程中，水蒸气分压低，则混合料露点低。

混合料露点与混合料量、混合料水分、有效风量、总管负压有关，与料温无关。

强化制粒、低水分、小风量、低负压操作，有利于降低混合料露点，减轻过湿带的影响。

一般混合料露点在 50~55℃，混合料温度在露点以上（最好超过露点 10℃ 以上）可减少冷凝水量，减轻过湿带的影响。

混合料温度低于露点，过湿带增厚，料层透气性差，影响烧结矿产质量。

### 3. 提高混合料温度的主要措施

提高混合料温度的目的是减少烧结过程冷凝水量，减轻过湿带，提高烧结产量和降低能耗。

① 生石灰消化。详见"第一章 第五节 三、烧结熔剂 4. 生石灰主要特性和作用"。

利用生石灰消化放热，提高混合料温度，但因烧结原料成本和配矿结构的制约，提高生石灰配比受到限制。

② 利用蒸汽提高水温，混合机内加热水。热导率 λ（又称导热系数）是物质导热能力的量度，表示单位温度梯度下的热通量，单位为 W/(m·℃)或 W/(m·K)，是物质的固有性质，是分子微观运动的宏观表现，与物质的形态、组成、密度、温度、压力呈函数关系，$\lambda_{金属固体}>\lambda_{非金属固体}>\lambda_{液体}>\lambda_{气体}$，热导率越大，导热性能越好。

100℃下饱和水的热导率为 0.683W/(m·K)，饱和蒸汽的热导率为 0.025W/(m·K)，过饱和蒸汽的热导率比饱和蒸汽低很多，因为过饱和蒸汽变成饱和蒸汽没有发生相变，放出显热，而饱和蒸汽变成水发生相变，释放汽化潜热，但过饱和蒸汽在管道内压强增大速度加快时，热传导效果明显改善，所以利用过饱和蒸汽在管道内压强大、速度快、温度高的特点，将过饱和蒸汽管道盘旋在水池内使水温提高到 90℃以上（水基本呈沸腾状态），利用水的热导率远大于蒸汽的特点，将 90℃以上的热水加到混合机内，是有效提高混合料温度的措施。

③ 在烧结机机头上方的料仓内通入过饱和蒸汽（但在料仓内不可通入饱和蒸汽，因为饱和蒸汽含水量大，会导致混合料水分波动大甚至成泥团，使烧结过程过湿带增厚，料层阻力增大），可有效提高混合料温度。蒸汽压力越大，采用射流喷嘴将蒸汽穿透到混合料内，提高料温效果越明显。

# 五、料仓料位

为了保证烧结机均匀布料尤其烧结机台车边部布料不缺料，混料工操作要保证烧结机机头上方的料仓料位在 2/3 以上，并严格遵循梭式布料器小车往返走行给料，严禁定点给料。

# 第四章

# 布料点火烧结理论和技能

## 第一节
## 烧结工艺的产生和发展

随着钢铁工业的发展，铁矿石开采量日益增多，随之铁矿粉产生量也越来越多，且需要综合利用低品位贫矿资源。为了处理富矿粉和贫矿经选矿后的精矿粉，处理冶金工业和化工副产品，产生了烧结工艺。烧结方法的分类见表 4-1。

表 4-1　烧结方法的分类

| 烧结方法 | 按照烧结设备和供风方式分类 | | |
|---|---|---|---|
| 鼓风烧结 | 烧结锅烧结，平地吹烧结，土法烧结 | | |
| 抽风烧结 | 连续式 | 带式烧结机 | |
| | | 环式烧结机 | |
| | 间歇式 | 固定式烧结机 | 盘式 |
| | | | 箱式 |
| | | 移动式烧结机 | 步进式 |
| 在烟气中烧结 | 回转窑烧结，悬浮烧结 | | |

烧结生产已经有 150 多年的历史，起源于 1870 年前后，当时资本主义发展较早的英国、瑞典和德国开始烧结锅生产工艺。1911 年世界第一台连续带式抽风烧结机（亦称 DL 型烧结机，$8.325m^2$，长 7.78m，宽 1.07m）在美国建成投产，标志着对压团机和烧结盘造块工艺的重大革新，当今世界主流烧结方法为连续带式烧结机抽风烧结。日本是世界烧结技术发展最快的国家，尤其在节能减排、多污染物治理方面走在前列，在保护环境、安全技术和工业卫生方面率先主动，在世界烧结行业起到技术引领作用。

中国第一台连续带式抽风烧结机（21.8m²）于1926年在鞍钢建成投产。中华人民共和国成立后，钢铁工业发展较快，1953～1970年引进和借鉴苏联75m²烧结机，先后在鞍钢、本钢、武钢、包钢、太钢等企业建成40余台75m²、90m²烧结机，但烧结工艺极不完善，设备装备和技术水平非常落后，劳动条件极差。1975～1985年，我国可以自行设计和制造130m²烧结机及其配套设备应用于攀钢、梅钢、酒钢、本钢等，烧结机进入中型化，逐步完善烧结工艺，实施铺底料和冷却筛分整粒系统，设备装备和技术水平有较大进步，但依然存在料层薄、固体燃耗高、环保和作业条件差等问题。1985年烧结有了转折性发展，宝钢引进日本的450m²大型烧结机，烧结设备大型化、机械化和自动化，计算机全面应用于烧结生产管理和操作控制，实施650mm厚料层烧结，技术经济指标处于国际先进国内领先水平，而且环保有很大改观。在消化吸收日本烧结技术的基础上，1991年中冶长天国际工程有限责任公司自主设计的450m²大型烧结机在宝钢建成投产，主体设备国产化率达78%，工艺技术和装备达到现代大型烧结机水平，烧结行业进行了一次大飞跃和历史性转折。2000年前后武钢、太钢相继投产450m²烧结机，我国具有自主设计和制造265m²、360m²、450m²、500m²不同规格烧结机及其配套主体设备的能力，研究和应用实施强化制粒、厚料层燃料分加、低温烧结等新技术，采用双斜带式点火保温炉，较好治理了烧结机及抽风系统漏风问题，烧结生产技术长足发展。2000～2013年烧结发展达到鼎盛时期，由中冶长天设计的国内最大660m²烧结机在太钢建成并顺利达产，自主研制特大型烧结机取得突破性进展，高碱度烧结、超高料层烧结、低硅烧结、全精粉烧结等科研成果通过产、学、研紧密结合取得显著成效，进一步漏风治理、节能减排循环经济、余热回收利用技术、烟气脱硫脱硝技术等在大多钢铁企业推广应用，据统计2013年全国烧结矿产量达10.6亿吨，烧结处于高速发展阶段。2013年之后，随着供给侧改革的深入推进，烧结转型发展缓解钢铁产能严重过剩的矛盾，烧结矿产量降低5%～6%，同时烧结行业治污力度越来越大，钢铁冶炼过程中近30%的粉尘颗粒物、50%的$NO_x$、60%的$SO_2$、90%的二噁英产生于烧结工序，烧结成为主要污染源，已经成为钢铁企业特别关注的工序和治污的重点领域。近五年和今后长时期内，烧结必须把减污治污放到关系企业可持续发展的重要高度来重视，科研院所和钢铁企业联合相继开发出治污减排新技术：选择性烧结烟气循环技术、活性炭法一体化技术、臭氧氧化脱硝协同吸收技术、半干法脱硫耦合中温SCR脱硝技术等，为实现多污染物超低排放起到积极的推动作用。

铁矿粉烧结是钢铁工业规模最大的造块工艺，烧结物料处理量仅次于炼铁工艺，位居第二位，能耗占钢铁工业的10%～15%，仅次于炼铁（占70%～75%）和轧钢，位居第三，成为现代钢铁企业重要生产工序。现代烧结生产的发展，不仅成为发展高炉精料方针的关键工序，而且面临着集中释放污染和治理污染物的挑战，担负着合理利用矿产资源、降低吨钢成本、提高企业综合竞争力、保护生态平衡和谐发展的重任，研究和发展烧结生产技术具有现实意义和深远的历史意义。

# 第二节
# 布料

## 一、铺底料的作用、粒级和厚度

**1. 铺底料的作用**

① 隔热作用。防止高温燃烧带与炉条直接接触而烧损炉条，延长炉条使用寿命，减轻烧结料填塞堵塞炉条间隙，减轻熔融物黏结炉条。

② 改善料层透气性。保护烧结机有效抽风面积，均匀气流分布，减小抽风阻力，加快烧结过程。

③ 过滤层作用。有效阻挡大量细粒粉尘被吸入风箱进入烟道，减少烟气中的含尘量，减小粉尘对抽风管道和除尘设备的磨损，降低除尘器负荷，延长主抽风机转子使用寿命。

④ 减少台车料面的塌陷漏洞和漏风，改善烧结机操作条件，提高烧结机自动控制水平，改善劳动条件。

⑤ 有助于烧好烧透，烧好返矿，提高烧结矿产量，改善质量。

**2. 铺底料粒级和厚度**

铺底料由摆动漏斗均匀地布在烧结机台车上，不得形成梯形料流而使两侧铺底料粒级大而中部粒级小。

保证铺底料不堵塞炉条间隙（一般 7～9mm 为宜）的情况下，铺底料粒级宜小而均匀（10～16mm），厚度以 30～40mm 为宜。其好处有：

① 均匀气流分布，改善滤层作用，易控烧结终点。

② 改善成品烧结矿粒度组成，提高转鼓强度和产量。

以 $360m^2$ 烧结机 2.3m/min 机速，烧结矿堆密度 $1.65t/m^3$ 测算，铺底料每降低 10mm，增产 218.6t/d。

某厂测定同一批烧结矿（表 4-2），成品烧结矿转鼓强度 79.7%，10～20mm 铺底料转鼓强度 82%。

表 4-2　某厂测定不同粒级烧结矿转鼓强度

| 粒级/mm | 10～16 | 16～25 | 25～40 | +40 |
|---|---|---|---|---|
| 转鼓强度/% | 75.37 | 75.56 | 74.48 | 74.31 |

可见 10～25mm 粒级的烧结矿转鼓强度高，尽量将这部分粒级更多地进入成品烧结矿，而选择小而均匀的铺底料粒级且降低铺底料厚度，是无须投资改造便可改善成品烧结矿质量和提高产量的有效措施。

**3. 无铺底料操作基本原则和主要技术措施**

（1）无铺底料操作基本原则

① 正常生产中不得停用铺底料，当铺底料上料系统发生故障时，方可采取无铺底料作业。

② 在保证烧结矿质量、烧结料层烧透但不粘炉条、炉条不烧损、烧结矿冷却良好的前提下，可采用无铺底料作业。

③ 无铺底料作业时，除尘灰明显增多，注意关注除尘灰排放对烧结生产的影响。

（2）无铺底料操作主要技术措施

① 终点位置 BTP 适当后移。

② 必要情况下降低烧结料层厚度，提高烧结机机速。

③ 适当降低烧结料水分，降低固体燃耗和烧结矿 FeO 含量，减少烧结热量投入。

④ 控制返矿平衡，加强现场监视，做好应急措施准备。

# 二、改进布料装置

通常烧结机布料装置为"梭式布料器＋料仓＋圆辊给料机或宽皮带给料机＋多辊布料器或反射板"。烧结生产启停时间以圆辊或宽皮带给料机的开停为准。

理想的烧结机布料要求沿台车宽度方向均匀分布烧结料，料面平整，台车边部不缺料。沿台车料层高度方向，烧结料呈上层粒度细而下层粒度粗的偏析布料效果，而烧结料固定碳含量分布呈上层碳含量高而下层碳含量低的偏析效果，保证料层有一定的松散性，防止产生堆积和压紧，料层透气性、风量分布、温度分布趋于合理，烧结过程均质均匀进行。

理想的烧结机布料要求很难达到，因料仓与梭式布料器的偏析作用以及烧结料受自重的作用，沿台车宽度方向易形成边部料粒大而中部料粒小的偏析布料效果。沿台车料层高度方向，固体燃料随烧结料发生同样的偏析，细粒固体燃料分布在料层上部而碳含量低，粗粒固体燃料分布在料层下部而碳含量高，造成与理想布料相反的效果。随着料层厚度的提高，碳含量不合理分布的现象更为严重，加之料层自动蓄热作用，加剧了上下层烧结矿质量的差异。

烧结机布料效果好坏，直接影响烧结过程风量和温度的分布，影响烧结矿产质量。

**1. 梭式布料器的弊端及改进措施**

梭式布料器的工作原理是将一条单向运行的布料皮带机安装在双向往复运行的梭式布

料小车上，通过小车在一定限位内双向往复运行，将混合料分布在料仓内。

（1）梭式布料器的弊端 梭式布料器的弊端是料仓内物料的料位一边高一边低，同时低料位端的大颗粒物料多，见图4-1。布料皮带机始终A→B单向运行，皮带机上的混合料为平抛运动轨迹。梭式布料小车始终A↔B双向往复运行，当布料小车由A端运行到B端时，混合料落在B端仓壁上。当布料小车由B端运行到A端时，因混合料平抛，落料点打不到A端仓壁上，于是形成A端料位低B端料位高的料面分布状况，同时混合料粒度在自重偏析作用下，料仓A端大颗粒料居多，料仓出料压力和出料量不均衡，导致烧结机A-B宽度方向上烧结料密度不一，烧结机A端边部效应严重和垂直烧结速度快，过早到达烧结终点，而B端烧结终点滞后，这正是梭式布料器普遍存在的布料弊端。

（2）改进梭式布料效果的措施

① 操作中保持料仓2/3以上高料位运行，适当调整梭式布料小车在A、B两端的限位开关和两端换向时的停留时间，弥补A端低料位，使料仓内料面平整一致。

② 在料仓上部仓篦子靠近A端适当位置加装"/"方向导料板，靠近B端适当位置加装"\"方向导料板，让布料小车皮带机的落料点通过导料板的反射作用分别落到A、B端仓壁处，改善梭式布料的平整度，减小布料偏析。见图4-2。

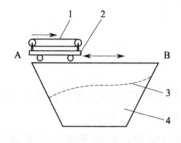

图4-1 梭式布料料面弊端

1—布料小车皮带机及运行方向；

2—梭式布料小车及运行方向；

3—料仓料面；4—料仓

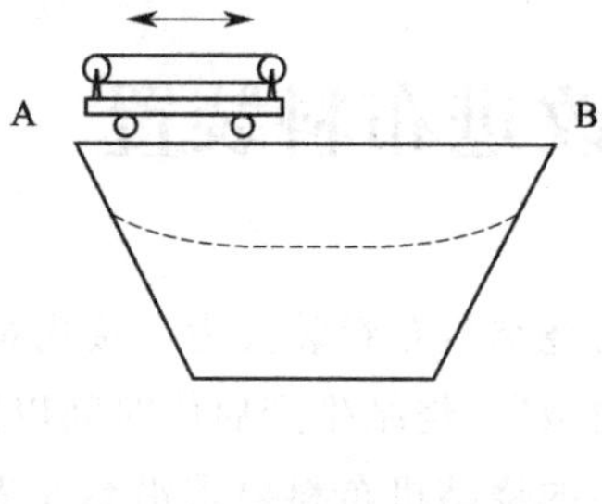

图4-2 改善梭式布料料面效果

## 2. 清理料仓粘料

因料仓高度高，仓内混合料水分较高（一般7%～8.5%），高碱度下生石灰配比大，且料仓内通蒸汽提高料温到60℃左右，混合料黏性大，在料仓内滞留10min以上，所以普遍存在料仓粘料的问题。

（1）常用清理料仓粘料方法和效果

① 在料仓外部两侧安装电振器、声波振动器、空气炮，定时或手动振打。

效果：仓外局部阶段性振打，清理粘料有限，运行一段时间需人工清料。

② 在料仓内部侧壁悬挂衬板，通过振打衬板清理粘料。

效果：虽然清料设施装在仓内，但因悬挂衬板处于静态，而且衬板上面很容易粘料难以振打下去，所以料仓粘料问题仍然得不到解决。

③ 目前清理料仓粘料方法存在的缺陷和不足：

a. 仅局部安装清料装置，没有全面积作用粘料。

b. 清料装置安装在仓壁外，没有直接作用粘料。

c. 清料装置静态地悬挂在仓内壁上而且本身就粘料，很难进行清料作业。

d. 清料装置对粘料破坏力极小，粘料越来越密实。

e. 清料方法仅能局部、十分有限地清理粘料，每隔40天左右粘料越来越多且密实难清理，需要人工清理，不仅影响停机，而且作业空间狭窄，存在很大的安全隐患。

（2）自动液压疏堵器疏通料仓粘料　在料仓内安装液压疏堵器，实现自动清理粘料。某公司的专利产品疏堵器（见图4-3），采用成熟的液压技术和电气控制技术，安装在料仓内壁的四周，改变传统的静态、局部、间接清理料仓粘料的方法，实现动态、全断面、直接破坏、自动周期性清料，疏通效率高，操作和维护便捷，长期稳定运行，彻底解决了料仓粘料问题。

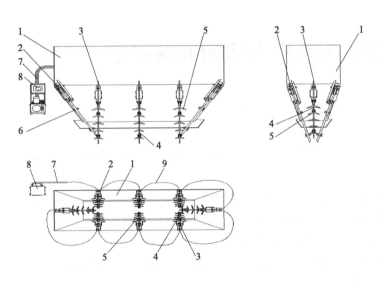

图 4-3　自动液压疏堵器结构图

1—料仓；2—动力盒；3—上耙齿；4—下耙齿；5—耙齿叶片；6—耙齿安装座；7—高压不锈钢钢管；8—电液控制柜；9—高压软管

### 3. 圆辊给料机或宽皮带给料机

圆辊给料机由圆辊和主闸门、辅闸门组成，圆辊转速与烧结机机速呈线性关系联锁控制，配套层厚仪在线检测料层厚度（每个辅闸门对应一个层厚测点），通过主调主闸门开度和微调辅闸门开度实现自动控制料层厚度和自动布料。辅闸门开度采用液压伺服或气动自动控制，控制精准且便于操作，辅闸门位置在圆辊高度的5/6处为宜，过低则失去控制圆辊给料量的作用。

宽皮带给料机具有出料顺畅、给料均匀、不粘料、料层厚度稳定等优点。

#### 4. 多辊布料器或反射板

偏析布料效果很大程度上取决于布料装置，多辊布料器偏析效果好于反射板。

多辊布料器的多辊呈一定倾角排列且连续运转，烧结料在自重作用下呈上层粒度细而下层粒度粗的偏析布料效果。

多辊布料器的倾角和辊子转速是决定偏析布料效果的关键因素。为了适应不同的烧结料和改变布料密度，将多辊布料器的倾角和辊速均设计为可调形式。安装倾角过大，烧结料呈自由落下状态，偏析效果差，布料密度大；安装倾角过小，烧结料呈滑动落下状态，几乎没有偏析效果，且布料松散。适宜的安装倾角（一般 38°～42°）和辊速，烧结料呈滚动落下状态，且烧结料落到第一个辊上（为防止料溢出第一辊，可沿辊面加装挡料板），最下辊与烧结料面距离不超过 100mm，可有效发挥多辊布料器偏析布料的效果。

# 三、边部效应测定方法和抑制措施

### 1. 边部效应的含义

连续带式烧结机抽风烧结，当抽风空气沿着台车挡板的围壁流过时，围壁对空气流的影响，称为边部效应。

台车边部效应指边部较中部空气流速快、垂直烧结速度快而提前到达烧结终点的现象，表现为烧结机尾红层断面提前冷却消失而呈黑火层。

形成边部效应主要因台车边部烧结料疏松，孔隙率大，经烧结收缩与台车挡板分离形成间隙，大量空气从间隙处经过，加快边部碳燃烧速度和空气传热速度。

### 2. 测定边部效应的原理

烧结终点指烧结料中 C 与 $O_2$ 燃烧过程结束所对应的风箱位置点。烧结料中的 C 与 $O_2$ 燃烧生成 $CO_2$ 气体从废气中排出，当到达烧结终点时，C 燃烧过程结束而不消耗 $O_2$ 和不排出 $CO_2$ 气体，废气中 $CO_2$ 含量降低到接近零而 $O_2$ 含量升高到接近空气中 $O_2$ 含量值。

在烧结机系统漏风率一定的情况下，采用两套测氧仪同时测定同一台车炉条下边部和中部废气中 $O_2$ 含量，从出点火保温炉的第一个风箱处开始测定，到烧结终点结束。通过测定台车边部和中部到达烧结终点的位置，可以评价边部效应程度，并通过计算垂直烧结速度，可以得出抑制边部效应需提高多少料层厚度才能与中部同步到达烧结终点。

### 3. 测定边部效应的步骤

① 准备两套测氧仪及两根 $\phi10mm$、长 4m 的钢管和两盘橡胶软管，橡胶软管一端与测氧仪上的测氧口连接，另一端待检测时与钢管连接。

② 在做好标记的台车挡板紧靠炉条下并排打两个 $\phi10mm$ 的小孔。

③ 待做好标记的台车运行到出点火保温炉的第一个风箱处时，从两个 $\phi10mm$ 小孔处分别插入两根钢管，其中一根钢管伸到台车中部位置，用于测定中部废气中 $O_2$ 含量，另一根钢管伸进距离台车边部约 100mm 处，用于测定边部废气中 $O_2$ 含量。将钢管与橡胶软管连接，打开测氧仪电源并随着烧结机的前行而移动测氧仪，每个风箱处分别读取两个 $O_2$ 含量数据并记录，测定结果见表 4-3。

**表 4-3 测定某 198m² 烧结机边部效应结果（共 24 个风箱）**

| 风箱 | 台车中部炉条下 $O_2$ 含量/% | | 台车边部炉条下 $O_2$ 含量/% | |
| --- | --- | --- | --- | --- |
| 4 | 10.3 | 10.8 | 13.1 | 13.8 |
| 5 | 10.8 | 11.1 | 13.4 | 13.3 |
| 6 | 11.3 | 10.7 | 13.6 | 13.1 |
| 7 | 10.3 | 11.0 | 13.5 | 13.0 |
| 8 | 10.6 | 10.9 | 13.9 | 13.6 |
| 9 | 10.8 | 10.6 | 13.3 | 13.5 |
| 10 | 10.5 | 10.7 | 13.7 | 13.3 |
| 11 | 10.6 | 10.8 | 13.4 | 13.5 |
| 12 | 10.4 | 11.0 | 13.2 | 13.9 |
| 13 | 11.6 | 10.7 | 13.8 | 14.1 |
| 14 | 11.2 | 12.2 | 14.1 | 13.8 |
| 15 | 11.6 | 11.5 | 14.2 | 15.1 |
| 16 | 12.4 | 13.3 | 15.7 | 14.7 |
| 17 | 13.6 | 14.4 | 15.9 | 16.2 |
| 18 | 14.5 | 15.3 | 17.4 | 18.1 |
| 19 | 16.2 | 17.1 | 18.3 | 17.6 |
| 20 | 18.5 | 17.4 | 19.8 | 18.8 |
| 21 | 19.3 | 19.2 | 20.9 | 20.7 |
| 22 | 20.7 | 20.6 | 21.0 | 20.8 |
| 23 | 20.9 | 20.8 | 20.7 | 21.0 |
| 24 | 20.6 | 21.0 | 20.3 | 20.6 |

### 4. 评价边部效应

由表 4-3 测定数据可知，台车边部烧结终点约在 21～23 风箱处，中部烧结终点约在 22～24 风箱处，边部效应提前 1 个风箱。

该烧结机有效长度 66m，$22^{\#}$、$23^{\#}$、$24^{\#}$ 风箱有效长度 2.9m，烧结机的机速 1.9m/min，料层厚度 700mm，适宜烧结终点位置（23.5 风箱处）＝66－2.9－（2.9/2）＝61.65（m），计算如下：

烧结时间

$$T = 61.65 \div 1.9 = 32.45(\text{min})$$

垂直烧结速度

$$V_{\perp} = 700 \div 32.45 = 21.57(\text{mm/min})$$

边部效应提前到达烧结终点时间

$$T_1 = 2.9 \div 1.9 = 1.53(\text{min})$$

抑制边部效应需提高料层厚度

$$H = 21.57 \times 1.53 = 33.00(\text{mm})$$

通过测定边部效应可得台车边部料层厚度较中部高 33.00mm，基本可与中部同步到达烧结终点。

### 5. 产生边部效应的原因和抑制措施

产生边部效应的原因和抑制措施见表 4-4。

表 4-4　产生边部效应的原因和抑制措施

| 序号 | 产生边部效应的原因 | 抑制措施 |
|---|---|---|
| 1 | 梭式布料器故障卡阻定点给料，粗粒料自然滚到料仓四周，经圆辊和多辊布料后粗粒料布到台车边部 | 点检维护梭式布料器，减少故障，杜绝定点给料 |
| 2 | 梭式布料器走行布料不均匀，料仓内料位一边高一边低，低料位对应烧结机布料拉沟 | ①改进梭式布料器行程和落料轨迹，缩短换向切换时间（2～3s），使料仓料面平整<br>② 料仓 2/3 以上高料位运行 |
| 3 | 混合料料仓和圆辊给料机两端粘料严重，引起台车边部拉沟缺料。圆辊辅闸门开度控制不灵活 | ①料仓四角弧度过渡，消除因直角而积料<br>②料仓内壁安装自动液压疏堵器，彻底解决料仓粘料问题<br>③圆辊两端设立面耐磨清扫器，且辅闸门开弧形出料口，保证两端有足够给料空间<br>④圆辊辅闸门和在线层厚仪联锁液压伺服或气动自动布料 |
| 4 | 台车挡板变形、倾斜、制造粗糙、不规格，台车端部耐磨板漏风严重，台车边部炉条掉，炉条材质不统一等，加大边部风量和加快边部风速 | ①提高台车挡板耐高温性能、加工精度和密封性，制造台车体与下栏板为一体，台车端部耐磨板超过炉条销子高度，上栏板采用搭接形式<br>②台车边部使用盲箅条<br>③统一炉条材质和规格，炉条安装间隙适当，与隔热垫嵌套合理 |
| 5 | 因制粒效果差且厚料层烧结，台车中部和料层下部透气性差 | ①安装松料器，改善台车中部和料层下部透气性，同时解决松料器粘料和过度松料而产生的负面影响<br>②改善烧结粒度组成，确定适宜料层厚度 |
| 6 | 烧结料烧损大，料层高度方向和台车宽度方向收缩大，烧结料与台车挡板间形成风道，加快边部垂直烧结速度 | ①确定适宜的褐铁矿配比，烧结料收缩率低于 28%<br>②采用辊式压料装置适当压下表层料<br>③测定并计算边部效应，适当提高边部料层厚度，使台车边部与中部同步到达烧结终点 |

# 第三节
# 点火

## 一、点火装置及作用

烧结点火装置普遍采用双斜带式点火保温炉，双斜（垂直倾斜角度 8°）交叉烧嘴直接点火，高温火焰带宽度适中，沿台车宽度方向点火温度均匀稳定，点火时间可与烧结机的机速良好匹配，烧嘴煤气和空气流股混合良好，燃烧充分，火焰短，有利于集中供热保证点火强度，炉膛较低，容积小，点火效率高，炉内点火气氛理想，点火炉内氧含量大于 2％，保温炉内氧含量大于 10％。具有点火质量好，能耗低，烧嘴不易堵塞，维护工作量小，作业率高，适应性强（适应各种气体燃料），使用寿命达 5 年以上，煤气和空气管道路径简捷，操作调控灵活、可靠、安全等特点。

点火炉设置煤气和空气低压、低低压自动报警并快速切断煤气，点火炉空气管末端设泄爆阀，防止管道发生爆炸事故。

一般焦炉煤气接点压力＞4kPa，转炉煤气接点压力＞6kPa，高炉煤气接点压力＞12kPa 能保证点火质量。当煤气压力低影响点火质量时，一是开大煤气总阀开度（总阀未全开的情况下），加大点火烧嘴煤气和空气流量，二是减慢烧结机的机速，延长点火时间，同时观察料面点火情况和机尾是否烧透，如果机尾有过多生料甚至料面点不着火，必要情况下需停机。注意煤气压力低时不能采取降低料层厚度的办法，因为火焰到达不了料面，料层越低点火质量越差。

点火装置的作用是使表层一定厚度的烧结料干燥、预热、点火烧结、保温缓慢冷却。

点火炉后设置保温炉（长度不小于点火炉）目的是延长高温保持时间，降低表层烧结矿冷却速度，防止矿物急冷来不及结晶形成玻璃质，提高表层烧结矿成品率。

## 二、点火燃料种类及特点

烧结生产使用的燃料及点火气体燃料见表 4-5、表 4-6。

表 4-5　烧结生产使用的燃料种类

| 种类 | 气体燃料 | | | | | 液体燃料 | 固体燃料 |
|---|---|---|---|---|---|---|---|
| | 天然 | 人造 | | | | 重油 | |
| 点火燃料 | 天然气 | 焦炉煤气 | 转炉煤气 | 高炉煤气 | 混合煤气 | 重油 | |
| 烧结燃料 | | | | | | | 焦粉　无烟煤 |

表 4-6　烧结点火气体燃料种类及特点

| 种类 | 发热值 /(MJ/m³) | $CH_4$/% | $H_2$/% | $O_2$/% | $CO$/% | $N_2$/% | $CO_2$/% |
|---|---|---|---|---|---|---|---|
| 天然气 | 31.4~62.8 | 99 | | | | | |
| 焦炉煤气 | 9~19.18 | 23~28 | 54~59 | 0.3~0.7 | 5.5~7 | 3~5 | 1.5~2.5 |
| 转炉煤气 | 5~6.60 | <0.1 | <1.5 | <1 | 40~55 | 20~40 | 15~20 |
| 高炉煤气 | 2.9~4 | <0.1 | <3 | <1 | 20~28 | 49~60 | 15~23 |

仅有少数国家烧结点火燃料使用天然气，绝大部分国家使用人造气体燃料。

为防止点火烧嘴堵塞，要求点火气体燃料含尘浓度≤20mg/m³（标准状况）。

**1. 气体燃料热值和计算**

（1）燃气高位热值和低位热值定义　燃气的热值指单位标准状况的燃气完全燃烧所放出的热量，单位 kJ/m³ 或 MJ/m³。

燃气的热值分高位热值和低位热值，二者区别是燃烧所生成的水蒸气状态不同。

高位热值指单位标准状况的燃气完全燃烧，燃烧产物的温度冷却到参加燃烧反应的初始温度，燃烧所生成的水蒸气冷凝呈 0℃液态水时所释放出的热量。

低位热值指单位标准状况的燃气完全燃烧，燃烧产物的温度冷却到参加燃烧反应的初始温度，燃烧所生成的水蒸气仍以气态水存在时所释放出的热量。

以上为实验室测定燃气热值的方法。燃气燃烧产生水蒸气，水蒸气冷却到燃烧前的燃气温度时，不但放出温差间的热量，而且放出水蒸气的冷凝热，所以高位热值与低位热值的差等于水蒸气的汽化潜热（冷凝热）。在实际燃烧时，水蒸气并没有冷凝，冷凝热得不到利用，这是影响实验室测定燃气热值的重要因素。

燃气（天然气和煤气）的高低位热值通常相差 10% 左右，煤和石油的高低位热值相差约 5%。

日本和大多数北美国家习惯使用燃气高位热值，我国、苏联、大多数欧洲国家习惯使用低位热值。

（2）根据燃烧发热值划分气体燃料

低位发热值>15.1MJ/m³（标准状况）为高热值气体燃料，如天然气、焦炉煤气。

6.28MJ/m³≤低位发热值≤15.1MJ/m³（标准状况）为中热值气体燃料。

低位发热值<6.28MJ/m³（标准状况）为低热值气体燃料，如高炉煤气。

气体燃料可燃成分越高，发热值越高，越易爆炸，天然气极易爆炸。

（3）气体燃料热值计算

**【例 4-1】** 已知气体燃料成分和可燃成分的低位热值见下表，计算气体燃料低位热值。计算结果保留小数点后两位小数。

| 项目 | CO | CO$_2$ | CH$_4$ | H$_2$ | O$_2$ | N$_2$ |
|---|---|---|---|---|---|---|
| 焦炉煤气/% | 7.1 | 1.9 | 27.1 | 58.6 | 0.6 | 4.7 |
| 转炉煤气/% | 47.8 | 19.0 | | 0.4 | 0.4 | 32.4 |
| 高炉煤气/% | 25.5 | 19.3 | | 2.2 | 0.7 | 52.3 |
| 低位热值/<br>（MJ/m$^3$)（标准状况） | 12.63 | | 35.84 | 10.79 | | |

**解**　焦炉煤气低位热值 $Q_{焦炉}$＝12.63×7.1%＋35.84×27.1%＋10.79×58.6%

$$＝16.93(MJ/m^3)（标准状况）$$

转炉煤气低位热值 $Q_{转炉}$＝12.63×47.8%＋10.79×0.4%＝6.08（MJ/m$^3$）（标准状况）

高炉煤气低位热值 $Q_{高炉}$＝12.63×25.5%＋10.79×2.2%＝3.46（MJ/m$^3$）（标准状况）

### 2. 煤气特点及其危害

（1）焦炉煤气　焦炉煤气是炼焦炉排出的副产品，经清洗去除煤焦油后可使用，烧结使用焦炉煤气点火质量好，属高或中热值气体燃料，最易爆炸，有"爆鸣气"之称。

焦炉煤气可燃成分浓度大，发热值高，提供一定热量所需煤气量少，理论燃烧温度高，H$_2$ 占 50% 以上，燃烧速度快，燃烧火焰短。

（2）转炉煤气　回收的顶吹氧转炉煤气 CO 含量高，毒性大，最易中毒，在储存、运输、使用过程中必须严防泄漏。

转炉煤气中夹带大量氧化铁粉尘，需经降温、除尘后才能用作工业窑炉燃料。

转炉煤气的发生量在一个冶炼过程中并不均衡，成分也有变化，通常将多次冶炼过程回收的煤气输入一个储气柜混匀后再输送给用户使用。

转炉煤气是中或低热值气体燃料，可单独作为工业窑炉燃料，也可和焦炉煤气、高炉煤气配合成不同热值的混合煤气使用。

转炉煤气爆炸下限 18.22%，爆炸上限 83.22%。

（3）高炉煤气　高炉煤气是炼铁过程中从高炉上部排出的副产物，是无色、无味的气体，主要成分是 CO，其次是 CO$_2$、H$_2$、CH$_4$。因 CO 含量高，并含有约 33mg/m$^3$ 的氰 (CN)$_2$（氰是一种毒性极大的气体），所以高炉煤气易中毒。

高炉煤气中不可燃成分（CO$_2$、N$_2$）多，可燃成分（CO、H$_2$）较少（约 30%），属低热值气体燃料。惰性气体 CO$_2$、N$_2$ 既不参与燃烧，不产生热量（相反还吸收大量热量），也不能助燃，几乎等量转移到烟气中，且燃烧速度慢，燃烧火焰长。

在标准状况下高炉煤气着火温度大于 700℃，其着火点并不高，似乎不存在着火障碍，但实际燃烧过程中受各种因素的影响，混合气体温度必须远大于着火点才能确保燃烧稳定性。

高炉煤气经清洗排除其中的水分和灰尘后可用于工业窑炉燃料，但其含尘量大，容易堵塞煤气管道。

为了防止空气中 CO 含量超标，必须保持高炉煤气设备严密，在安装时严格按规定达到试压标准。如果闲置较长时间再重新使用，必须再次进行打压试漏，确认管道、设备严密后才能改用高炉煤气加热。日常操作中，对交换旋塞定期清洗加油，定期检查水封，保持满流状态。

(4) 煤气的三大危害和预防　煤气的三大危害是着火、爆炸、中毒。

煤气作业工作场所，40m 以内不应有火源，并采取防止着火的措施，与工作无关人员离开作业点 40m 以外。

进入煤气区域值班、检修、检查，不得少于两人，携带好 CO 报警器，相互联系，相互监护。

煤气燃烧需要的条件是助燃剂和点火源。

直径大于 150mm 煤气管道着火时，切记不能突然关死煤气闸门，以防回火爆炸。

煤气爆炸的两个基本条件是：煤气和空气形成爆炸混合气体；混合气体达到着火温度或遇到明火，二者缺一不可。煤气形成爆炸的混合气体，其含量具有一定的范围，当煤气量很少空气量很多，或煤气量很多空气量很少时，都不会引起爆炸。

煤气毒性指 CO 含量多少。检测煤气中 CO 含量使用 $mg/m^3$ 作单位[1]。

国家规定煤气作业区 CO 浓度允许值 $\leqslant 24mg/m^3$。烧结机区域安全要求 CO 浓度 $\leqslant 24mg/m^3$。点火炉环境安全要求炉膛内 CO 浓度 $\leqslant 24mg/m^3$，$O_2$ 含量 21%。使人中毒的气体是 CO，即 CO 与人体血红蛋白结合，使人体缺氧窒息而死亡。空气中 CO 含量达 0.06%，便有害于人体；CO 含量达 0.4%，人吸入后立即死亡。空气质量主要指数为 $PM_{10}$、$PM_{2.5}$、$SO_2$、$NO_x$。空气中 $O_2$ 含量约 21%，受限空间里 $O_2$ 浓度应保持在 19.5%～23.5%。

检修充氮设备容器管道时需先用空气置换，$O_2$ 含量达到 19.5% 后方允许作业。在氮气浓度大的环境内作业，必须戴空气呼吸器。

(5) 煤气中毒救护措施

① 发现有人煤气中毒须戴好氧气呼吸器后方可进入煤气区域救人。

② 煤气检修过程发生中毒事故，抢救原则是先救人后处理煤气泄漏点。

③ 当煤气中毒者神志不清，但有心跳有呼吸时，正确救护措施是解开上衣口，平放通风处进行人工呼吸，如果人工呼吸不见效立即送往医院抢救。

# 三、点火炉煤气爆发试验

点火炉点火前，为了防止发生煤气爆炸，必须先做煤气爆发试验，并且至少连续做三

---

❶ 钢铁行业习惯使用 ppm，即百万分之一。

次爆发试验，每次爆发试验合格后才可进行点火作业。

**1. 煤气爆发试验作业前确认**

确认取样周围无闲杂人员，无明火；煤气系统无泄漏。

**2. 煤气爆发试验作业前准备**

准备点火试验器具，并检查试验器无破损；准备专用打火器；准备 CO 检测器。

**3. 煤气爆发试验作业**

确定两人作业，明确分工，将开关打在试验位置上。

煤气取样，试验器开口向下。

打开点火试验器盖子，吸入煤气约 8s，迅速用力压紧。

取样管伸入点火试验器底部，打开取样旋塞，关点火试验器盖，关取样旋塞。

进行点火试验，打开点火试验器盖，用专用点火工具点火，远离煤气取样口进行。

点火试验器口背向身体进行，点火后点火工具立即拿开。

火焰燃烧时间 8～10s，判定燃烧状态：空气混入时有爆鸣声火焰，并马上灭火。

点火不良时，继续进行煤气放散。

爆发试验合格，方可进行下一步作业。

**4. 煤气爆发试验作业安全事项**

打开旋塞取煤气样时，人必须站在上风处屏住呼吸，爆发筒口朝下。

点火时爆发筒口背向身体，点火枪与筒口呈直角，筒口不能对着人或设备。

煤气爆发试验作业中，人脸部应侧面对着煤气爆发筒。

煤气爆发试验点火时，周围 10m 内不得有闲杂人员和明火。

煤气爆发试验失败时，再一次进行煤气放散，然后再进行煤气爆发试验。

# 四、点火和灭火操作要点

引煤气前放尽煤气管道中积水和焦油，检查确认所有煤气、空气阀门已关闭严密。

点火煤气不合格严禁点火。

点火炉点火时须先开空气阀门，后开煤气阀门，点着火后徐徐开大煤气阀门，然后再开空气阀门。若点不着火应立即关闭煤气阀门，吹扫点火炉内残余煤气后再点火。

点火炉灭火时须先关煤气阀门，后关空气阀门。

点火炉保温炉灭火，绝不能用煤气切断阀熄火，否则煤气管道发生煤气爆炸事故。

点火炉灭火环境要求：取气化验，CO 浓度低于 $24\mathrm{mg/m^3}$。

烧结长时间停机时，点火炉煤气管道内的煤气需用 $N_2$ 置换，煤气管道内 CO 含量小于 $50\mathrm{mg/m^3}$ 视为置换合格。

点火炉内温度高和烧嘴燃烧时，绝不能停止助燃空气的供给，否则烧损烧嘴。

设备维护要求：点火炉灭火后不能立即停止助燃风机，避免烧坏点火炉烧嘴。

### 1. 刚开始点火时不准投入自动操作

检修或事故状态下或长时间停机情况下，刚开始点火时不准投入自动操作，必须手动调节正常后再投入自动，因为点火煤气的热值尚不稳定，尚未达到正常状态，点火煤气和空气的压力、温度、流量仪表和调节装置尚未投入正常运行，控制装置未经系统调试，仓促投入自动存在事故隐患或点不好火或可能发生爆炸事故。

### 2. 用侧墙引火烧嘴点火的好处

侧墙引火烧嘴带自动点火设施，点火安全。

可再次检验点火煤气是否合格及烧嘴阀门是否泄漏。

将点着的引火烧嘴伸进点火炉内，即使有煤气泄漏发生小放炮也不至于伤人。

点火方便，将点着的引火烧嘴对准需点火的烧嘴下面，与烧嘴煤气阀门操作人做好联系确认，打开煤气即可点着主烧嘴。

# 五、点火参数控制及其对烧结过程的影响

点火参数包括点火温度、点火时间、点火负压、空燃比、点火强度。

### 1. 点火目的和要求

点火目的是供给表层烧结料以足够的热量，使其中的固体碳着火燃烧，同时在高温烟气作用下干燥预热、燃烧和烧结，产生一定液相黏结块，形成具有一定强度的烧结矿，并借助于强制抽风使烧结过程自上而下进行。

烧结点火应满足如下要求：

① 有足够高的点火温度（接近烧结料软化温度而低于生成物的熔化温度）。

② 有一定的点火时间（通过控制烧结机的机速达到 1.5min）。

③ 沿台车宽度方向均匀点火（解决台车边部吸入冷空气点火效果差的问题）。

④ 适宜点火负压（炉膛内 -40Pa 以下微负压，梯度控制点火炉下风箱负压在 -8kPa 以下）。

⑤ 适宜的空燃比（助燃空气过剩系数 1.3 左右）。

**2. 点火温度控制及其对烧结过程的影响**

虽然烧结料化学组成、烧结生成物种类和数量各异，但点火温度差别不大，一般为 $1000\sim1150℃$。

(1) 烧结生产中三种点火温度检测方法比较

① 热电偶从炉膛顶部插入　一般从炉膛顶部插入 $250\sim300mm$，在炉膛宽度方向的 1/3 和 2/3 处均匀分布两支热电偶，反映的是炉膛内的环境温度，不代表烧结料面温度，所以料面点火质量以点火温度为参考，需通过目测实际料面来判断。

② 热电偶从炉膛侧墙插入　这种检测方法不仅热电偶损耗大，而且测温值不稳定，因为此处受炉膛负压波动和吸入冷空气的影响温度不稳定。

③ 红外测温仪探测烧结机料面温度　将红外测温仪探头对准烧结机料面反映料面温度有助于准确控制料面点火质量。

(2) 根据烧结机料面颜色判断点火质量（表 4-7）

**表 4-7　根据料面颜色判断点火质量**

| 点火温度 | 低 | 适宜 | 稍高 | 高 |
|---|---|---|---|---|
| 料面颜色 | 大面积黄色 | 通体青色并间杂星棋黄色斑点 | 青黑色 | 青黑色并有金属光泽局部熔融 |
| 点火质量 | 不好 | 优 | 良 | 不好 |

点火温度过低或点火保温时间过短，料面呈黄褐色或花痕，有浮灰，表层烧结料热量不足，几乎未反应，无液相生成，强度差，产生返矿多。

点火温度过高或点火时间过长，一是表层过熔形成熔融烧结矿，阻止有效风量进入料层，降低料层氧位和垂直烧结速度，二是高温烧结料飞溅到炉顶结瘤（双斜带式点火炉的炉膛低），严重时使耐材掉落而威胁到点火炉正常使用。

料面点火质量应均匀，无生料、无过熔、无花脸。

(3) 点火温度操作要点

① 烧结料水分低、配碳量大时，适当降低点火温度。

② 烧结料水分过低时，仪表反应点火温度升高，总管负压升高。

③ 烧结料水分过高时，采取固定料层厚度，减轻压料，适当提高点火温度，降低烧结机机速的应急措施。

④ 褐铁矿粉配比大于 25％时，适当降低点火温度 50℃，提高保温炉热量的投入，将表面点着火即可，不必追求过高的表面点火强度。

⑤ 高铝矿粉用量大时，适当提高点火温度。

**3. 点火时间的控制**

点火时间与点火温度有关，即与点火供给的总热量有关，一般 1.5min。

烧结生产中，点火时间取决于点火炉长度、点火温度和烧结机的机速。为保证一定的点火时间，控制烧结机的机速不宜太快。

**4. 点火负压控制及其对烧结过程的影响**

（1）点火负压表示法　点火负压有两种表示方法，一是点火炉炉膛内的静压，二是主抽风机强制抽风作用下，点火炉下风箱（简称点火风箱）内形成的负压，即点火风箱支管处的负压。

（2）零压或微负压点火的含义　烧结工艺要求零压或微负压点火，是指点火炉炉膛内的静压为零或 $-40Pa$ 以下微负压，表现为点火火焰既不外扑也不内收。对应 $1^{\#}/2^{\#}$ 点火风箱负压在 $-4kPa/-8kPa$ 以下，即低负压点火。

（3）点火负压过高的不利影响

① "点火—烧结"没有分步进行，即没有区分点火段和烧结段。点火工序是完成点火参数对料面的作用，烧结是抽风负压对料层厚度的作用，即点火阶段小抽风低负压，才能达到点火工艺的目的。

② 冷空气从点火炉四周吸入，降低点火温度，点火火焰内收，台车边部点火效果差，点火煤气消耗升高。

③ 点火燃料的可燃成分（$CH_4$、$CO$、$H_2$）过早地吸入料层，表层点火热量不足，成品率降低，返矿量升高。

④ 抽入过多风量，破坏原始料层透气性，增加进入风箱支管的灰量，减少通过料层的有效风量，减慢垂直烧结速度，降低烧结矿产量。

⑤ 点火火焰被拉长，火焰穿透料层更深，表层烧结料中碳燃烧速度加快，增加烟气中 $NO_x$ 浓度。转炉煤气中 $N_2$ 含量 $20\%\sim40\%$，高炉煤气中 $N_2$ 含量 $49\%\sim60\%$，点火介质为高炉煤气或转炉煤气时，增加点火带入烟气中的 $NO_x$ 含量。控制低负压点火，可减排 $NO_x$。

（4）点火火焰外扑的原因及其影响

烧结料水分偏干或偏湿、点火煤气压力过高、点火风箱支管堵塞负压过低等，都会引起点火火焰外扑（向炉膛外扩散），烧损台车挡板，且点火炉的燃烧产物不能被全部抽入料层，浪费能源。

（5）实施低负压点火的技术措施

① 点火风箱隔板采用柔性中部密封板，与台车体底梁紧密贴合，点火风箱各自分离独立控制，杜绝风箱之间的串风和漏风。

② 从点火风箱上引出旁通风管连通大烟道，使点火风箱内风量与排料双行互不干涉。

③ 主控室远程自动控制点火风箱风量，实时可调可控点火风箱负压。

④ 控制主抽风机和点火风箱的风门开度，不过多使用风量。

北京某冶金技术研究公司、秦皇岛某科技开发公司通过实施低负压点火专利技术，取得点火风箱负压实时可调可控、降低点火煤气单耗、降低电耗、提高烧结成品率等良好经济效益。

⑤ 稳定料层厚度是基础，稳定烧结料水分是前提。

当变更原料结构，烧结料过于松散、料层透气性过剩时，适当压下烧结料层。

⑥ 控制适宜点火空燃比和点火强度，防止火焰外扑或内收。

### 5. 空燃比控制及其对烧结过程的影响

（1）空燃比的含义及其判断

空燃比指点火所用助燃空气量与点火气体燃料量之比值，无单位。判断空燃比见表 4-8。

表 4-8　根据火焰颜色判断空燃比是否适宜

| 空燃比 | 大（空气过剩） | 适宜 | 小（煤气过剩） |
|---|---|---|---|
| 火焰颜色 | 暗红色 | 黄白亮色 | 蓝色 |

点火煤气的发热值越高，适宜的空燃比越大。

点火空燃比合适时，点火温度最高，空燃比过低或过高都达不到最高点火温度。

（2）点火助燃空气过剩系数　点火助燃空气过剩系数指点火气体燃料实际用空气量与理论需要空气量的比值。

一般选择点火助燃空气过剩系数 1.3 左右。

（3）提高点火助燃空气过剩系数的意义　点火助燃空气过剩的目的是在点火的同时，向烧结料层提供足够的氧气，保证表层烧结料中的碳完全燃烧，加快煤气和空气混合。

点火助燃空气过剩系数偏低，则点火供氧不足，表层烧结料中的碳不能充分燃烧，因热量不足而表层烧结矿强度差；因碳未充分燃烧而推迟到达烧结终点的时间。

（4）有关计算

**【例 4-2】** 已知表 4-9 中点火煤气成分，计算 $1m^3$ 焦炉煤气、$1m^3$ 转炉煤气、$1m^3$ 高炉煤气、$1m^3$ 混合煤气（80％转炉煤气：20％高炉煤气）完全燃烧时理论需要空气量。计算结果保留小数点后两位小数。

表 4-9　点火煤气成分

| 名称 | CO | $CO_2$ | $CH_4$ | $H_2$ | $O_2$ | $N_2$ |
|---|---|---|---|---|---|---|
| 焦炉煤气/% | 7.1 | 1.9 | 27.1 | 58.6 | 0.6 | 4.7 |
| 转炉煤气/% | 47.8 | 19.0 | 0.4 | 0.4 | 0.4 | 32.4 |
| 高炉煤气/% | 25.5 | 19.3 | | 2.2 | 0.7 | 52.3 |
| 空气/% | | | | | 21 | 79 |

**解**　可燃气体完全燃烧反应方程式

$$2CO+O_2=2CO_2 \quad CH_4+2O_2=CO_2+2H_2O \quad 2H_2+O_2=2H_2O$$

① $1m^3$ 焦炉煤气完全燃烧理论需要 $O_2$ 量 $=0.5CO+2CH_4+0.5H_2-O_2$

$=(0.5×7.1+2×27.1+0.5×58.6-0.6)÷100=0.8645(m^3)$

$1m^3$ 焦炉煤气完全燃烧理论需要空气量 $=0.8645÷21\%=4.12(m^3)$

② $1m^3$ 转炉煤气完全燃烧理论需要 $O_2$ 量＝$0.5CO＋0.5H_2－O_2$

＝$(0.5×47.8＋0.5×0.4－0.4)÷100＝0.2370(m^3)$

$1m^3$ 转炉煤气完全燃烧理论需要空气量＝$0.2370÷21\%＝1.13(m^3)$

③ $1m^3$ 高炉煤气完全燃烧理论需要 $O_2$ 量＝$0.5CO＋0.5H_2－O_2$

＝$(0.5×25.5＋0.5×2.2－0.7)÷100＝0.1315(m^3)$

$1m^3$ 高炉煤气完全燃烧理论需要空气量＝$0.1315÷21\%＝0.63(m^3)$

④ $1m^3$ 混合煤气完全燃烧理论需空气量＝$0.8×1.13＋0.2×0.63＝1.03(m^3)$

### 6. 点火强度

点火强度指点火过程中单位面积烧结料所需供给的热量。

$$J＝Q/(60vB) \tag{4-1}$$

式中　$J$——点火强度，$kJ/m^2$；

　　　$Q$——点火炉供热量，$kJ/h$；

　　　$v$——烧结机的机速，$m/min$；

　　　$B$——台车宽度，$m$。

点火强度主要与烧结料性质、通过料层的风量和点火炉热效率有关。

点火炉供热强度指点火时间范围内向单位点火面积所提供的热量。

点火炉供热强度 $J_O$ 与点火强度 $J$ 关系式：

$$J_O＝J/t＝Q/(60vBt) \tag{4-2}$$

式中　$J_O$——点火炉供热强度，$kJ/(m^2·min)$；

　　　$t$——点火时间，$min$。

# 六、影响点火过程的主要因素

### 1. 点火时间和点火温度

$$Q＝hS(T_g－T_s)t \tag{4-3}$$

式中　$Q$——点火时间内点火炉传递给烧结料表层的热量，$kJ$；

　　　$h$——烧结料传热系数，$kJ/(m^2·min·℃)$；

　　　$S$——点火面积，$m^2$；

　　　$T_g$——火焰温度，$℃$；

　　　$T_s$——烧结料原始温度，$℃$；

　　　$t$——点火时间，$min$。

获得足够的点火热量有两条途径，一是提高点火温度，二是延长点火时间。

延长点火时间可供给烧结料更多热量，利于提高表层烧结矿转鼓强度和成品率，但同时会增加点火燃料消耗，且对于薄料层有一定积极作用。随着料层厚度增加，表层烧结矿所占比例减小，通过延长点火时间来改善烧结矿质量的效果不明显。

采用新型点火炉（如双斜带式点火炉采用集中火焰点火）提高点火温度，缩短点火时间，可使表层烧结料在较短时间内获得足够热量且降低点火燃料。

### 2. 点火强度

点火深度与点火炉供热强度成正比。点火炉供热强度高，点火料层厚，高温区宽，表层烧结矿质量好，但为了把有限点火热量集中在较窄的范围内，应提高料层表面的燃烧温度，点火炉供热强度不宜过高。

### 3. 烟气中氧含量

烟气中含有足够的氧可保证烧结料表层的固体碳充分燃烧，不仅提高固体燃料利用率，而且提高表层烧结矿质量。

烟气中氧含量不足，固体碳燃烧推迟，一方面表层供热不足，另一方面影响垂直烧结速度，烧结产能下降。

# 七、提高点火烟气中氧含量的主要措施

### 1. 增加过剩空气量

点火烟气中氧含量与过剩空气量可用下式计算：

$$Q = \{[0.21(\alpha-1)L]/V\} \times 100\% \tag{4-4}$$

式中　$Q$——点火烟气中的 $O_2$ 含量，%；

　　　$\alpha$——过剩空气系数；

　　　$L$——固体碳理论燃烧所需空气量，$m^3$（标准状况）；

　　　$V$——燃烧产物的体积，$m^3$（标准状况）。

点火烟气中的氧含量随过剩空气系数的增大而增加。

不同点火介质，燃烧产物烟气中氧含量与过剩空气系数关系不同。

通过提高过剩空气量来增加烟气中氧含量，只适用于高热值的天然气和焦炉煤气，对低热值的高炉煤气和混合煤气，其过剩空气量要大受限制。

### 2. 利用预热空气助燃

利用预热空气助燃不但可节省点火燃料，也是提高烟气氧浓度的方法。生产经验表明，利用环冷鼓风机热废气助燃点火，可提高烟气中的氧含量，降低点火煤气消耗，降低固体燃耗，提高烧结矿产量。

**3. 采用富氧空气点火**

无论对高热值煤气还是低热值煤气，富氧点火是提高烟气中氧含量的重要措施，但富氧空气费用高，而且氧气供应困难。

# 八、降低点火煤气单耗的主要措施

梯度控制点火风箱负压，实施低负压点火。

稳定烧结料层厚度，台车边部不缺料不拉沟，料层透气性过剩时适当压下表层料。

控制适宜烧结料水分，强化制粒，偏析布料，改善烧结过程料层透气性。

调整点火助燃空气量和煤气量，达到适宜空燃比和点火温度。

料面点火均匀不过熔，表面熔融物不宜超过 1/3。

预热点火煤气和助燃空气，采用热风点火。

实施大烟道、环冷机余热回收利用技术。

# 第四节
# 烧结机理

铁矿粉烧结以风为纲，以水为介质，以碳为热源，风水碳三者合理匹配相互依存。有风，水才能作为传热导热的良好介质，促进烧结过程空气传热速度；有风，碳才能燃烧提供热源使粉矿固结，促进烧结过程碳燃烧速度；有风水碳，空气传热和碳燃烧才能沿料层高度自上而下得以进行，烧结料才能经过固相反应、液相反应、矿物冷凝结晶，形成具有一定强度和冶金性能满足高炉冶炼的烧结矿。

烧结过程是高温、多相、复杂的物理化学变化的综合过程。

# 一、烧结热源和烧结过程热平衡

**1. 烧结热源**

铁矿粉烧结过程中，主要热源是混合料中固定碳与通入过剩空气燃烧所放出的热量，其次是烧结点火所提供的热量，其他含有较高 C、S、FeO（高炉炉尘中含有 C，矿石中以单质硫或硫化物形态存在 S，轧钢皮中含有 FeO）的物料通过氧化放热，为铁矿粉烧结提供辅助热源。

混合料中固定碳主要来源于固体燃料，烧结内返、高炉返矿、高炉炉尘等物料带入少量碳。

铁矿粉烧结又称氧化烧结，因为烧结料层中过剩的空气使烧结过程氧化性气氛占主导，只是在碳粒附近 CO 浓度高，$O_2$ 和 $CO_2$ 浓度低，表现为局部还原性气氛。

**2. 烧结过程热平衡**

烧结过程热平衡指输入热量值等于输出热量值，即放出热量值等于消耗热量值。

（1）主要输入热量（放出热量）项　固体碳燃烧生成 $CO_2$ 或 CO 所释放的化学热；点火炉火焰补充加热烧结料层和点燃混合料所产生的热量；混合料中单质硫、有机硫、硫化物氧化释放的化学热；混合料中磁铁矿、浮氏体氧化成赤铁矿释放的化学热；烧结过程中矿物生成释放的热量；烧结过程中熔融物结晶释放的热量；烧结过程中生石灰消化、固相反应、液相冷凝结晶放出热量；混合料带入的物理热；环冷机余热回收利用、热风烧结带入的物理热等。

（2）主要输出热量（消耗热量）项　混合料中物理水蒸发所吸收的热量；混合料中结晶水分解、碳酸盐分解、脱除硫酸盐中的硫等所消耗的热量；烧结过程中生成熔融物所需的热量；烧结过程中的热损失；烧结废气从混合料层中带走的热量；烧结矿带走的热量等。

烧结过程遵循热平衡定律，但因不能测定烧结过程中各输入/输出热量值，不能准确计算一定原料配比和工艺状况下固体燃耗，故只能定性分析影响固体燃耗的各因素。

# 二、烧结过程"五带"及其特征

按照烧结料层中温度变化和发生的物理化学反应，将烧结料层从上到下分为五个带：烧结矿带、燃烧带、预热干燥带、过湿带（水分冷凝带）、原始烧结料带。

烧结过程中发生对流、传导、辐射三种热交换方式。

**1. 烧结矿带主要特征**

碳燃烧是烧结过程的开始，是烧结过程得以进行的必要条件。

烧结点火过后，烧结矿带即形成，温度在 1100℃以下。

烧结矿带主要反应是液相凝结，矿物析晶，即高温熔融物（液相）凝固成烧结矿，伴随着结晶和析出新矿物。

烧结矿带放出熔化潜热，冷空气被预热，为燃烧带提供 40% 热量。

烧结矿带大多 C 被燃烧成 $CO_2/CO$，有 $FeO/Fe_3O_4$/硫化物的氧化反应。

烧结矿带固定碳燃烧已结束，形成多孔烧结饼，透气性最好，阻力损失最小。

烧结矿带被冷却过程中，与空气接触的低价氧化物可能被再氧化。

### 2. 燃烧带主要特征

燃烧带从碳 $600 \sim 700℃$ 着火开始，至料层达最高温度并降低到 $1100℃$ 以下止。

燃烧带主要特征是烧结料软化、熔融及生成液相，是唯一液相生成带，完成液相黏结作用。

烧结料中最早产生的液相区域一是碳周围高温区，二是存在低熔点组分的区域。

燃烧带是化学反应集中带，发生碳燃烧、碳酸盐分解、结晶水分解、铁氧化物氧化/还原/热分解、硫化物的脱硫、低熔点矿物的生成与熔化等，是烧结过程最高温度区域，可达 $1230 \sim 1280℃$ 甚至更高。

燃烧带和预热带下发生固相反应，促进液相生成。

$950℃$ 下，$SiO_2$ 和 $Fe_3O_4$ 固相反应生成铁橄榄石 $2FeO \cdot SiO_2$。

铁酸钙黏结包裹未熔核矿粉，生成铝硅铁酸钙固熔体，适宜温度为 $1250 \sim 1280℃$。

燃烧带由于高温和液相透气性差，料层阻损最大，约占总阻损的 $50\% \sim 60\%$。

燃烧带高温区的温度水平和厚度对烧结矿产量和质量影响很大。燃烧带过厚则影响料层透气性而导致产量降低；燃烧带过薄则烧结温度低，液相量不足，烧结矿黏结强度差，转鼓强度低。

### 3. 预热干燥带主要特征

预热干燥带的主要特征是热交换迅速剧烈，废气温度快速降低。

预热干燥带主要反应是物理水蒸发，结晶水和部分碳酸盐、硫化物、高价氧化物分解，铁矿石氧化还原，气相与固相及固相与固相之间的固相反应等，但无液相生成。

$500 \sim 670℃$ 下，$CaO$ 和 $Fe_2O_3$ 固相反应生成铁酸一钙 CF。$680℃$ 下，$MgO$ 和 $SiO_2$ 固相反应生成硅酸镁 $2MgO \cdot SiO_2$。$500 \sim 690℃$ 下，$CaO$ 和 $SiO_2$ 固相反应生成硅酸二钙，也称正硅酸钙 $2CaO \cdot SiO_2$，简写 $C_2S$。

干燥带因剧烈升温物理水迅速蒸发，破坏料球，使烧结过程料层透气性变差。

### 4. 过湿带（水分冷凝带）主要特征

预热干燥带高温废气中含有大量水蒸气，遇下部冷料时使废气温度降到露点以下，水蒸气由气态变为液态，烧结料水分增加超过原始水分而形成过湿带。

过湿带增加的冷凝水量一般约 $1\% \sim 2\%$，冷凝水量与气相中水汽分压和该温度下水的饱和蒸气压的差值及原料性质有关，压差越大、烧结料原始料温越低、原始水分越高、物料湿容量越小，则冷凝水量越多，过湿现象越严重。

在强制抽风气流和重力作用下，烧结料的原始结构被破坏，料层中的水分向下转移，恶化过湿带料层透气性，气流通过料层的阻力增大，总管负压升高。

烧结过程中，阻力最大的是燃烧带，其次是过湿带，阻力最小的是烧结矿带。

（1）判断过湿带消失 由预热产生的热废气干燥水分激烈蒸发，废气损失大部分显热使过湿带水分干燥，废气温度在过湿带基本保持不变，当废气温度陡然升高时，预示过湿带消失，转入预热干燥带。

（2）减轻过湿带的主要措施

① 一切提高烧结料温度到露点以上的措施，均可减轻过湿带对烧结过程的影响。

详见"第三章 第三节 四、混合料温度和提高料温措施 3. 提高混合料温度的主要措施"。

② 提高混合料的湿容量。赤铁矿、褐铁矿、生石灰的湿容量大，磁铁矿、石灰石、白云石的湿容量小，烧结配矿时兼顾考虑提高混合料的湿容量。

③ 低水分烧结。降低混合料水分，可减少烧结过程冷凝水量，减薄过湿带。

④ 强化制粒。实施强化制粒，有助于增加通过烧结料层的气体量，降低烧结料层中水汽分压，降低烧结料露点，减轻过湿带的影响。

**5. 原始烧结料带主要特征**

处于料层最底部，烧结料的物理化学性质基本不变。

# 三、烧结料层气体力学

### 1. 烧结料层透气性

透气性指烧结料层允许气体通过的难易程度，也是衡量烧结料孔隙率的标志。

烧结料层透气性常用以下两种表示方法。

（1）烧结料层透气性含义1 料层厚度和总管负压一定条件下，单位时间通过单位烧结面积的风量，单位 $m^3/(m^2 \cdot min)$。

或料层厚度和总管负压一定条件下，气流通过烧结料层的速度，单位 m/min。

$$G=V/(tS) \tag{4-5}$$

式中 $G$——透气性，$m^3/(m^2 \cdot min)$或 m/min；

$V$——通过料层风量，$m^3$；

$t$——烧结时间，min；

$S$——抽风面积，$m^2$。

料层厚度和抽风面积一定，单位时间通过料层风量越大，料层透气性越好。

（2）烧结料层透气性含义2 在料层厚度、抽风面积、抽风量一定条件下，气流通过料层的压力损失，用总管负压表示，单位 Pa。

料层厚度、抽风面积、抽风量一定条件下，总管负压越高，料层透气性越差。

料层厚度、抽风面积一定，单位时间内通过料层风量越大，料层透气性越好。

料层厚度、抽风量一定，总管负压越低，料层透气性越好。

通过烧结料层的风量是决定烧结机生产能力的重要因素。

一定原料配比和烧结机工况下，烧结产能与垂直烧结速度成正比。

垂直烧结速度与单位时间内通过料层的风量成正比。

$$v_\perp = k_1 \omega^n \tag{4-6}$$

式中　$v_\perp$——垂直烧结速度，mm/min；

　　　$k_1$——系数，由烧结料性质决定；

　　　$\omega$——气流速度，m/s；

　　　$n$——系数，一般为 0.8～1.0。

可见提高通过料层风量，能提高烧结生产能力。但抽风能力一定情况下，增加通过料层的风量，必须设法减小烧结料对气流通过的阻力，即改善烧结料层透气性。

（3）烧结料层透气性的两方面　烧结料层透气性包括点火前原始料层透气性和点火后烧结过程料层透气性，一般所说的烧结料层透气性指后者。

原始料层透气性是基础，主要取决于混合料水分、原料成球性、混匀制粒效果、布料方式及其效果。一定原料配比和工艺装备下，原始料层透气性变化不大。

烧结过程料层透气性是根本和关键，反映烧结过程料层阻力的变化。

原始料层透气性好，但烧结过程料层透气性不一定好。

原始料层被过高的机头风箱负压抽紧密实，则烧结过程料层透气性会变差。

原始料层随烧结过程的进行产生软化、熔融、冷凝固结，烧结过程料层透气性随之变化。

**2. 烧结料层结构主要参数和料层透气性变化规律**

烧结料层透气性在一定程度上受料层结构的影响，改善料层结构对降低料层气体阻力、提高料层透气性具有很大的作用。

（1）烧结料层结构主要参数　烧结料层结构主要参数包括混合料平均粒径、料粒形状系数、料层孔隙率。

混合料平均粒径详见"第三章　第三节　三、混合料制粒效果"，由各粒级含量决定。小粒级含量多，则平均粒径小；大粒级含量多，则平均粒径大。并非平均粒径越大越好，中间粒级含量多，料层孔隙率大，则料层结构好。

料粒形状系数指与料粒同体积的球体表面积和料粒本身实际表面积的比值乘以料粒粗糙度系数。

料层孔隙率指气孔体积占料层总体积的百分数。料层孔隙率是决定烧结过程料层结构的重要因素，对气体通过料层的阻力、料层热导率和比表面积影响很大。

影响料层孔隙率的主要因素有颗粒形状、粒级含量（粒级分布）、比表面积、粗糙度、充填方式、固体燃料的燃烧、料层收缩率等。

（2）烧结过程料层结构的变化

① 烧结料软化熔融、结晶、凝固形成新的料层结构，改变原始料层透气性。

② 固相物料熔融温度（或熔体凝固温度）和烧结温度决定烧结过程料层透气性。

③ 原始烧结料带、干燥带、烧结矿带，料层结构基本不变化。

④ 原始烧结料带和干燥带比表面积大，孔隙率小，传热效率高，升温快，透气性较差。

⑤ 烧结矿带比表面积小，孔隙率大，透气性好，但传热效率低，冷却速度慢。

⑥ 烧结过程料层结构变化主要发生在燃烧带和熔融固结过程。

⑦ 铁矿粉软化温度越低，软熔区间越窄，越容易生成液相，提高转鼓强度，但烧结过程料层透气性变差。

（3）烧结过程料层透气性的变化规律　烧结过程料层透气性主要取决于料粒比表面积和孔隙率。

降低料粒比表面积，有利于改善烧结过程料层透气性。如精矿粉粒度细，比表面积 $1200cm^2/g$，通过强化制粒，配入粗粒矿和增加返矿量，可减少烧结料粒比表面积。

提高烧结料层孔隙率，有利于改善料层透气性。如采用铺底料工艺；改进原始原料粒度组成，配加富矿粉；延长混匀制粒时间，强化制粒。

烧结过程料层透气性与料层各带的阻力有很大关系，单位料层高度阻力损失受料层物料阻力系数、废气密度和流速以及黏度的影响。

烧结点火开始，随着过湿带形成、烧结温度升高、液相生成，料层阻力明显增大，料层透气性变差，总管负压升高。

过湿带物料的阻力系数最高，其次是预热干燥带、燃烧带、烧结矿带。

预热干燥带厚度虽较小，但其单位厚度阻力较大，因湿料球预热干燥时发生碎裂，料层孔隙度变小，同时预热带温度高，通过此带的气流速度增大，气流阻力增加。

燃烧带透气性最差，因温度高并生成液相，对气流阻力最大。燃烧带温度越高、液相量越多、厚度越大，则透气性越差。

随着烧结矿带不断增厚和过湿带逐渐消失，料层阻力损失减小，料层透气性改善，总管负压降低，垂直烧结速度加快。

烧结过程中，由于各带阻力相应发生变化，故料层总阻力并非固定不变，垂直烧结速度并非固定不变，越向下垂直烧结速度越快。

废气流量的变化与总管负压相呼应，总管负压高，则废气流量小。

废气温度变化与固体燃料燃烧及烧结料层自动蓄热作用相关。

气流在料层各处分布的均匀性对烧结生产影响很大。烧结机台车宽度方向上气流分布不均匀，会造成垂直烧结速度不一致，而垂直烧结速度不一致反过来又加重气流分布不均匀，必然产生烧不透的生料，降低烧结成品率和返矿质量。为创造透气性均匀的烧结料层，均匀布料和防止粒度不合理偏析非常必要。

改善烧结过程料层透气性，一是改善原始料层透气性，二是控制燃烧带厚度，减轻过湿带。

### 3. 改善烧结料层透气性主要途径

（1）加强烧结原料粒度和水分管理

① 原料粒度对烧结料层透气性的影响

a. 总管负压一定时，原料粒度大，原始料层透气性好，则有利于提高垂直烧结速度，提高烧结矿产量。但原料粒度过大，烧结成矿条件变差，烧结矿中含有大量未烧透的颗粒，使转鼓强度降低，返矿率增加；布料容易产生自然偏析，破坏料层透气性和均匀性，烧结矿组织不均匀，转鼓强度变差；烧结过程料层透气性过于良好，废气带走热量多，热利用率低。

b. 原料粒度过小，烧结均匀性好，颗粒间反应加快，有害杂质脱除较完全，但料层原始透气性变差，烧结速度减慢，烧结矿产量随之降低。

原料粒度适宜，有利于提高烧结矿产量，同时改善质量。

② 严格要求富矿粉和循环物料粒度

a. 富矿粉粒度需适宜，力求+8mm粒级小于10%，因为大颗粒物料影响制粒效果，而且烧不透，降低烧结温度，不能与其他矿粉熔融黏结，同时力求-3mm粒级小于45%，粒度组成趋于均匀，有利于改善烧结料层透气性。

b. 必要时增设入厂富矿粉破碎流程，将富矿粉中的大粒度破碎至小于8mm。

c. 要求循环物料粒度小于8mm。

③ 严格要求熔剂和固体燃料水分，不得影响加工质量。

a. 熔剂（生石灰和消石灰除外）水分小于3%为宜，控制熔剂-3mm粒级大于85%。

b. 固体燃料水分小于12%为宜，但大多企业固体燃料水分在12%～18%，甚至更高，影响破碎粒度。结合原料结构和生产实际情况，确定适宜-3mm粒级含量（一般为70%～76%），避免固体燃料过粉碎，控制-0.5mm粒级含量小于20%，提高热利用率，同时改善料层透气性。

c. 严格控制返矿（包括烧结内返和高炉返矿）粒度小于5mm。详见"第三章 第二节 四、返矿粒度"。

（2）提高生石灰配比，取代石灰石，强化制粒效果 详见"第一章 第五节 三、烧结熔剂 4. 生石灰主要特性和作用。

（3）控制适宜混合料水分 详见"第三章 第二节 二、混合料水分、加水方式 1. 混合料水分"。

混合料中水分的存在能改善料层透气性，主要有三方面的作用：一是水分使物料成球，改善混合料粒度组成；二是水分覆盖在料球颗粒表面，起润滑剂的作用，减小气流通过料层的阻力；三是水分良好的导热性，不仅限制燃烧带在一个较窄的区间内，而且保证在较少燃耗下获得必要的高温烧结区。

水分过小，则制粒效果差；水分过大，虽制粒效果好，但因过湿带增厚而使料层阻力增大，烧结过程料层透气性变差。

（4）加水点和加水方式是提高制粒效果的重要措施之一　详见"第三章　第二节二、混合料水分、加水方式　2.加水点和加水方式"。

（5）改善制粒机工艺参数和提高混烧比　详见"第三章　第一节　三、混合机工艺参数及其对混匀制粒的影响"。

有足够的混烧比和制粒时间，是提高制粒效果的主要条件。

（6）改进布料设备和强化烧结操作

① 圆辊给料机给料均匀，多辊布料器安装倾角和辊速适宜，沿台车高度方向烧结料粒度呈上细下粗的偏析布料效果。

② 安装松料器，改善台车中部和料层下部透气性，保证料层有一定的松散度。

③ 混合机内加热水，有效提高混合料温度到露点以上，减少冷凝水量，减轻过湿现象。

④ 控制适宜的混合料水分和配碳量，限制燃烧带厚度在较窄区间内。

# 四、烧结料层中水分蒸发和冷凝

烧结料层中水分蒸发冷凝取决于气相中水蒸气实际分压和饱和蒸气压大小。气相中水蒸气实际分压小于该条件下饱和蒸气压时水分开始蒸发，等于饱和蒸气压时水分蒸发停止，大于饱和蒸气压时，水蒸气冷凝成液态水。饱和蒸气压随温度升高而增大。

烧结废气压力约 0.1atm，理论上烧结料中水分应在低于 100℃下完成蒸发，但生产实际中在高于 100℃的烧结料中仍有水分存在，其原因是烧结废气的传热速度很快，当料温达到水沸腾温度 100℃时，水分来不及蒸发，少量分子水和薄膜水同固体颗粒表面之间有巨大的结合力而不易逸去，大约需在 120～150℃水分才能全部蒸发完毕。

烧结过程中，水分蒸发在预热干燥带进行，烧结点火开始水分受热蒸发转移到废气中，废气中水蒸气实际分压不断提高。烧结过程中，当含有水蒸气的热废气穿过下部冷料时，废气将大部分热量传递给冷料，而废气自身温度大幅度下降，使物料表面饱和蒸气压也不断下降。为加快烧结过程，希望水分蒸发能快速进行。

水分蒸发速度与蒸发表面积、气流速度、烧结料温度和原始水分等因素有关。

提高料温和改善料层透气性，有利于水分蒸发。

烧结过程中，水蒸气的冷凝在过湿带进行，水蒸气冷凝的结果是使烧结料水分增加而形成过湿带，冷凝水充塞在料粒之间的孔隙中，大大增加气流通过的阻力。

# 五、烧结过程固体燃料燃烧与传热规律

固体燃料燃烧反应是烧结过程中最主要的反应，固体燃料配加量只有 4％左右，却提供烧结热量 75％以上，固体燃料主要起发热剂和还原作用，对烧结过程影响很大。

## 1. 固体燃料燃烧热力学

烧结料中的固体燃料在 700℃以上即着火燃烧。

烧结过程 C 与 $O_2$ 完全燃烧生成 $CO_2$ 放出较高热量，不完全燃烧生成 CO 放出较少热量。

$$2C+O_2 \rule[0.5ex]{1em}{0.4pt} 2CO \quad +10.27MJ/kg \tag{4-7}$$

$$C+O_2 \rule[0.5ex]{1em}{0.4pt} CO_2 \quad +34.07MJ/kg \tag{4-8}$$

烧结过程中，反应（4-7）的不完全燃烧和反应（4-8）的完全燃烧都有可能进行，反应（4-7）在高温区有利于进行，废气中 CO 浓度高，但由于燃烧带较窄，废气经过预热干燥带时温度很快下降，所以反应（4-7）受到限制，但在配碳量过高且碳的粒度分布偏析较大时，碳不完全燃烧反应仍有一定程度的发展。反应（4-8）是烧结料层中碳燃烧的基本反应，发热量最高，易发生，受温度影响较少，形成氧化性气氛。

烧结点火后，固体燃料中碳燃烧产生高温和 $CO_2$、CO 等气体，为形成液相和其他化学反应的进行提供必需的热量、温度及气氛条件。

## 2. 固体燃料燃烧动力学

动力学研究固体燃料燃烧反应速率和反应机理。

（1）烧结料层中固体燃料燃烧步骤　烧结过程中，固体燃料呈分散状分布在料层中，固体碳的燃烧属于多相反应，一般认为由下列五个步骤组成：

① 气体中的氧扩散到固体燃料的表面；

② 气体中的氧分子被固体碳表面吸附；

③ 被吸附的氧分子在固体碳表面发生化学反应形成中间产物；

④ 中间产物断裂形成反应产物气体 $CO_2$ 和 CO 并被吸附在碳表面；

⑤ 反应产物脱附离开碳表面向气相扩散。

烧结过程中，碳燃烧反应的总阻力为氧向碳粒表面扩散的阻力与相界面上燃烧反应阻力之和。

低温下，碳燃烧过程总速度取决于化学反应速率，称燃烧处于"动力学燃烧区"。

高温下，碳燃烧过程总速度取决于氧的扩散速度，称燃烧处于"扩散燃烧区"。

低温下，当碳燃烧处于"动力学燃烧区"时，燃烧速度受温度影响较大，随着温度的升高燃烧速度加快，而气流速度、总管负压和固体燃料粒度对燃烧速度的影响不大。

高温下，当碳燃烧处于"扩散燃烧区"时，燃烧速度取决于气体的扩散速度，而温度的改变对燃烧速度影响不大。

不同的反应由"动力学燃烧区"转入"扩散燃烧区"的温度不同，C 与 $O_2$ 的反应在800℃左右开始转入，而 C 与 $CO_2$ 的反应在 1200℃时才转入。

点火后料层温度很快升高到 1200℃，故其燃烧反应基本上是在扩散区内进行。

（2）烧结料层中固体燃料燃烧的特点

① 烧结料层中，小颗粒碳分布于大量铁矿粉和熔剂中，固体燃料分布很稀疏，空气和碳接触较困难，为了保证碳完全燃烧，需要 1.3～1.5 的空气过剩系数。

$$K_i = 21/(21 - O_{2i}) \tag{4-9}$$

式中   $K_i$——台车炉条上或抽风系统某点空气过剩系数；

    $O_{2i}$——台车炉条上或抽风系统某点废气中 $O_2$ 含量。

② 固体碳燃烧速度快，燃烧带温度高，燃烧带较薄。

③ 烧结料层中总体为氧化性气氛，局部为还原性气氛。

碳的完全燃烧是基本反应，烧结废气中 $N_2$ 体积含量最多，其次是 $O_2$，而后是 $CO_2$，含有少量的 CO，$SO_2$ 含量忽略不计，表现为氧化性气氛。

$$G = 12/22.4Q[\omega_{(CO_2)} - \omega_{(CO)}] \tag{4-10}$$

式中       $G$——烧结过程中反应碳量，kg/min；

      $Q$——烧结总管废气流量，$m^3/min$；

$\omega_{(CO_2)}$，$\omega_{(CO)}$——烧结总管废气中 $CO_2$、CO 含量，%。

④ 固体碳的燃烧速度主要取决于空气中的氧向固体碳表面的扩散速度。

改善空气向固体碳表面扩散条件是提高碳燃烧速度的主要环节。

一切能够改善气体扩散条件、提高气体扩散速度的措施，都能加快固体燃料的燃烧速度，强化烧结过程。措施有：

a. 减小固体燃料粒度，加大在料层内的分散度，增加氧向碳表面的扩散概率。

b. 强化制粒，改善料层透气性，或增大主抽风机风量，提高气流速度。

c. 增加气流中的氧含量，富氧烧结提高碳燃烧速度。

**3. 烧结过程传热规律**

以料层床配加或不配加固体燃料研究其传热规律。

不论配加固体燃料（内部热源）通过燃烧供热，还是不配加固体燃料（外部加热）通过传热供热，高温带穿过料层的速率都很相似，热波通过料层达到废气最高温度的传热时间很相近。

不论原料品种如何，配碳量多少，空气通过率（$m^3/t$）都很接近。

空气通过率取决于热传导过程，而不是取决于固体碳燃烧过程。

(1) 料层传热前沿和燃烧前沿定义

① 定义料层不配加固体燃料的温度变化曲线为空气传热波曲线，当料层温度开始均匀上升时，传热前沿即已到达，一般以 100℃等温线为准。

② 定义料层配加固体燃料的温度变化曲线为碳燃烧波曲线，当料层温度迅速上升时，表明燃烧前沿到达，一般以 600℃或 1000℃等温线为基准。

(2) 空气传热波曲线和碳燃烧波曲线的特点

① 空气传热波曲线是以最高温度为中心，两边呈对称的曲线，整个料层比热容相同，空气流速相同，随着热波向下前进，最高温度逐步下降，而且曲线不断加宽。

② 碳燃烧波曲线两边不对称，是不等温曲线，随高温带向下移动，温度最高点上升。

(3) 影响传热前沿速度的因素

① 空气流速较快、密度较大、比热较大，则传热前沿速度较快。

② 物料孔隙率大、堆密度小、热容较小，则传热前沿速度较快。

③ 物料粒度粗、导热性差、夺取气流中的热量慢，则传热前沿速度较快。

④ 气相中 $CO_2$ 和 $H_2O$ 较高、废气容热较大、料层孔隙率较大，则传热前沿速度较快。

(4) 影响燃烧前沿速度的因素

① 空气中氧含量高，则碳燃烧前沿速度快。

② 增加风量，则加快碳燃烧前沿速度。

③ 固体燃料用量与碳燃烧前沿速度之间存在极大值关系。

④ 固体燃料的可燃性好、粒度小，则碳燃烧前沿速度快。

⑤ 使用焦粉时，燃烧前沿速度与传热前沿速度较接近，燃烧最高温度达到较高值。

⑥ 使用无烟煤时，燃烧前沿速度快于传热前沿速度，燃烧最高温度下降。

(5) 传热规律在烧结中的应用　空气传热速度是气相-固相之间的热交换速度，即上部热烧结矿的热量传给进入料层较低温度的空气，空气进入燃烧带与碳燃烧进一步提高燃烧带温度，从燃烧带出来的废气（燃烧产物）温度大大提高，废气经燃烧带下部温度较低的烧结料时，将热量传给烧结料。

碳燃烧速度是单位时间内碳与氧的反应速率，在烧结温度下反应动力学处于扩散控制，因此一切能够影响扩散速度的因素，如减小固体燃料粒度、增加气流速度等，都能加快碳燃烧速度。

在配碳正常或稍高、空气（$O_2$ 含量）不足时，空气传热前沿移动速度快，碳燃烧速度决定烧结过程的总速度。

在配碳较低、空气过剩时，碳燃烧前沿移动速度快，烧结过程总速度取决于空气传热前沿速度（例如烧结含硫矿粉时），可通过提高气体热容量、改善料层透气性、增加气流速度，加快空气传热前沿速度。

烧结使用焦粉或无烟煤，料层中空气传热前沿速度和碳燃烧前沿速度基本协调，但对于不同原料结构和不同操作条件，需要做具体研究，并通过调整使二者速度同步，得到最优烧结操作参数和技术经济指标。

# 六、烧结过程中固体物料的分解

结晶水分解特性见表 4-10。

**表 4-10　某院校采用热重差热分析得出铁矿粉中结晶水分解特性**

| 序号 | 名　称 | 反应起始温度/℃ | 反应起始质量/mg | 反应终止温度/℃ | 反应终止质量/mg | 反应温度区间/℃ | 失重率/% |
|---|---|---|---|---|---|---|---|
| 1 | 麦克粉 | 234 | 43.55 | 369 | 41.45 | 135 | 4.20 |
| 2 | 卡拉加斯粉 | 244 | 42.99 | 373 | 42.33 | 129 | 1.54 |
| 3 | 低巴粉 | 236 | 44.34 | 347 | 43.91 | 111 | 0.85 |
| 4 | FMG 粉 | 220 | 41.55 | 402 | 37.90 | 182 | 7.29 |
| 5 | 杨迪粉 | 250 | 42.96 | 362 | 38.99 | 112 | 7.94 |
| 6 | PB 粉 | 214 | 39.61 | 370 | 38.02 | 156 | 3.17 |
| 7 | 纽曼粉 | 246 | 44.56 | 336 | 43.69 | 90 | 1.93 |
| 8 | 蒙古粉 | 217 | 41.02 | 327 | 40.23 | 110 | 1.56 |
| 9 | 伊朗粉 | 273 | 41.91 | 327 | 41.30 | 54 | 1.51 |

**1. 结晶水的分解**

结晶水分解温度比游离水蒸发温度高得多。

结晶水开始分解温度反映结晶水析出难易程度，开始分解温度越低，则析出结晶水越容易。分解终了温度反映失去结晶水的难易程度，分解终了温度越高，则析出结晶水吸热越多。开始分解和分解终了温度区间反映脱除结晶水的能耗大小，温度区间大，则能耗大，不利于烧结。

失重率趋势反映结晶水含量高低，失重率大，则结晶水含量高，失重率与结晶水开始分解温度和终了温度以及二者的温差区间没有任何关系。

烧结生产尽可能选择失重率小的铁矿粉，因为结晶水分解要强烈吸热，降低烧结料温度，引起料球碎裂，影响烧结料层透气性。

铁矿粉、脉石和添加剂中往往含有一定的结晶水。有些澳洲铁矿粉含有较高的结晶水，如火箭粉和杨迪粉。巴西矿粉基本属于赤铁矿，结晶水含量很少，但因铁矿粉存放时间过长，难免 $Fe_3O_4$ 氧化成 $Fe_2O_3$ 而吸水，含有少量的结晶水。

褐铁矿中结晶水约 220～250℃ 开始分解，约 360～400℃ 完全分解。一般烧结条件下，约 80%～90% 的结晶水在燃烧带下脱除，约 10%～20% 的结晶水在烧结最高温度下脱除。矿物粒度过粗和导热性差，可能有部分结晶水进入烧结矿带。

**2. 碳酸盐的分解**

烧结料中常见的四种碳酸盐为 $CaCO_3$、$MgCO_3$、$MnCO_3$、$FeCO_3$，其中以 $CaCO_3$

为主。

$CaCO_3$ 最难分解，分解温度最高，分解速度最慢，$MgCO_3$ 和 $MnCO_3$ 次之，$FeCO_3$ 最易分解，烧结过程中若能保证 $CaCO_3$ 分解完全，则其他几种碳酸盐分解也可完成。

碳酸盐的分解温度与气相中 $CO_2$ 分压有关，当常温常态（$CO_2$ 分压为一个大气压）时，$CaCO_3$ 分解温度为 $900\sim920℃$，$MgCO_3$ 为 $640\sim660℃$，$MnCO_3$ 为 $520\sim540℃$，$FeCO_3$ 为 $380\sim400℃$。

实际烧结过程中根据废气中 $CO_2$ 含量变化和总管负压条件，有如下分解反应：

$$石灰石 \quad CaCO_3 \Longrightarrow CaO+CO_2 \quad -(5.225\sim5.434)GJ/t \quad 约750℃开始$$

$$白云石 \quad Ca\cdot Mg(CO_3)_2 \Longrightarrow MgO+CO_2+CaCO_3 \quad 约660℃开始$$

$$CaCO_3 \Longrightarrow CaO+CO_2 \quad\quad\quad\quad 约860℃开始$$

自然界中石灰石广泛分布，在不同条件下形成许多变种，常含有各种机械混入物和类质同象，分解温度可变，同时分解温度与杂质含量及其粒度有关，杂质含量高和粒度细，其分解温度低。

烧结过程中，碳酸盐及其分解产物 CaO 可与其他矿物发生化学反应生成新的化合物，如 $500\sim690℃$ 下 CaO 和 $SiO_2$ 固相反应生成硅酸二钙 $C_2S$，$500\sim670℃$ 下 CaO 和 $Fe_2O_3$ 固相反应生成铁酸一钙 CF，所以烧结条件下碳酸盐分解比常温常态下变得更容易一些。

烧结过程中，虽碳酸盐分解有较好条件，但由于燃烧带薄，烧结速度快，在高温条件下碳酸盐分解时间短（因为随着烧结矿带的下移，废气中 $CO_2$ 含量下降，烧结料层中残留 $CaCO_3$ 在低温下可能结束分解，在燃烧带以后分解出的 CaO 对烧结矿固结强度不起作用），有可能来不及分解完毕就转入烧结矿带，为此应创造条件加速碳酸盐的分解反应。

（1）影响碳酸盐分解速度和完全程度的主要因素　主要因素有烧结温度、碳酸盐和矿粉的粒度、气相中 $CO_2$ 浓度。

烧结温度越高，碳酸盐分解速度越快，分解越完全。

碳酸盐分解反应从矿粉表面开始逐渐向中心进行，分解反应速率与粒度大小有关，粒度越小，分解反应越快，分解越完全。

碳酸盐分解温度取决于气相中 $CO_2$ 的分压，$CO_2$ 分压增大，阻止碳酸盐分解反应。

烧结过程中，碳酸盐常有分解不完全的情况，主要因碳酸盐分解吸收大量热量，使反应界面温度下降，供热速度不能及时跟上，尤其碳酸盐用量较大情况下，分解产生的 $CO_2$ 多，气相中 $CO_2$ 分压增大，分解温度升高，烧结速度加快，使分解反应难以进行。

为保证碳酸盐充分分解，要求矿粉中 $-3mm$ 粒级达 $85\%$ 以上，且碳酸盐配比较高时需适当增加固体燃料，以补充碳酸盐分解所需的热量。

（2）CaO 矿化反应的含义及影响因素

① CaO 矿化反应　烧结过程中 CaO（熔剂带入，包括生石灰带入 CaO、石灰石和白云石分解产物 CaO）与其他矿物（如 $Fe_2O_3$、$SiO_2$、$Al_2O_3$ 等）化合生成新化合物的反应，称为 CaO 矿化反应。

② 影响 CaO 矿化程度的因素　主要因素有烧结温度、熔剂和铁矿粉粒度、烧结矿

碱度。

烧结过程中，熔剂粒度越细，分解越快越充分，熔剂和铁矿粉粒度越细，烧结温度越高，CaO 矿化程度越高，但不能追求 CaO 矿化程度而一味提高烧结温度。

熔剂和铁矿粉粒度小于 3mm，1200℃下焙烧 1min，CaO 矿化程度可达 95％以上。熔剂粒度 3～5mm，铁矿粉粒度 6mm，烧结温度下 CaO 矿化程度降低到 60％左右。生产熔剂性烧结矿，碱性熔剂粒度不大于 3mm，可保证 CaO 矿化程度 90％以上。

③ 自熔性和熔剂性烧结矿中出现"白点"的原因 生产自熔性和熔剂性烧结矿时，需配加碱性熔剂生石灰 CaO、石灰石 $CaCO_3$、白云石 $Ca \cdot Mg(CO_3)_2$。生石灰生烧率高则含有一定数量的 $CaCO_3$，$CaCO_3$ 和 $Ca \cdot Mg(CO_3)_2$ 在一定烧结温度（预热带和燃烧带）、一定 $CO_2$ 含量以及总管负压下分解，分解出的 CaO 溶入液相中或在固相条件下与其他矿物结合生成铁酸盐或硅酸盐，即 CaO 矿化反应。

实际烧结生产中，由于生石灰、石灰石、白云石粒度过粗或分布不均匀，或点火不均匀等原因，碱性熔剂没有能在液相凝固前分解完，或分解后没有完全矿化，烧结矿中出现游离 CaO "白点"。

④ CaO 未矿化对烧结矿质量的影响 烧结生产中要求 $CaCO_3$ 完全分解，且分解产物 CaO 与其他矿物充分矿化或被液相完全吸收，否则未经矿化的残余游离 CaO 吸收空气中水分或遇水后发生消化反应生成 $Ca(OH)_2$，导致体积膨胀，烧结矿因内应力引起粉化减粒，转鼓强度变差。

（3）计算碳酸钙分解度和 CaO 矿化度

碳酸钙分解度 $\qquad D = [(CaO_石 - CaO_残)/CaO_石] \times 100\%$ （4-11）

式中 $CaO_石$——烧结料中以 $CaCO_3$ 形式带入的 CaO 总含量，％；

$\qquad CaO_残$——烧结矿中以 $CaCO_3$ 形式残存的 CaO 含量，％。

CaO 矿化度 $\qquad K = [(CaO_总 - CaO_游 - CaO_残)/CaO_总] \times 100\%$ （4-12）

式中 $CaO_总$——烧结矿中以各种形式存在的 CaO 总含量，％；

$\qquad CaO_游$——烧结矿中游离 CaO 含量，％；

$\qquad CaO_残$——烧结矿中残存 CaO 含量，％。

【例 4-3】 某厂生产碱度 2.0 的烧结矿，由于石灰石粒度粗和热制度不合适，烧结矿中 $CaO_{游离}$ 为 8.96％，未分解 $CaCO_3$ 为 7.38％，烧结料中 $CaCO_3$ 带入 CaO 总量 28.73％，计算 CaO 矿化度。计算结果保留小数点后两位小数。

解 CaO 矿化度 $= \{[CaO_总 - CaO_游 - CaCO_{3未分解} \times (56 \div 100)]/CaO_总\} \times 100\%$

$\qquad\qquad\qquad = \{[28.73 - 8.96 - 7.38 \times (56 \div 100)] \div 28.73\} \times 100\% = 54.43\%$

### 3. 烧结过程中铁氧化物的氧化和还原

铁氧化物有 $Fe_2O_3$、$Fe_3O_4$、FeO 三种形态，其中铁的化合价有 +3、+2 价，铁的高价氧化物比低价氧化物更容易分解，在配碳量较高条件下，$Fe_2O_3$ 不稳定而分解为 $Fe_3O_4$ 和 FeO，$Fe_3O_4$ 和 FeO 不能分解。

铁氧化物氧化还原反应主要发生在软熔之前，对液相生成和矿物组成影响很大。

（1）铁氧化物的氧化　因烧结过程 C 与 $O_2$ 的燃烧反应在过剩空气下进行，所以烧结总体是氧化性气氛，在碳粒周围呈现还原性气氛。

烧结过程中，铁氧化物容易发生氧化反应 $FeO \rightarrow Fe_3O_4 \rightarrow Fe_2O_3$ 并放出热量。

（2）$Fe_2O_3$ 的还原

烧结条件中，$Fe_2O_3$ 易发生还原反应，只要气相中有 CO 存在，$500 \sim 600 ℃$ 下 $Fe_2O_3$ 还原反应即可进行：

$$3Fe_2O_3 + CO =\!=\!= 2Fe_3O_4 + CO_2$$

但生产熔剂性烧结矿时，$500 \sim 670 ℃$ 下，CaO 和 $Fe_2O_3$ 发生固相反应，生成铁酸一钙 CF，比自由 $Fe_2O_3$ 难还原一些。

（3）$Fe_3O_4$ 的还原　烧结条件下，$Fe_3O_4$ 较难发生还原反应，当气相中 CO 浓度较高，$900 ℃$ 以上燃烧带可进行 $Fe_3O_4$ 还原反应：

$$Fe_3O_4 + CO = 3FeO + CO_2$$

有 $SiO_2$ 存在，有利于 $Fe_3O_4$ 的还原，生成还原性差的铁橄榄石：

$$2Fe_3O_4 + 3SiO_2 + 2CO = 3(2FeO \cdot SiO_2) + 2CO_2$$

有 CaO 存在时，不利于 $Fe_3O_4$ 的还原，可以改善烧结矿还原性。因为 CaO 和 $SiO_2$ 的亲和力大于 FeO 和 $SiO_2$ 的亲和力，阻止生成铁橄榄石 $2FeO \cdot SiO_2$，所以生产熔剂性烧结矿时，FeO 含量低，烧结矿还原性好。

（4）FeO 的还原　FeO 的还原需要相当高的 CO 浓度，烧结条件下 FeO 几乎不发生还原反应。

（5）铁矿物氧化度

① 铁矿物（铁矿粉、烧结矿、球团矿）氧化度　铁矿物氧化度指铁矿物中铁被氧化的程度。赤铁矿 $Fe_2O_3$ 中 Fe 为 +3 价，理论氧化度为 $100\%$。磁铁矿 $Fe_3O_4$ 的理论氧化度为 $88.89\%$。

烧结矿氧化度对还原性有很大影响，氧化度高，表示以 $Fe_2O_3$ 形态存在的铁多，还原性好，因此在保证烧结矿有足够强度的前提下，应尽量提高烧结矿氧化度。

② 铁矿物氧化度计算

$$D = [1 - (Fe^{2+}/3TFe)] \times 100\% \tag{4-13}$$

$$D = [1 - (FeO/3.856TFe)] \times 100\% \tag{4-14}$$

$$D = [1 - 0.259(FeO/TFe)] \times 100\% \tag{4-15}$$

式中　$Fe^{2+}$——铁矿物中二价铁含量，以 FeO 形式存在。

$$Fe^{2+} = [Fe/(Fe+O)] \times FeO = 0.778FeO$$

TFe——铁矿物中全铁含量，$\%$；

FeO——铁矿物中 FeO 含量，$\%$。

【例 4-4】 已知烧结矿 TFe 为 $58.2\%$，FeO 含量 $7.8\%$，计算烧结矿氧化度。计算结果保留小数点后两位小数。

**解**　烧结矿氧化度 $D=[1-7.8\div(3.86\times58.2)]\times100\%=96.53\%$

**【例 4-5】**　某磁铁精矿粉 TFe 68.8%，FeO 含量 27.3%，Fe 原子量 56，O 原子量 16，计算该磁铁矿氧化度。计算结果保留小数点后两位小数。

**解**　该磁铁矿氧化度 $D=\{1-[(56\div72)\times27.3]\div(3\times68.8)\}\times100\%=89.71\%$

**【例 4-6】**　Fe 原子量 56，O 原子量 16，计算磁铁矿理论氧化度。计算结果保留小数点后两位小数。

**解**　磁铁矿化学式 $Fe_3O_4$，理论 TFe 含量 72.4%，理论 FeO 含量 31.03%。

磁铁矿理论氧化度 $D=\{1-[(56\div72)\times31.03]\div(3\times72.4)\}\times100\%=88.89\%$

（6）烧结过程气氛判断　烧结过程有氧化和还原，但最终是氧化还是还原，可由氧化度判断。如果烧结矿氧化度大于烧结料氧化度，整个烧结过程处于氧化过程；如果烧结矿氧化度小于烧结料氧化度，整个烧结过程处于还原过程。

**【例 4-7】**　某原料配比下，烧结料 TFe 50.11%，FeO 含量 16.42%，烧结矿 TFe 57.81%，FeO 含量 7.33%，通过计算氧化度判断烧结处于氧化过程还是还原过程。

**解**　$D_{烧结料}=\{1-[(56\div72)\times16.42]\div(3\times50.11)\}\times100\%=91.50\%$

$D_{烧结矿}=\{1-[(56\div72)\times7.33]\div(3\times57.81)\}\times100\%=96.71\%$

因烧结矿氧化度＞烧结料氧化度，所以烧结过程处于氧化过程。

（7）影响烧结矿氧化度的主要因素

① 固体燃料用量　固体燃料用量是影响烧结矿中 FeO 含量的首要因素，它决定高温区的温度水平和烧结料层的气氛性质，对铁氧化物的分解、还原、氧化有直接影响。

同等烧结条件下，随烧结料中碳含量减少，烧结矿 FeO 含量显著下降，还原性相应提高。

适宜固体燃料用量与矿粉性质、烧结矿碱度、料层厚度等有关。赤铁矿粉烧结，由于 $Fe_2O_3$ 分解耗热，固体燃料用量相对较高；磁铁矿粉烧结，因有 $Fe_3O_4$ 氧化放热，应适当减少固体燃料用量；褐铁矿粉烧结，因结晶水分解耗热需适当增加固体燃料用量，但因褐铁矿粉同化性和液相流动性良好，在高碱度、厚料层、褐铁矿粉配比较高的情况下，固体燃料配比需根据具体生产实际而定，不能盲目增减。

② 固体燃料和铁矿粉粒度

a. 固体燃料粒度适中，烧结料层中固体燃料分布更均匀，有助于减少固体燃耗，避免局部高温和强还原性气氛，提高烧结矿氧化度。

b. 减小铁矿粉粒度，既有利于液相的生成和黏结，又有利于铁矿粉的氧化，减少固体燃料用量，降低烧结矿 FeO 含量。

③ 烧结矿碱度　提高烧结矿碱度，有利于降低烧结矿 FeO 含量，因为高碱度烧结条件下，可形成多种易熔化合物，允许降低燃烧带温度，并阻碍 $Fc_2O_3$ 的分解与还原。

**4. 获得高氧化度烧结矿的基本条件**

（1）氧位的含义　氧位指气相中氧分压值或烧结料和烧结液相中 $Fe^{3+}$ 与 $Fe^{2+}$ 浓度的比值。

高氧位烧结指烧结料层获得充足的氧，改善烧结料层中碳燃烧状态，促进低价氧化物的氧化，为生成铁酸钙系提供有利条件，提高烧结矿产质量的烧结方法。

（2）获得高氧化度烧结矿的基本条件　在保证烧结料固结所必需的液相（即保证烧结矿转鼓强度）的前提下，尽量减少配碳量，削弱料层中还原性气氛，降低烧结矿 FeO 含量。

烧结矿 FeO 含量与配碳量密切相关，配碳量较少，则还原性气氛较弱，烧结矿 FeO 含量低，还原性好，确定最佳配碳量必须兼顾烧结矿转鼓强度和还原性两个指标。

（3）烧结矿再氧化　再氧化指烧结矿被还原成 $Fe_3O_4$ 或 FeO 后又被 $O_2$ 重新氧化为 $Fe_2O_3$ 或 $Fe_3O_4$ 的过程。

烧结料层中气相成分的分布很不均匀，在远离固体燃料颗粒处氧化性气氛很强，且随着配碳量的减少，料层中氧化性气氛增强。

烧结矿再氧化主要发生在烧结矿带，影响烧结矿最终成分和矿物组成。烧结矿中 $Fe_3O_4$ 和 FeO 的再氧化，提高了烧结矿还原性。在保证烧结矿转鼓强度条件下，发展氧化过程是有利的。

# 七、烧结过程成矿机理

烧结成矿是在固体燃料燃烧产生的高温条件下，部分铁矿粉和熔剂发生固相反应进而生成液相，液相黏结未熔矿粉，冷凝固结后形成具有一定块度和强度烧结矿的过程。烧结成矿影响烧结矿结构和矿物组成，烧结矿产量、质量和能耗等指标很大程度上取决于高温状态下铁矿粉的成矿性能。铁矿粉烧结成矿性能主要表现为其在烧结过程预热带、燃烧带和冷却初始阶段发生物理化学反应的能力。烧结成矿机理包括固相反应、液相生成、液相冷凝结晶三个过程，其中固相反应和液相生成是烧结料能够黏结成块并具有一定强度的基本要素。

烧结过程中，固相反应、液相生成和液相冷凝结晶是铁矿粉、熔剂和固体燃料等混合而成的烧结料共同反应的结果，烧结料的液相生成特性及其黏结性能、流动性能、结晶性能与单种铁矿粉的成矿性能指标没有明显的对应性，而且同一种铁矿粉在不同配矿结构下其成矿行为和作用是不同的，所以应以烧结料为研究对象，研究铁矿粉、熔剂等在烧结过程中的固相反应、液相生成与冷凝、烧结矿矿物组成及结构特征等，揭示烧结成矿机理。

**1. 黏附粉成矿**

因－0.25mm 铁矿粉和熔剂黏附粉具有较大的比表面积，颗粒间接触面积大，所以化学反应很容易首先在黏附层中进行。在 1100～1150℃下，有少量的固相反应，但反应速率慢而不明显；当烧结温度提高到 1200℃时，大量的 CaO 与 $Fe_2O_3$ 发生固相反应而生成铁酸一钙 CF；当烧结温度继续升高到 1225～1250℃时，明显可见液相生成，且孔洞在液相表面张力的作用下开始收缩；烧结温度进一步升高到 1300℃，液相量得到发展，黏附粉中主要矿物组成为铁酸钙系、次生的磁铁矿和赤铁矿，无原生的磁铁矿和赤铁矿，无未反应的熔剂，表明黏附粉中的铁矿粉和熔剂完全参与成矿。

**2. 核颗粒成矿**

铁矿粉中 1～3mm 核颗粒主要来源于赤铁矿和褐铁矿，试验研究表明 1～3mm 核铁矿粉颗粒未完全生成液相而进入熔融区，有部分未熔核矿残留在烧结矿中，铁矿粉颗粒越大，残核越多越明显。生产实践表明控制铁矿粉粒度在 8mm 以下，可以得到适宜的、不完全熔化状态下的、具有一定强度的非均质烧结矿。

烧结温度下，熔剂 0.5～3mm 核颗粒能够完全参与矿化，无残存的未反应核颗粒存在，所以控制熔剂－3mm 粒级≥85％且降低＋5mm 粒级含量，有利于改善熔剂成矿性能。

**3. 固相反应的机理、特点、作用、影响因素**

（1）固相反应的含义 固相反应指烧结料某些组分在被加热到尚未熔融仍呈固相时，在固相接触界面上发生化学反应，生成新的低熔点化合物或共熔体的过程。

固相反应是在液相生成之前进行的，固相反应产物仍为固体，未生成液相。

（2）固相反应机理 任何物质间的反应都是由分子或离子运动决定的，固相反应是固体和固体之间进行的反应，固体分子质点间的结合力大，所以运动范围小。

固相反应机理是烧结温度赋予离子能量，离子挣脱离子键的束缚进行扩散，能量低时在晶格内扩散，能量高后离开晶格扩散到其他晶体内，发生固相反应。

（3）固相反应特点

① 固相反应速率较慢，只局限于颗粒间的接触面发生位移。

② 固相反应是自由能降低的过程，所有固相反应都是放热反应。

③ 固相反应的最初产物是结晶构造最简单的一种化合物，它的组成通常不与反应物的浓度一致，要想得到其组成与反应物质量相当的最终产物需要很长时间。

④ 固相反应开始温度远低于反应物的熔点或它们的低共熔点。

（4）固相反应的作用 固相反应首先发生在制粒小球的黏附层，因为黏附层中－0.25mm 细粒铁矿粉与熔剂具有较大的比表面积，充分接触发生化学反应生成低熔点物质。

$Fe_2O_3$ 与 $SiO_2$ 在中性气氛中不发生固相反应，只有 $Fe_2O_3$ 还原或分解为 $Fe_3O_4$ 时才与 $SiO_2$ 发生固相反应。非熔剂性烧结，高配碳还原性气氛较强，是 $Fe_3O_4$ 与 $SiO_2$ 发生固相反应生成铁橄榄石 $2FeO \cdot SiO_2$ 的主要条件。

$Fe_3O_4$ 与 $CaO$ 在中性气氛中不发生固相反应，只有 $Fe_3O_4$ 氧化成 $Fe_2O_3$ 才与 $CaO$ 发生固相反应生成铁酸一钙 CF。

熔剂性烧结，低碳低温强氧化性气氛下，$CaO$ 与 $Fe_2O_3$ 接触的概率大，固相反应的生成物主要是铁酸一钙 CF。

固相反应缓慢且反应产物结晶不完善，结构疏松，靠固相固结的烧结矿强度差，铁橄榄石的生成过程比铁酸一钙生成过程缓慢。

固相反应产物并不决定烧结矿最终矿物组成和结构，因固相中生成的大部分复杂物质，在烧结料熔化时又分解成简单的化合物。

烧结矿是熔融物结晶作用的产物，受熔融物冷凝再结晶规律支配。

固体燃料用量一定条件下，烧结矿最终矿物组成主要取决于碱度，碱度是熔融物结晶时的决定因素。只有当固体燃料用量较低，仅小部分烧结料发生熔融时，固相反应产物才直接转到成品烧结矿中。

高碱度和低固体燃料用量下的烧结生产，不仅因低燃料低温有助于 CaO 与 $Fe_2O_3$ 发生固相反应生成铁酸一钙转到成品烧结矿中，而且因高碱度决定了熔融物再结晶有利于生成铁酸一钙，促进铁酸一钙矿相增多，烧结矿转鼓强度高，还原性好。

固相反应产物虽不能决定最终矿物成分，但能生成原始烧结料所没有的低熔点化合物，为生成液相奠定基础，固相反应类型和最初生成固相反应产物对烧结过程具有重要作用。

(5) 铁矿粉固相反应能力

铁矿粉固相反应能力指铁矿粉与 CaO 的反应程度，主要有铁矿粉中 $Fe_2O_3$ 与 CaO 生成铁酸盐（铁酸钙）、$SiO_2$ 与 CaO 生产硅酸盐两类。

固相反应类型主要取决于反应物组分之间的接触条件，与各组分含量密切相关。

① 因铁矿粉 TFe 高、$SiO_2$ 等脉石含量低，CaO 主要与 $Fe_2O_3$（以及由 $Fe_3O_4$ 氧化生成的 $Fe_2O_3$）固相反应生成铁酸钙，而与 $SiO_2$ 接触反应的机会少，因此固相反应产物主要是铁酸钙，硅酸盐矿物较少。

② 固相反应产物类型及含量与铁矿粉中 $SiO_2$ 含量密切有关。

当铁矿粉中 $SiO_2$ 含量低于 5％时，固相产物中 70％以上为铁酸钙，仅有微量的硅酸盐；当铁矿粉中 $SiO_2$ 含量超过 5％时，硅酸盐生成量开始显著增加；$SiO_2$ 含量升高到 10％左右时，硅酸盐含量增加到 15％～20％。

③ 铁酸钙生成能力与铁矿粉的种类和结构致密程度有关。

铁矿粉的 $SiO_2$ 含量基本相当，但铁矿粉的种类不同，固相反应生成铁酸钙含量不同。褐铁矿的铁酸钙生成量最多，铁酸钙生成能力最强，其次是赤铁矿，磁铁矿的铁酸钙生成能力最差。

铁矿粉的 TFe、$SiO_2$ 含量等化学成分基本相当，结构致密的铁矿粉其铁酸钙生成能力较差，固相反应能力相对较弱。

(6) 影响固相反应速率的因素　固相反应的内在条件是晶格的不完整，外在条件是温度。

固相反应放热加快反应速率，反应物扩散速度控制固相反应速率。

固相反应速率受烧结料粒度、烧结温度、配碳量、气氛性质等因素的影响。烧结料粒度是影响固相反应速率的重要因素，固相反应速率与反应物颗粒大小成反比，物料粒度细，比表面积大，分散度大，活化了反应物的晶格，增加颗粒间接触界面，加快固相反应速率。烧结温度高，增大固相物内能，增强晶格质点振动，易扩散，加速固相反应。改善颗粒接触界面，加速固相反应，对松散烧结料层采取压料措施，有效促进固相反应。

**4. 液相生成过程、作用、生成量和黏结特性**

液相生成是烧结矿固结的基础，决定烧结矿的矿相成分和显微结构，对烧结矿产质量影响很大。

（1）液相生成过程

① 初生液相　在固相反应生成新的低熔点化合物或低共熔点物质处，随着烧结温度升高到低熔点物质的熔化温度时，首先在黏附层中开始形成初生液相。

硅酸盐体系中，$Fe_3O_4$ 和 $SiO_2$ 发生固相反应生成铁橄榄石 $2FeO \cdot SiO_2$，当烧结温度达到铁橄榄石的熔化温度 1205℃时，开始生成铁橄榄石液相。

铁酸钙体系中，生成液相最低温度为 $2CaO \cdot Fe_2O_3$ 与 $CaO \cdot 2Fe_2O_3$ 的低共熔点 1195℃。

烧结料在 1200℃ 左右开始形成初生液相。

② 加速生成低熔点化合物　随着烧结温度升高和初生液相的促进作用，一部分低熔点化合物分解成简单化合物，一部分熔化成液相。

③ 液相扩展　液相进一步熔融周围核颗粒矿粉，生成低共熔混合物，降低烧结料中高熔点矿物的熔点，使液相得到扩展。

④ 液相反应　高温液相中成分进行置换和氧化还原反应，产生气泡，推动碳粒到气流中燃烧。

⑤ 液相同化　随着烧结温度的继续升高，液相流动性得到改善，通过液相的黏性和塑性流动传热，均匀烧结过程的温度和成分，趋近于相图上稳定成分的位置。

（2）液相生成的作用

① 液相是烧结矿的黏结相，黏结未熔颗粒成块，保证烧结矿具有一定强度。

② 液相具有一定的流动性，进行黏性和塑性流动传热，均匀高温熔融带的温度和成分，均匀液相反应后的化学成分。

③ 大部分固体燃料在液相生成后燃烧完毕，液相数量和黏度应能保证固体燃料不断地显露到氧位较高的气流孔道附近，在较短时间内燃烧完毕。

④ 液相润湿未熔矿粒表面，产生表面张力将矿粒拉紧，冷凝后具有一定强度。

⑤ 从液相中生成并析出烧结料中所没有的新生矿物，利于改善烧结矿转鼓强度和还原性。

⑥ 液相生成量增加，可增加物料颗粒之间的接触面积，提高烧结矿转鼓强度，但是液相生成量过多，不利于改善烧结矿还原性。

⑦ 烧结过程生成一定数量的液相，是烧结料固结成块的基础。在碳燃烧产生高温作用下，固相反应产生的低熔点化合物首先开始熔化，产生一定数量液相，黏结其他未熔矿物，冷却后形成多孔块矿，因此烧结过程中液相生成量是决定烧结矿转鼓强度和成品率的

主要因素，同时烧结矿的矿物组成是液相在冷却过程中结晶的产物，所以液相化学成分直接影响烧结矿的化学组成，液相生成量和成分除受烧结料物化性能（矿石种类、脉石成分、碱度、粒度等）影响外，还主要取决于配碳量。

烧结矿的液相组成、性质和数量在很大程度上决定着烧结矿的产量和质量，正确掌握和准确控制液相生成量和矿物组成，是保证烧结矿质量和提高成品率的关键。烧结矿主要靠液相黏结使周围未熔核矿粉成块，其中烧结矿碱度越高液相量越多。

（3）影响液相生成量的主要因素

① 烧结矿碱度和 $SiO_2$ 含量　烧结矿 $SiO_2$ 含量一定的情况下，烧结矿碱度提高，烧结过程液相生成量增加。

烧结矿碱度是影响液相生成量和液相类型的主要因素。

烧结矿由熔融液相黏结未熔核矿粉而形成，液相化学成分对液相生成量和物相起着极为重要的作用。高碱度烧结下，研究 $SiO_2$ 含量对液相生成特性和铁酸钙生成量的影响表明，适宜烧结矿 $SiO_2$ 含量为 $5.2\% \sim 5.5\%$，是保证烧结矿转鼓强度且烧结产能不降低的基础，$SiO_2$ 参与形成铝硅铁酸钙 SFCA，有助于发展针柱状铁酸钙结构，烧结矿冶金性能好。当 $SiO_2$ 含量过低时，液相生成量不足，烧结矿固结强度差且成品率低。当 $SiO_2$ 含量过高时，液相开始生成温度升高，液相生成速度减慢，液相生成量减少，且因 $CaO$-$SiO_2$ 的亲和力大于 $CaO$-$Fe_2O_3$ 的亲和力，$CaO$ 更易生成硅酸钙，使得铁酸钙黏结相减少而硅酸盐黏结相增多，导致烧结矿转鼓强度和冶金性能变差且降低产能。

② 烧结温度　烧结矿 $SiO_2$ 含量一定的情况下，烧结温度升高，烧结过程液相生成量增加。

③ 烧结气氛　烧结过程中的气氛直接控制烧结过程铁氧化物的氧化还原方向。

配碳量增加，烧结过程向还原气氛发展，铁的高价氧化物还原成低价氧化物，FeO 含量增加，熔点下降，影响固相反应和液相类型，且液相生成量增加。

④ 铁矿粉的种类、脉石成分和软化性能　赤铁矿和褐铁矿生成液相能力强，磁铁矿液相生成温度相对较高，液相生成速度较慢，液相生成量较少。

铁矿粉中脉石成分 $CaO$、$SiO_2$、$MgO$、$Al_2O_3$ 决定液相生成温度和液相生成量。一般 $CaO$、$SiO_2$ 含量高，液相生成温度低，液相生成速度快，液相生成量多；$MgO$、$Al_2O_3$ 含量高，液相生成温度高且液相生成量少。

铁矿粉软化温度越低，软化区间越宽，液相生成量越多。

（4）液相黏结特性　烧结矿转鼓强度不仅取决于烧结过程液相生成量，同时液相与未熔核铁矿粉之间的黏结特性决定两者的接触强度（相间强度），同样影响烧结矿转鼓强度。

试验结果表明，液相黏结性能与铁矿粉的种类无明显关系；铁矿粉的杂质含量少、$SiO_2$ 和 $Al_2O_3$ 含量低，其液相黏结性能好。

**5. 烧结矿矿物结晶过程、液相冷凝过程**

（1）烧结矿矿物结晶过程　烧结矿在 $1280 \sim 1300℃$ 下急冷时，因冷却速度过快黏结相来不及结晶，矿相中没有结晶态物质析出，仍保持液相时的原有形态。

烧结矿 1280～1300℃ 下以 50℃/min 速度缓慢冷却时，出现结晶态铁酸钙系矿相，铁酸钙体系中晶体开始析出温度为 1200℃ 左右，且维持时间延长，铁酸钙析出量增多。

随着烧结温度的降低，液相逐渐冷凝，按照矿物熔点的高低从液相中开始依次析出晶质和非晶质，并且黏结未熔铁矿粉最终形成烧结矿。

烧结矿矿物结晶规律为高熔点矿物首先结晶析出，其次周围的低熔点化合物和共晶混合物依次结晶析出，质点从液态无序排列过渡到固态有序排列，体系自由能降低到趋于稳定状态。

① 结晶形式

a. 结晶 液相冷却降温到矿物熔点时，某成分达到过饱和，质点相互靠近吸引形成线晶，线晶靠近成为面晶，面晶重叠成为晶芽，以晶芽为基地质点呈有序排列，晶体逐渐长大形成，是液相结晶析出过程。

b. 再结晶 原有矿物晶体基础上细小晶粒聚合成粗大晶粒，是固相晶粒的聚合长大过程。

c. 重结晶 温度和液相浓度变化使已结晶的固相物质部分溶入液相中以后，再重新结晶出新的固相物质，这是旧固相通过固-液转变后形成新固相的过程。

② 液相结晶因素 结晶原则是根据矿物熔点由高到低依次析出，影响结晶的因素有：

a. 温度 同种物质的晶体在不同温度下生长，因结晶速度不同，所具有的形态有差别。

b. 析出的晶体和杂质 由于结晶开始温度和结晶能力、生长速度不同，后析出的晶体形状受先析出晶体和杂质的干扰。

c. 结晶速度 结晶速度快，则结晶晶芽增多，初生的晶体较细小，很快生长成针状、棒状、树枝状。当结晶速度极小时，因冷却速度大而来不及结晶，易凝结成玻璃相。

d. 液相黏度 液相黏度很大时，质点扩散的速度很慢，晶面生长所需的质点供应不足，因而晶体生长很慢，甚至停止生长，但是晶体的棱和角可以接受多方面的扩散物质而生长较快，造成晶体棱角突出、中心凹陷的所谓"骸状晶"。

（2）液相冷凝过程 在结晶过程的同时，液相逐渐消失，形成疏松多孔、略有塑性的烧结矿带。

液相冷凝过程中，不仅有物理化学反应，而且产生内应力。

① 液相冷凝速度对烧结矿质量的主要影响

a. 影响矿物成分 冷却降温过程中，烧结矿的裂纹和气孔表面氧位较高，先析出的低价铁氧化物 $Fe_3O_4$ 很容易氧化为高价铁氧化物 $Fe_2O_3$。在不同温度和不同氧位条件下氧化，所得到的 $Fe_2O_3$ 具有多种晶体外形和晶粒尺寸，它们在气体还原过程中表现出的强度差别很大。

b. 影响晶体结构 高温冷却速度快，液相析出的矿物来不及结晶，易生成脆性大的玻璃质，已经析出的晶体在冷却过程中发生晶型变化，最明显的是硅酸二钙 $C_2S$ 的同质异相变体（即同一化学成分的物质，在不同的条件下形成多种结构形态的晶体）造成相变应力。由 $\beta\text{-}C_2S$ 转变成 $\gamma\text{-}C_2S$ 时体积膨胀约 $10\%$，产生很大内应力，导致烧结矿在冷却过程中自行粉碎。

c. 影响热内应力　不仅宏观烧结矿产生热内应力，而且由于各种矿物结晶顺序和晶粒长大速度不同、在烧结矿体中分布不均匀、各种矿物热膨胀系数不同，也产生热内应力，内应力可能残留在烧结矿中降低转鼓强度。

② 烧结冷却速度的影响　烧结冷却过程是熔融物结晶析出放热过程，要求缓慢梯度冷却。

烧结冷却速度受料层透气性、气流风速、抽风量的影响。料层透气性好，气流风速快，抽风量大，则烧结冷却速度快。由于抽风作用，料层不同部位烧结冷却速度或冷却强度差别很大，在无保温炉保温情况下，料层表层冷却速度较快（$120\sim130℃/min$），料层下部因蓄热作用冷却速度较慢（$40\sim50℃/min$）。

因液相凝固和多种矿物晶体的膨胀系数不同，冷却速度过快时产生的晶间应力不易消除，烧结矿内形成微细裂纹，降低转鼓强度。

将一块火红烧结矿投到冷水中快速冷却，显微镜下观察微观结构，$Fe_2O_3$、$Fe_3O_4$ 结晶极不完善，出现骸晶 $Fe_2O_3$，其他矿物支离破碎，大孔穿孔裂纹极多，玻璃相到处都是，结构强度很差。

解决冷却速度与烧结矿转鼓强度矛盾的有效途径是改善布料效果和料层透气性，提高料层厚度，既维持烧结速度又减少表层转鼓强度差的烧结矿比例。

根据矿物的熔点，确定适宜的原料结构，遵循矿物结晶规律，选择适宜的冷却速度，对生产优质烧结矿具有十分重要的意义。

③ 烧结机料层上部烧结矿转鼓强度低的主要原因和采取措施

a. 料层上部烧结矿转鼓强度低的主要原因　因物料自重的作用，料层下部烧结料粒度大，装料密度大，碳粒粗，固定碳含量高，碳燃烧放出热量多，以及料层自动蓄热作用供给热多甚至过剩，烧结矿固结强度高。而料层上部烧结料粒度小，装料密度小，碳粒细，固定碳含量低，碳燃烧放出热量少，且无自动蓄热作用，高温保持时间短；外界温度低，炉膛负压高将外界冷风抽入，上部烧结料热量散失多，供给热不足，烧结矿固结强度差。

上部烧结矿被抽入的冷空气快速急冷收缩，内应力大，裂纹多，强度差；因冷却速度快，矿物来不及释放能量而析晶，形成无一定结晶形状的脆性玻璃质，热应力大，烧结矿壁薄，强度差。下部烧结矿冷却速度慢，温度下降慢，矿物结晶充分，强度好。

b. 改善料层上部烧结矿转鼓强度低的主要措施

实施厚料层烧结，减少上部烧结矿所占的比例，提高整体烧结矿转鼓强度。

采用多辊布料器偏析布料，采取 $-1mm$ 燃料分加工艺技术，提高上部烧结料固定碳含量，增加碳燃烧放热，补充上部烧结料热量不足的问题。

针对褐铁矿配比高的原料结构，安装压料辊适当压下烧结料，提高上部烧结料装料密度，减小烧结过程中料层收缩率。

低负压点火，详见"第四章　第三节　五、点火参数控制及其对烧结过程的影响。"

在主排烧嘴两侧增设边烧嘴，能够提高台车边部点火强度，补偿边部因吸入冷空气而损失的热量，改善边部烧结矿转鼓强度和成品率。在主排烧嘴煤气压力一定情况下，通过加大两端烧嘴的直径来提高边部点火强度的效果不明显，尤其点火煤气压力低时，边部点火效果更差。

点火炉后增设保温炉，且保温炉内设置适量烧嘴或引入环冷机余热废气，保温炉内温度达800℃以上，使上部烧结矿缓慢冷却（当上部烧结矿温度达800℃以上时，控制冷却速度10～15℃/min，能促进结晶完全，改善烧结矿转鼓强度），避免因急剧冷却产生裂缝导致转鼓强度变差。

# 八、烧结料层中燃烧带特性分析

### 1. 垂直烧结速度及影响因素

烧结过程中，单位时间内燃烧带沿料层高度自上而下的移动速度，称为垂直烧结速度。

$$垂直烧结速度＝料层厚度(mm)/烧结时间(min)$$

【例4-8】　某烧结机机头和机尾中心距93m，风箱有效长度90m，机尾风箱有效长度4m，料层厚度710mm，烧结机的机速2.3m/min，控制烧结终点位置在倒数第二个风箱中间位置，计算垂直烧结速度。计算结果保留小数点后两位小数。

**解**　烧结终点位置＝90－4－(4÷2)＝84(m)

烧结时间＝84÷2.3＝36.52(min)

垂直烧结速度＝710÷36.52＝19.44(mm/min)

垂直烧结速度只在一定负压和一定料层厚度下才有意义。

烧结过程中，存在碳燃烧速度和空气传热速度，垂直烧结速度取决于碳燃烧速度和空气传热速度中最慢的一步，要求二者速度快且尽量同步。

在低配碳条件下，碳燃烧速度较快，垂直烧结速度取决于空气传热速度。空气中氧浓度不会影响空气传热速度。空气中氧浓度高，促进碳燃烧速度。

在正常或较高配碳条件下，垂直烧结速度取决于碳燃烧速度。固体燃料的燃烧性和反应性好，则碳燃烧速度快。

垂直烧结速度与风速的0.77～1.05次方成正比，烧结过程空气是传递热量的介质，加快风速可加快碳燃烧速度和空气传热速度。加快风速的措施有：强化制粒；改善料层透气性；减少漏风；增大主抽风机容量。

垂直烧结速度与通过料层的有效风量成正比，单位烧结面积有效风量大，料层燃烧条件好，垂直烧结速度快，烧结矿产量高。

适当提高铁矿粉熔点，铁矿粉所起骨架作用明显，有利于提高垂直烧结速度。

垂直烧结速度并非固定不变，随着烧结过程沿料层高度自上而下进行，烧结矿带不断增厚和过湿带逐渐消失，料层阻力损失减小，改善料层透气性，总管负压降低，垂直烧结速度越来越快。

**2. 影响燃烧带温度和厚度的主要因素**

燃烧带温度和厚度取决于配碳量、固体燃料粒度、碳燃烧速度和空气传热速度、气流速度、空气中 $O_2$ 浓度、料层透气性、通过料层风量、黏结相熔点等。

增加配碳量，既提高燃烧带温度，又增加燃烧带厚度。

相同配碳量下，固体燃料粒度小，则比表面积大，与空气接触条件好，燃烧速度快，燃烧带薄；固体燃料粒度大，则碳燃烧速度慢，燃烧时间延长，燃烧带厚。

碳燃烧速度与空气传热速度同步时，料层积蓄热量提高燃烧带温度，物理热与化学热叠加，固体燃料消耗少，燃烧带薄且温度高，同时加快垂直烧结速度。

碳燃烧速度与空气传热速度不同步，无论是空气传热快还是碳燃烧快，都不能利用料层积蓄热量，燃烧带厚且温度低。

烧结机操作目的是力求碳燃烧速度和空气传热速度同步且快，获得燃烧带薄且温度高的良好效果。

气流速度对碳燃烧速度和空气传热速度都有影响，但影响程度不同。加快气流速度时，碳燃烧速度和空气传热速度分别以不同速率发展，二者差距逐渐增大而不同步，使燃烧带厚而温度低。

实际生产中必须将气流控制在使碳燃烧速度和空气传热速度相近或同步，才可使燃烧带温度最高和厚度最薄，兼顾提高烧结矿产量和改善烧结矿质量。

一定配碳量下，空气中 $O_2$ 浓度高、料层透气性好、通过料层风量大，则空气传热速度快，碳燃烧动力学条件好，燃烧带薄。

黏结相熔点低，磁铁矿粉烧结（$Fe_3O_4$ 氧化放热）可改善碳燃烧供氧条件，有助于减少配碳量，减薄燃烧带。

生石灰消化放热，利于提高燃烧带温度，减轻过湿带影响，能更快更均匀促进 CaO 矿化反应和各种固液反应，更易生成熔点低、流动性好、易凝结的液相，利于降低固体燃耗，加快烧结速度，且防止游离 CaO"白点"残存于烧结矿中产生粉化，利于提质提产。

增加石灰石和白云石用量，由于分解吸热，降低燃烧带温度。

**3. 燃烧带温度和厚度对烧结矿产质量的影响**

烧结"五带"中，燃烧带温度最高，透气性最差，气流阻力最大，燃烧带温度和厚度对烧结矿产量和质量影响很大。

燃烧带厚，料层透气性差，气流阻力大，降低垂直烧结速度，降低烧结矿产量。

燃烧带厚且温度高，生成液相多，提高烧结矿转鼓强度，但温度过高烧结料层过熔，过多液相增加气流阻力，不仅影响产量，而且烧结矿 FeO 含量高，还原性差。

燃烧带薄且温度高，料层透气性好，垂直烧结速度快，烧结矿产量高且固结强度高。

燃烧带薄且温度低，因达不到应有的高温和必要的高温保持时间，液相量不足，固结强度差，内返率高。

获得适宜温度和厚度的燃烧带是提高烧结矿产量、改善质量的重要环节。

烧结料层上部和下部温差大是造成烧结矿品质不均匀的直接原因。

烧结料层上部和下部具有合适而均匀的温度是烧结机加热制度的根本要求。

**4. 烧结温度及分布特点**

烧结由低温到高温，然后又从高温迅速下降到低温，在燃烧带有最高温度点。烧结温度指燃烧带温度，烧结温度主要取决于碳燃烧放出的化学热，同时与空气在上部被预热的程度有关。

烧结温度曲线随着烧结进程沿着气流方向波浪式移动，不断改变位置。

燃烧带下部的热交换在一个很窄的加热及干燥带完成，气流速度大，则温差大，对流传热大。由于料粒比表面积大，彼此紧密接触，迅速进行传导传热。

烧结过程是不等温过程，随着燃烧带下移，由于自动蓄热的作用，燃烧带最高温度沿料层高度自上而下逐渐升高。

物料粒度影响烧结温度，物料粒度越大，在相同料层厚度下达到最高温度水平（烧结温度）越低，因为粒度大小直接影响热交换，粗粒料比表面积小，从气流中接收的热量少，同时由于气流在料层通道中保存本身较多的热量，使得在粗粒料中有较大的热波迁移速度和较低的料层最高温度。

其他条件相同的情况下，细粒固体燃料燃烧产生较高温度，因为细粒固体燃料的比表面积大，燃烧速度快，燃烧带薄，热能集中。

# 九、烧结过程中液相体系及其生成条件

铁矿粉烧结配料中的主要成分是铁氧化物（$Fe_2O_3$、$Fe_3O_4$、$FeO$），碱性熔剂（$CaO$、$MgO$）和酸性熔剂（$SiO_2$），所以铁矿粉烧结可取 $SiO_2$-$CaO$-$FeO$-$Fe_2O_3$ 四元系相图分析。在高氧位条件下，烧结反应过程近于 $Fe_2O_3$-$CaO$-$SiO_2$ 在空气中的平衡图。在低氧位条件下，烧结反应过程近于 $FeO$-$CaO$-$SiO_2$ 三元系相图。

## 1. 铁-氧体系（$FeO$-$Fe_3O_4$）

烧结过程中，铁-氧体系（$FeO$-$Fe_3O_4$）的生成条件是以磁铁矿 $Fe_3O_4$ 为主、缺乏造渣物质、非熔剂性烧结矿、高配碳量、还原性气氛。

**2. 硅酸铁体系（FeO-SiO₂）**

烧结过程中，硅酸铁体系的生成条件是高 $SiO_2$、非熔剂性烧结矿、高配碳量、还原性气氛。

非熔剂性烧结矿中常见硅酸铁系液相组成，硅酸铁系液相生成量与烧结矿中 $SiO_2$ 含量和烧结过程生成 FeO 含量有关。配碳量高，烧结温度高，还原性气氛强，铁橄榄石黏结相多，烧结矿转鼓强度高，但以自由 FeO 状态存在的量相对减少，烧结矿还原性差。因此生产非熔剂性烧结矿时，在转鼓强度满足高炉需求的情况下，不希望过分发展硅酸铁系液相。

**3. 硅酸钙体系（CaO-SiO₂）**

该体系有 $CaO \cdot SiO_2$、$2CaO \cdot SiO_2$、$3CaO \cdot SiO_2$、$3CaO \cdot 2SiO_2$ 等化合物。

该体系化合物熔点及其共熔点都较高，如硅酸一钙 $CaO \cdot SiO_2$ 熔点 1544℃，硅酸二钙 $C_2S$ 熔点 2130℃，烧结温度下生成该体系液相不多，但因 $CaO$-$SiO_2$ 结合能力（亲和力）大，固相反应最初产物可生成 $C_2S$，烧结矿中有可能存在 $C_2S$，670℃下烧结矿冷却过程中 $C_2S$ 发生晶型转变，体积膨胀 10%，产生内应力，导致烧结矿自行粉碎，严重影响转鼓强度。

(1) 硅酸钙体系生成条件　高温、熔剂性烧结矿中存在硅酸钙黏结相。

(2) 防止或减少硅酸二钙 $C_2S$ 破坏作用的措施

① 采用较小粒度的铁矿粉、熔剂和固体燃料，并加强混匀过程，避免 CaO 和固体燃料在局部过分集中。

② 提高烧结矿碱度。碱度提高到 2.0 以上时，剩余 CaO 有助于生成硅酸三钙 $3CaO \cdot SiO_2$ 和铁酸钙。当铁酸钙中 $C_2S$ 含量不超过 20% 时，铁酸钙可稳定 β-$C_2S$ 晶型。

③ 添加部分 MgO 可提高硅酸二钙 $C_2S$ 稳定存在的量。

④ 加入 $Al_2O_3$ 和 $Mn_2O_3$ 对 β-$C_2S$ 有稳定作用。

β-$C_2S$ 中有磷、硼、铬等元素以取代或以填隙方式形成固熔体，可以稳定 β-$C_2S$，有效抑制烧结矿粉化。

⑤ 固体燃料用量低，应严格控制烧结温度不宜过高。

**4. 铁酸钙系（CaO-Fe₂O₃）**

化合物有铁酸二钙 $2CaO \cdot Fe_2O_3$、铁酸一钙 $CaO \cdot Fe_2O_3$、二铁酸钙 $CaO \cdot 2Fe_2O_3$。

铁酸钙系生成条件是高铁低硅矿粉生产高碱度烧结矿、低温烧结、氧化性气氛。

1155～1226℃范围内，铁酸一钙 CF 才能稳定存在。

高碱度、低温、强氧化性气氛、铝硅比不超 0.4、赤铁矿烧结，有利于发展针状铁酸钙黏结相，生成铝硅铁酸钙 SFCA。

**5. CaO-Fe$_2$O$_3$-SiO$_2$ 体系**

当烧结料配碳量较低时，铁矿粉中有较多自由 Fe$_2$O$_3$，距离大颗粒固体燃料较远的部位氧位较高。当快速加热时，CaO 不与 SiO$_2$ 结合，而是与 Fe$_2$O$_3$ 接触处首先发生固相反应生成铁酸—钙低熔点液相。

当碱度大于 1.8 时，液相成分以铁酸盐为主，碱度小于 1.8 时，液相成分以硅酸盐为主，这两类差别较大的液相在冷却时来不及很好地同化，致使烧结矿组成和结构复杂，影响烧结矿质量。

**6. 钙铁橄榄石体系（CaO-FeO-SiO$_2$）**

生成条件：

① 生产熔剂性烧结矿、配碳量高、烧结温度足够高或还原性气氛较强。

② 以磁铁精矿粉为主要铁料，生产自熔性烧结矿，液相组成中钙铁橄榄石体系化合物占 15% 左右。

**7. 铁钙铝的硅酸盐（CaO-SiO$_2$-Al$_2$O$_3$-FeO）体系**

生成条件：以磁铁精矿粉为主要铁料，生产自熔性或熔剂性烧结矿，配碳量高，烧结温度高，还原性气氛强，烧结矿中含有一定数量的 Al$_2$O$_3$，铝硅比为 0.1～0.35。

**8. 钙镁橄榄石体系（CaO-MgO-SiO$_2$）**

生成条件：

① 生产熔剂性烧结矿，配加一定量的 MgO 源（白云石或蛇纹石）。

② 生产自熔性烧结矿，配加一定量的 MgO 源，可降低硅酸盐的熔化温度，改善液相流动性。

**9. CaO-SiO$_2$-TiO$_2$ 体系**

生成条件：生产含钛铁矿的熔剂性烧结矿时，有可能生成该体系的化合物。

由于烧结料中的组分多种多样，其数量也各不相同，烧结料层的温度和气氛也在变化，所生成的化合物极为复杂，有二元、三元系，还有四元系化合物，烧结过程中液相体系的划分，仅为研究液相生成和冷凝问题指出方向。

为获得强度好的烧结矿，需具有足够液相作为再结晶矿物的黏结相。一般来说熔剂性烧结矿中熔融物生成的温度低，故在同一固体燃料用量情况下，它比非熔剂性烧结矿生成更多液相。

固体燃料用量越大，烧结料层温度越高，产生液相也越多。但液相量过多时，烧结矿呈粗孔蜂窝状结构，转鼓强度下降。

# 十、烧结矿矿物组成、结构及其对烧结矿质量的影响

## (一) 烧结矿中常见矿物组成及其性质

烧结矿是一种多种矿物组成的混合物,由铁矿物和脉石矿物及其生成液相黏结而成,矿物组成随原料和烧结工艺条件不同而不同。

烧结矿的矿物组成有含铁矿物、熔剂矿物、黏结相矿物、其他硅酸盐等。

### 1. 含铁矿物

(1) 磁铁矿 $Fe_3O_4$  磁铁矿熔点 1597℃,是酸性和自熔性烧结矿的主要矿物,在高碱度烧结矿中也有一定比例的 $Fe_3O_4$,尤其磁铁精粉率高且弱还原性气氛下,$Fe_3O_4$ 矿物组成增加。

$Fe_3O_4$ 强度高,还原性较好。

(2) 赤铁矿 $Fe_2O_3$  赤铁矿熔点 1565℃,在酸性和自熔性烧结矿中含量较低,一般不超 5%。在赤铁矿配比高且氧化度高的气氛下,$Fe_2O_3$ 矿物组成增加。

$Fe_2O_3$ 强度较高,还原性很好。

(3) 浮氏体 $Fe_xO$  浮氏体熔点 1371~1423℃,酸性烧结矿中 $Fe_xO$ 含量达 20% 以上,自熔性烧结矿中 $Fe_xO$ 含量 15% 左右,熔剂性烧结矿中随着碱度的升高 $Fe_xO$ 含量降低。

低碳低温烧结,$Fe_xO$ 含量与烧结矿转鼓强度和还原性无直接关系。

### 2. 熔剂矿物

(1) 白云石 $Ca·Mg(CO_3)_2$  纯白云石较少,通常含少量的 $Fe^{2+}$ 或 $Mn^{2+}$ 而代替 $Mg^{2+}$,当 $Fe^{2+}$ 完全代替 $Mg^{2+}$ 时,称为铁白云石 $Ca·Fe(CO_3)_2$。当 $Mn^{2+}$ 完全代替 $Mg^{2+}$ 时,称为锰白云石 $Ca·Mn(CO_3)_2$,颜色为灰白、浅黄、浅绿及玫瑰色,硬度 3.5~4,密度 $2.87t/m^3$。

(2) 方镁石 MgO  方镁石中常含少量 Fe、Mn、Zn 等杂质,颜色为白、灰、黄色,硬度 6,密度 $3.6t/m^3$,熔点 2800℃。在镁砖、钢渣及高镁烧结矿中常出现方镁石。

(3) 方解石(石灰石)$CaCO_3$  方解石中含有 Mn、Fe、Mg 及少量的 Pb、Zn 等,颜色为无色或乳白色,有时因混入物而被染成各种浅色,有玻璃光泽,硬度 3,密度 $2.7t/m^3$。

方解石是常见矿物之一,石灰石中绝大部分是方解石,铁矿石中也常含方解石作为脉石矿物。

(4) 石英 $SiO_2$  石英颜色为无色、乳白色,有时因含杂质而呈紫色、黄色、淡红、淡绿等颜色,硬度 7,密度 $2.65t/m^3$,熔点 1713℃。

在硅质耐火材料、玻璃的原料及高硅烧结矿和氧化球团矿中常见石英矿物。

**3. 黏结相矿物**

(1) 铁酸一钙 $CaO \cdot Fe_2O_3$　铁酸一钙中可固熔有 $CaO \cdot Al_2O_3$，密度 $2.53t/m^3$，熔点 $1216℃$。

自熔性烧结矿中，铁酸一钙黏结相很少；熔剂性烧结矿特别是赤铁矿配比高且高碱度烧结矿中，主要依靠铁酸一钙作为黏结相。

随着碱度的增加，铁酸一钙晶形逐渐变粗。当碱度超过 2.2 时，烧结矿中出现铁酸二钙 $2CaO \cdot Fe_2O_3$，矿物强度较低，还原性较好。

铁酸一钙是一种强度高、还原性好的理想黏结相。

(2) 铁酸二钙 $2CaO \cdot Fe_2O_3$　铁酸二钙中可固熔有 $Al_2O_3$，黄褐色，$1436℃$ 分解，熔点 $1449℃$。

烧结矿中二元铁酸钙在碱度 1.8 以上、强氧化性、富氧环境中生成，一般随着碱度的升高铁酸钙增加，生成铁酸钙的顺序为 $CaO \cdot 2Fe_2O_3 \rightarrow CaO \cdot Fe_2O_3 \rightarrow 2CaO \cdot Fe_2O_3$。但由于烧结过程诸多因素的影响，如生石灰、石灰石的分布状态和粒度变化等，不呈现以上生成规律。

(3) 铁橄榄石 $2FeO \cdot SiO_2$　铁橄榄石是酸性和自熔性烧结矿的主要黏结相，在熔剂性烧结矿中含量较少，但当配碳量高时，熔剂性烧结矿中常出现铁橄榄石。

铁橄榄石强度较高，但还原性很差。

(4) 钙铁橄榄石 $CaO \cdot FeO \cdot SiO_2$　在自熔性烧结矿中常见钙铁橄榄石，生产熔剂性烧结矿，当配碳量较高、烧结温度高、还原性气氛强时，FeO 含量增多，可生成钙铁橄榄石。

钙铁橄榄石与铁橄榄石比较，生成条件相似，都需要高温和还原性气氛，但钙铁橄榄石熔化温度低，且液相黏度较小，气流阻力小，改善料层透气性，强化烧结过程，缺点是液相流动性过好，易形成薄壁大孔结构，烧结矿变脆，影响转鼓强度。

钙铁橄榄石强度较高，还原性较差。

(5) 铁酸镁 $MgO \cdot Fe_2O_3$　在镁矿中和 MgO 含量高的烧结矿、球团矿中常出现铁酸镁。

烧结生产中加入 MgO 源熔剂，有助于降低硅酸盐的熔化温度，生成钙镁橄榄石体系的液相，增加液相量，同时 MgO 的存在生成钙镁橄榄石，减少硅酸二钙和难还原的铁橄榄石、钙铁橄榄石生成的机会，此外 MgO 有稳定 $\beta\text{-}C_2S$ 的作用，不能熔化的高熔点钙镁橄榄石矿物在冷却时成为液相结晶的核心，可减少玻璃质的形成，有助于提高烧结矿转鼓强度，减少粉率，改善还原性。

(6) 硅酸一钙 $CaO \cdot SiO_2$　碱度 $1.0 \sim 1.2$ 高硅烧结矿中存在硅酸一钙 $CaO \cdot SiO_2$。

(7) 硅酸二钙 $2CaO \cdot SiO_2$　硅酸二钙晶型转变温度和各晶系密度见表 4-11。

硅酸二钙具有晶型转变的特征而体积膨胀。

在自熔性烧结过程中，矿粉中 $SiO_2$ 与 CaO 形成硅酸二钙 $C_2S$，温度变化过程中 $C_2S$

发生一系列晶型转变，产生内应力，导致烧结矿粉碎，严重影响烧结矿转鼓强度。

**表 4-11  硅酸二钙 $C_2S$ 晶型转变温度和各晶系密度**

| 矿物 | 晶系 | 转变温度/℃ | 密度/(g/cm³) |
|---|---|---|---|
| X-$C_2S$ 高温型 | 六方 | 2130～1425 | 3.07 |
| X-$C_2S$ 高温型 | 斜方 | 1425～670 | 3.31 |
| β-$C_2S$ 中温型 | 单斜方 | 670～525 | 3.28 |
| γ-$C_2S$ 低温型 | 斜方 | 525～20 | 2.97 |

在 525℃时，由 β-$C_2S$ 中温型向 γ-$C_2S$ 低温型转变发生相变，烧结矿内产生很大内应力，体积膨胀约 10%，是高硅烧结矿自然粉化的主要原因。

自熔性烧结矿强度差，一是 $C_2S$ 的晶变造成粉化，二是生成的矿物种类较多，矿物组成很复杂，不同矿物的膨胀系数不同，烧结矿冷却时内应力很大。

$C_2S$ 是固相反应的最初产物，由于熔点很高（2130℃），烧结温度下不发生熔化和分解，直接转入成品烧结矿中。

抑制硅酸二钙 $C_2S$ 晶变（减轻 $C_2S$ 影响烧结矿强度）的主要措施：

① 生产高碱度或超高碱度烧结矿，促使生成硅酸三钙 $3CaO \cdot SiO_2$ 和铁酸一钙 CF，防止生成硅酸二钙 $C_2S$。

② 烧结过程中减少配碳量，严格控制烧结温度，减少固相反应中生成硅酸二钙 $C_2S$ 的机会。

③ 配加含 MgO 的矿物。配加菱镁石作为烧结熔剂，形成 $2MgO \cdot SiO_2$ 而取代 $C_2S$，$2MgO \cdot SiO_2$ 无晶型转变，烧结矿不发生粉化。

④ 配加含有硼 B、铝 Al、磷 P、铬 Cr 的矿石。配加 1.5% 左右含磷矿石，磷大部分进入 $C_2S$ 中，含磷的 $C_2S$ 固熔体不发生粉化。

硅酸盐物理化学理论说明，$B_2O_3$、$Al_2O_3$、$P_2O_5$、$Cr_2O_3$ 添加剂可稳定 $C_2S$，抑制和防止 $C_2S$ 晶型转变，减轻烧结矿粉化现象。

（8）硅酸三钙 $3CaO \cdot SiO_2$　当烧结矿碱度 $R > 2.0$ 时，可生成硅酸三钙 $3CaO \cdot SiO_2$ 并代替 $C_2S$，它无晶型转变特性，对烧结矿转鼓强度有利。

在冷却缓慢的高碱度烧结矿中，硅酸三钙的形状稍不规则，其边缘常被分解出来的小颗粒 β-$C_2S$ 所包围。

（9）含 $Al_2O_3$ 脉石的黏结相矿物　含有 $Al_2O_3$ 脉石时，烧结矿黏结相矿物有铝黄长石 $2CaO \cdot Al_2O_3 \cdot SiO_2$、铁铝酸四钙 $4CaO \cdot Al_2O_3 \cdot Fe_2O_3$。

通常 $Al_2O_3$ 高时能抑制硅酸二钙 $C_2S$ 晶型转变，有利于防止烧结矿粉化，利于提高转鼓强度，但烧结矿中 $Al_2O_3$ 含量过高，烧结温度低时易出现生料，高炉渣相熔点升高不利于造渣，适宜烧结矿 $Al_2O_3$ 含量为 1.0%～1.8%。

（10）含 MgO 脉石的黏结相矿物　含有 MgO 脉石时，有钙镁橄榄石 $CaO \cdot MgO \cdot SiO_2$、镁橄榄石 $2MgO \cdot SiO_2$。

在镁砖、高镁炉渣及高镁烧结矿中常出现钙镁橄榄石和镁橄榄石。

（11）含 $TiO_2$ 脉石的黏结相矿物　含有 $TiO_2$ 组分时，有钙钛矿 $CaO·TiO_2$ 存在，无相变，抗压强度高，有一定的储存能力，但脆性大，烧结矿平均粒径小。

（12）玻璃相 $SiO_2$　烧结矿矿物组成中，强度最差的是玻璃相。

$Al_2O_3$、$TiO_2$ 等在玻璃相中析出，是造成烧结矿低温还原粉化的主要原因。

## （二）烧结矿的矿物结构

### 1. 烧结矿宏观结构

烧结矿宏观结构主要与烧结过程生成液相量及其性质有关。

烧结矿是具有一定裂纹度且多孔的人造矿，含碳量较低或正常条件下，可视为许多物质凝结在空间上相互接触的集合物，这些凝块的结构无论其大小都是相同的。

用肉眼判断烧结矿孔隙大小、孔隙分布及孔壁厚薄，可分为以下宏观结构。

（1）松散状结构　固体燃料用量少，生成液相量少，烧结料颗粒仅点接触黏结，强度低，还原性差。

（2）微孔海绵状结构　固体燃料用量适当，生成液相量适中，液相黏度较大，强度高，还原性好，是理想的宏观结构。

（3）粗孔蜂窝状结构　固体燃料用量偏高，生成液相量偏多，出现粗孔蜂窝状结构，有熔融而光滑的表面，还原性和强度有所降低。

（4）石头状结构　固体燃料用量过高，液相过熔，出现孔隙率很小的石头状结构，烧结矿转鼓强度高，但还原性差。

烧结矿宏观结构中，以微孔海绵状结构的烧结矿强度最高，大孔厚壁烧结矿强度高，但还原性差。

### 2. 烧结矿微观结构

微观结构是指显微镜下矿物的形状、大小和它们相互结合排列的关系，是借助于显微镜观察矿物结晶情况、含铁矿物和渣相矿物、微孔分布情况。

烧结矿中的矿物按其结晶程度分为自形晶、半自形晶、它形晶三种，具有极完好的结晶外形称为自形晶，部分结晶完好称为半自形晶，形状不规整且没有任何完好结晶面称为它形晶。

矿物的结晶程度取决于本身的结晶能力和结晶环境。烧结矿中磁铁矿往往以自形晶或半自形晶的形态存在，因为磁铁矿在升温过程中较早地再结晶长大，有良好的结晶环境，并且具有较强的结晶能力。其他黏结相在冷却过程中开始结晶，并按其结晶能力的强弱以不同的自形程度充填于磁铁矿中间，来不及结晶的以玻璃质存在。矿物呈完好的结晶状态时强度高，呈玻璃态时强度差。由铁矿物和黏结相组成的常见显微结构见表 4-12。

表 4-12　由铁矿物和黏结相组成的常见显微结构

| 显微结构 | 结构描述 |
|---|---|
| 斑状结构 | 首先结晶出自形晶、半自形晶的磁铁矿,由斑晶状与细粒黏结相或玻璃相相互结合而成,强度较好 |
| 粒状结构 | 首先结晶出的磁铁矿晶粒,因冷却较快,多呈半自形或它形晶,与黏结相结合而成,分布均匀,强度较好 |
| 骸晶结构 | 早期结晶的磁铁矿,晶粒发育不完善,呈骨架状的自形晶,内部常为硅酸盐黏结相充填于其中,可见磁铁矿结晶外形和边缘呈骸晶结构 |
| 丹点状<br>共晶结构 | ①磁铁矿呈圆点状或树枝状分布于橄榄石中,赤铁矿呈细点状分布于硅酸盐晶体中,构成圆点或树枝状共晶结构<br>②磁铁矿、硅酸二钙共晶结构<br>③磁铁矿与铁酸钙共晶结构,多在高碱度烧结矿中出现 |
| 熔融结构 | 在高碱度烧结矿中,磁铁矿多被熔蚀成它形晶或浑圆状,晶粒细小,与黏结相接触密切,强度很好 |
| 针状交织<br>结构 | 磁铁矿颗粒被针状铁酸钙胶结,彼此发展或者交织构成,此种结构的烧结矿强度最好 |

烧结矿显微结构和矿物结晶形态是影响烧结矿质量的重要因素。例如烧结矿低温还原粉化性能与 $Fe_2O_3$ 的结晶形态有密切关系,见表 4-13。

表 4-13　各种形态赤铁矿的低温还原粉化率

| 赤铁矿种类 | 低温还原粉化率 $DI_{+3.15mm}$ /% |
|---|---|
| 晶格状赤铁矿(赤铁矿中约 100%) | 82.3 |
| 粒状赤铁矿(某些赤铁矿中几乎 100%) | 89.7 |
| 斑状赤铁矿(烧结矿中约 70%) | 97.3 |
| 树枝状赤铁矿(烧结矿中约 20%) | 82.0 |
| 骸晶状菱形赤铁矿(烧结矿中约 7.9%) | 53.5 |
| 线状赤铁矿(烧结矿中约 5%) | 82.2 |

矿物的本质力、黏结力、破坏力是烧结矿微观结构中的三要素。

(1) 要素一:矿物的本质力　烧结矿由多种矿物组成,每种矿物承受一定压力的本能,称为矿物的本质力,见表 4-14。

表 4-14　烧结矿中矿物的本质力和形成条件

| 矿物名称 | 化学分子式 | 抗压强度/(N/cm²) | | 还原性/% | | 形成条件 |
|---|---|---|---|---|---|---|
| 铁酸一钙 | $CaO \cdot Fe_2O_3$ | 370.11 | 1(最高) | 49.20 | 2(好) | 赤铁矿配比高 $R$ 1.85~2.15 |
| 磁铁矿 | $Fe_3O_4$ | 360.90 | 2(高) | 26.70 | 3(较好) | 磁铁精粉率高还原性气氛 |
| 赤铁矿 | $Fe_2O_3$ | 260.70 | 3(较高) | 49.40 | 1(最好) | 赤铁矿配比高氧化度高 |
| 铁橄榄石 | $2FeO \cdot SiO_2$ | 265.80 | 4(较高) | 1.32 | 6(最差) | 磁铁精粉率高酸性和自熔性烧结矿 |
| 钙铁橄榄石 | $CaO \cdot FeO \cdot SiO_2$ | 230.30 | 5(较高) | 6.60 | 5(较差) | 自熔性烧结矿 |
| 铁酸二钙 | $2CaO \cdot Fe_2O_3$ | 140.20 | 6(较低) | 25.20 | 4(较好) | 赤铁矿配比高 $R>2.3$ |
| 硅酸二钙 | $2CaO \cdot SiO_2$ | 30.25 | 7(低) | — | | |
| 硅酸一钙 | $CaO \cdot SiO_2$ | 20.31 | 8(低) | — | | |
| 玻璃质 | | 1.02~0.46 | 9(最低) | — | | |

烧结矿微观结构中，矿物的本质力是衡量烧结矿质量的重要因素，取每一种单矿物制样位于万能压力机下进行抗压直到压碎，得到矿物单位面积所受压力。

致密矿物其本质力大，铁酸一钙、磁铁矿结构致密，本质力（抗压强度）大。

硬度小、结构松散的矿物本质力小。

优质烧结矿中，必须是本质力大、还原性好的矿物占主要组成部分。

铁酸一钙 CF 抗压强度很高，还原性好，是理想的矿物组成。

铁橄榄石 $2FeO \cdot SiO_2$ 虽具有较高抗压强度，但还原性很差，不是理想的矿物组成。

硅酸二钙、硅酸一钙、玻璃质抗压强度差，不利于形成高强度烧结矿。

发展以铁酸一钙为主的黏结相，是提高低硅烧结矿品质的主要途径。

矿物抗压强度排序：铁酸一钙 $CaO \cdot Fe_2O_3$＞磁铁矿 $Fe_3O_4$＞铁橄榄石 $2FeO \cdot SiO_2$＞赤铁矿 $Fe_2O_3$＞钙铁橄榄石 $CaO \cdot FeO \cdot SiO_2$＞铁酸二钙 $2CaO \cdot Fe_2O_3$＞硅酸二钙 $2CaO \cdot SiO_2$＞硅酸一钙 $CaO \cdot SiO_2$＞玻璃质 $SiO_2$。

矿物还原性排序：二铁酸钙 $CaO \cdot 2Fe_2O_3$＞赤铁矿 $Fe_2O_3$＞铁酸一钙 $CaO \cdot Fe_2O_3$＞磁铁矿 $Fe_3O_4$＞铁酸二钙 $2CaO \cdot Fe_2O_3$＞钙铁橄榄石 $CaO \cdot FeO \cdot SiO_2$＞玻璃质 $SiO_2$＞铁橄榄石 $2FeO \cdot SiO_2$。

（2）要素二：矿物的黏结力　烧结机理表明，烧结矿主要靠液相黏结，扩散黏结起次要作用，依靠液相将矿物黏结在一起的能力，称为矿物的黏结力。

烧结液相分为两大类，一类铁酸盐液相，另一类硅酸盐液相，铁酸盐液相黏结力远大于硅酸盐液相，硅酸盐液相还原性差，不利于高炉冶炼。赤铁矿粉熔剂性尤其高碱度烧结矿中，因为有大量 $Fe_2O_3$ 与 CaO 反应生成铁酸钙，通常是以铁酸盐液相为主要黏结相，这种液相黏结力大，流动性好，紧密黏结周围矿物，烧结矿固结强度高。自熔性和酸性烧结矿中，因 CaO 含量少，大量 $SiO_2$ 与 $Fe_3O_4$ 反应生成铁橄榄石 $2FeO \cdot SiO_2$ 和硅酸钙类矿物，以硅酸盐液相为主要黏结相，或镶嵌在铁矿物间隙中结构强度较高，或呈独立相不与其他矿物黏结，如钙铁橄榄石常呈块粒状，只具备本身机械强度，对周围矿物的黏结作用微小。

（3）要素三：矿物的破坏力　烧结矿微观结构中，有些矿物结晶有利于改善烧结矿质量，有些矿物结晶使烧结矿低温还原粉化、自然膨胀粉化，恶化冶金性能，矿物有害于烧结矿质量的现象称为矿物的破坏力。

破坏性矿物有骸晶状 $Fe_2O_3$、游离 CaO、硅酸二钙 $C_2S$、铁橄榄石 $2FeO \cdot SiO_2$、玻璃质。

① 骸晶状 $Fe_2O_3$。烧结矿矿物组成中，骸晶状 $Fe_2O_3$ 结晶是常见的破坏性矿物，这种矿物越多，破坏性越大，烧结矿质量越差，在高炉低温还原区严重粉化，影响高炉悬料崩料。

形成骸晶状 $Fe_2O_3$ 的原因与原料性质、碱度、固体燃料用量、液相黏度和流动性、冷却速度密切相关。骸晶状 $Fe_2O_3$ 是 $Fe_3O_4$ 在硅酸盐和铁酸盐液相区经氧化生成 $Fe_2O_3$

晶体，且晶体的生长自由度大，质点易扩散迁移，以及冷却速度过快，结晶不完善而形成。烧结矿碱度升高，则骸晶 $Fe_2O_3$ 减少；固体燃料用量加大，则骸晶 $Fe_2O_3$ 增加；液相黏度大和流动性差，则骸晶 $Fe_2O_3$ 多。

② 游离 $CaO$。游离 $CaO$ 也是常见破坏性很大的矿物。

形成游离 $CaO$ 的原因：碱性熔剂生石灰、白云石、石灰石的粒度过粗，分解不充分以及分解生成的 $CaO$ 来不及矿化而残存于烧结矿中。

游离 $CaO$ 破坏性主要表现：游离 $CaO$ 在空气中受潮后生成消石灰而体积膨胀，使烧结矿粉化。游离 $CaO$ 越多，烧结矿粉化越严重，尤其高碱度烧结要特别注意。

③ 硅酸二钙 $C_2S$。约 $670 \sim 525℃$，X-$C_2S$ 高温型转变成 β-$C_2S$ 中温型进而转变成 γ-$C_2S$ 低温型，相变破坏力大，产生内应力，体积膨胀 $10\% \sim 20\%$，烧结矿严重粉化。同样高炉冶炼过程中 $C_2S$ 相变膨胀，一方面导致高炉焦炭负荷增大，另一方面导致高炉料柱透气性变差，恶化高炉操作，此类矿物还有铁橄榄石、玻璃质等。

④ 矿物中的大孔薄壁结构、各种裂纹都是破坏烧结矿质量的有形结构，影响烧结矿转鼓强度，转运中减粒形成粉末。

## （三）影响烧结矿矿物组成和结构的因素

烧结过程遵循物质不灭定律，烧结原料中成分复杂，成品烧结矿中产生的矿物组成也复杂。只有矿物中固体 C 燃烧生成 $CO_2$ 逸出、结晶水分解逸出、碳酸盐分解出 $CO_2$ 逸出、部分 S 氧化成 $SO_2$ 逸出、其他元素或化合物反应生成气体逸出等，矿物不会无缘无故消失，也不会无缘无故产生，烧结矿的矿物组成与原料成分密切相关。

决定烧结矿矿物组成和结构的主要因素有原料化学成分、烧结矿碱度、固体燃料用量（烧结温度、烧结气氛、烧结速度）、烧结矿冷却速度等。

不同的原料、不同的配矿结构、不同的工艺条件，烧结矿的矿物组成不同。

烧结料中各原料的化学成分，是决定烧结矿矿物组成的内在因素。烧结矿碱度是决定烧结矿黏结相矿物组成的关键因素。

烧结工艺条件（如烧结温度和冷却速度）是决定烧结矿矿物组成的外在因素。

配碳量决定烧结温度、烧结气氛、烧结速度，对烧结矿矿物组成和性质影响很大。

**1. 烧结矿化学成分的影响**

（1）烧结矿中 $SiO_2$ 含量对烧结矿的矿相组成影响很明显。

烧结矿中 $SiO_2$ 含量是影响烧结矿矿物组成和液相量的重要因素，是硅酸盐液相的主要组成部分。

预热带和燃烧带下，烧结料中 $SiO_2$ 与 $CaO$、$MgO$、$Fe_3O_4$ 固相反应，促进液相生成，$SiO_2$ 含量高，生成液相黏结相多，生成一定数量的液相是保证烧结矿具有较高转鼓强度的重要条件。

（2）烧结矿中 $MgO$ 含量的影响。详见"第一章 第五节 三、烧结熔剂 5. 白云石、蛇纹石烧结特性和作用"。

（3）烧结矿中不能没有 $Al_2O_3$，但 $Al_2O_3$ 也不能过多。

烧结矿中不含 $Al_2O_3$ 时，$SiO_2$ 并不参与铁酸钙体系的生成，减少铁酸钙相的数量。只有烧结矿中含有 $Al_2O_3$ 时，$SiO_2$ 和 $Al_2O_3$ 才能一起固熔于铁酸钙相中，生成还原性较好的铝硅铁酸钙（SFCA）黏结相，改善烧结矿冶金性能，但当 $Al_2O_3$ 含量过高时，多余的 $Al_2O_3$ 在玻璃相析出，降低烧结矿转鼓强度和 $RDI_{+3.15mm}$ 指标。

（4）烧结料中配加少量的含磷矿物（磷灰石 $3CaO \cdot P_2O_5$、转炉钢渣）、含硼矿物、含铬矿物、含钒铁矿粉，可抑制烧结矿粉化现象。

（5）烧结矿中 $Fe_2O_3$ 生成路线不同，其性质也不大相同。

① 升温过程中氧化生成片状、粒状赤铁矿；

② 升温到 $Fe_2O_3$ 与液相反应后凝固而形成斑状赤铁矿；

③ 磁铁矿再氧化形成骸晶状菱形赤铁矿；

④ 赤铁矿-磁铁矿固熔体析出细晶胞赤铁矿等。

⑤ 烧结矿在高炉内还原过程中，由于 $\alpha$-$Fe_2O_3$ 被还原为 $Fe_3O_4$ 时发生相变，体积膨胀 25%，其中骸晶状菱形赤铁矿产生异常还原粉化，因此必须控制烧结矿温降过程中磁铁矿再氧化形成骸晶状菱形赤铁矿。

**2. 烧结矿碱度的影响**

（1）碱度 $R<1.0$ 酸性烧结矿　酸性烧结矿主要矿物为磁铁矿，含有少量浮氏体和赤铁矿，黏结相矿物主要为铁橄榄石 $2FeO \cdot SiO_2$、钙铁橄榄石 $CaO \cdot FeO \cdot SiO_2$、部分来不及结晶的玻璃质和游离 $SiO_2$ 等。磁铁矿多为自形晶或半自形晶及少数它形晶，与黏结相矿物形成均匀的粒状结构，局部形成斑状结构。黏结相矿物冷却时无粉化现象。

酸性烧结矿中几乎不存在铁酸一钙 $CaO \cdot Fe_2O_3$。$500\sim700℃$ 低温下，$CaO$ 和 $Fe_2O_3$ 固相反应生成铁酸一钙，但当温度升高有熔融液相出现时，烧结矿最终成分取决于熔融相的结晶规律。熔融物中 $CaO$-$SiO_2$ 和 $CaO$-$FeO$ 的结合能力（亲和力）比 $CaO$-$Fe_2O_3$ 亲和力大得多，最初以 $CaO \cdot Fe_2O_3$ 形式进入熔体中的 $Fe_2O_3$ 将析出，甚至被还原成 $FeO$，所以酸性烧结矿中几乎不存在铁酸一钙，只有当烧结矿碱度高，$CaO$ 含量多，$CaO$ 与 $SiO_2$、$FeO$ 等结合后还有多余 $CaO$ 时，才会出现较多铁酸一钙晶体，因此生产高碱度烧结矿，铁酸钙液相才能起主要作用。

酸性烧结矿磁铁精粉率高，$FeO$ 含量高，生成铁橄榄石 $2FeO \cdot SiO_2$ 相对增加，烧结矿转鼓强度较高，但还原性很差。

酸性烧结矿脉石含量高，根据硅酸盐固结理论，烧结矿的矿物组成和矿物结构发生变化，特别是玻璃相大量增加，烧结矿质脆，转鼓强度差，还原性差，高温软化熔融性能差，同时烧结矿液相多，熔点低，烧结料层透气性差，降低烧结矿产量，不符合现代烧结理论，但在烧结机产能非常富裕、没有球团原料、不生产球团矿、块矿价格高、原料及运输成本高的地区，可尝试生产低碱度烧结矿，降低高炉冶炼成本。

（2）碱度 $R=1\sim1.5$ 烧结矿 黏结相主要矿物组成是钙铁橄榄石，黏结相矿物最易发生硅酸二钙相变，体积膨胀，烧结矿自然粉化。

黏度较低的钙铁橄榄石取代铁橄榄石黏结相，气流通过料层的阻力减小，冷却速度加快，液相来不及结晶而形成质脆玻璃质，烧结矿转鼓强度变差。

（3）高碱度烧结矿的特点 通常将碱度 $R=1.8\sim2.15$ 的烧结矿称为高碱度烧结矿，碱度 $R>2.2$ 的烧结矿称为超高碱度烧结矿。

① 高碱度烧结矿的转鼓强度、还原性、低温还原粉化性都好。

影响烧结矿转鼓强度的因素很多，其中烧结矿主要矿物自身强度与温度变化过程中有无矿物相变引起的体积变化起着很大作用。高碱度烧结矿主要矿物的自身强度较高，矿物结构是牢固的熔融结构和交织结构，且导致强度最严重的硅酸二钙 $C_2S$ 数量减少，所以转鼓强度高。

高碱度烧结矿的黏结相主要由铁酸一钙 CF 组成，与 $Fe_3O_4$ 和铁橄榄石 $2FeO \cdot SiO_2$ 比较，铁酸一钙强度高，还原性好，尤其低温烧结下产生针状交织结构的铁酸一钙是一种强度高、还原性好的理想矿相。

虽 $500\sim600$℃下 CO 和 $Fe_2O_3$ 反应生成 $Fe_3O_4$，但高碱度下铁酸一钙的生成抑制此反应，保留更多 $Fe_2O_3$，生成更多铁酸一钙，减少 $Fe_3O_4$ 生成量。

CaO 和 $Fe_2O_3$ 低温固相反应，减少 $Fe_2O_3$ 和 $Fe_3O_4$ 的分解和还原，抑制生成铁橄榄石 $2FeO \cdot SiO_2$，改善烧结矿还原性。

900℃以上，料层中局部强还原性气氛下，CO 和 $Fe_3O_4$ 反应生成 FeO，低碱度下 $SiO_2$ 的存在促进此反应，生成铁橄榄石 $2FeO \cdot SiO_2$，高碱度下 CaO 和 $SiO_2$ 的亲和力大于 FeO 和 $SiO_2$ 的亲和力，抑制铁橄榄石 $2FeO \cdot SiO_2$ 的生成，降低烧结矿 FeO 含量。

烧结矿还原性和碱度存在峰值关系，碱度低时，FeO 含量高，生成铁橄榄石和钙铁橄榄石，还原性差。随着烧结矿碱度的升高，硅酸二钙 $C_2S$、硅酸一钙 $CaO \cdot SiO_2$ 及铁酸钙明显增加，钙铁橄榄石 $CaO \cdot FeO \cdot SiO_2$ 和玻璃质减少。超高碱度烧结矿赤铁矿配比高，易生成铁酸二钙 $2CaO \cdot Fe_2O_3$，较高碱度烧结矿的转鼓强度和还原性均差，多余的 CaO 有助于生成硅酸三钙 $3CaO \cdot SiO_2$，减少硅酸二钙的生成量，加之铁酸钙有稳定硅酸二钙的作用，抑制其相变发生，避免烧结矿粉化。

高碱度烧结矿中 $Fe_2O_3$ 主要与 CaO 结合成铁酸钙，减少了低温还原粉化严重的骸晶状菱形赤铁矿，烧结矿低温还原粉化率 $RDI_{+3.15mm}$ 提高。

② 高碱度烧结矿荷重还原软化性和熔滴性能好。

影响烧结矿软化性能的主要因素是其渣相的软化温度、还原性等。高碱度烧结矿中低熔点矿物多，且还原性好，降低开始软化温度和软化终了温度，软化区间变窄。

同一温度下烧结矿碱度提高，熔滴温度上升，熔滴区间变窄，压降相对降低，而 $R>2.2$ 超高碱度烧结矿在高炉冶炼温度下较难熔滴，必须与酸性料配合才有利于熔滴。

③ 高碱度烧结矿生产率高。高碱度烧结矿易生成熔点低、流动性好、易凝结的液相，降低燃烧带的温度和厚度，降低液相对气流的阻力，改善烧结过程料层透气性，加快垂直烧结速度。

④ 高碱度烧结矿影响脱硫率。因 CaO 有吸硫作用，生成的 CaS 残留于烧结矿中，所以高碱度烧结不利于脱硫。

⑤生产高碱度烧结矿注意事项。

a. 碱度 $R<2.2$ 为宜。随着烧结矿碱度的升高，二元铁酸钙生成量增加，生成铁酸钙的顺序为 $CaO \cdot 2Fe_2O_3 \rightarrow CaO \cdot Fe_2O_3 \rightarrow 2CaO \cdot Fe_2O_3$，超高碱度下 $CaO \cdot Fe_2O_3$ 减少，$2CaO \cdot Fe_2O_3$ 增加，强度和还原性变差，且铁酸钙系列矿物的晶形各式各样，CaO 含量越高其晶形越粗大，烧结矿碱度超过 2.2，铁酸钙晶形逐渐变粗，不利于生成针状铁酸钙，且还原性变差。

b. 适宜低负压生产。高碱度生产中，烧结温度低，料层透气性好，烧结速度和冷却速度也较快，影响烧结矿转鼓强度，因此高碱度烧结适宜低负压操作，以控制适当垂直烧结速度。

c. 原料粒度适当小一些。因为高碱度烧结过程中升温速度快，温度水平低，高温保持时间短，因此大颗粒熔剂难以完全分解和矿化，大粒度返矿起不到液相核心的作用，大颗粒固体燃料局部还原性气氛增强，不利于生成铁酸钙。

d. 适宜的 $SiO_2$ 含量和配碳量。烧结矿 $SiO_2$ 含量不宜过低，控制在 $5.2\% \sim 5.5\%$ 为宜，以保证形成一定液相量。

固体燃料用量应保证熔剂充分分解和 CaO 充分矿化，但也不宜过多，以利于保持铁酸钙良好的还原性。

e. 选用低硫低硅的原燃料，以满足脱硫和堆密度的要求。

### 3. 铁酸钙固结理论

在低配碳量和低温烧结条件下生产高碱度烧结矿，烧结料中 CaO 和 $Fe_2O_3$ 首先发生固相反应进而熔融形成液相，生成强度高、还原性好的针状铁酸钙黏结相，并以此来黏结包裹未起反应的残存未熔矿粉，进一步生成针状铝硅铁酸钙 SFCA 的烧结机理，称为铁酸钙固结理论。

SFCA 烧结矿中，有 80% 的 $SiO_2$ 进入 SFCA，降低难还原的硅酸盐液相，大幅度降低强度差的硅酸二钙 $C_2S$ 数量，且因大量 $Fe_2O_3$ 形成针状结构 SFCA，减少再生骸晶状 $Fe_2O_3$，改善低温还原粉化率 $RDI_{+3.15mm}$。

铁酸钙固结理论的必要条件：

(1) 高碱度 虽固相反应中铁酸一钙生成早，生成速度快，但一旦形成熔体后，熔体中 CaO 和 $SiO_2$ 的亲和力、$SiO_2$ 和 FeO 的亲和力都比 CaO 和 $Fe_2O_3$ 亲和力大得多，因此最初生成的铁酸一钙 CF 容易分解形成 $CaO \cdot SiO_2$ 熔体，只有当 CaO 过剩（即高碱度）时，CaO 才能与 $Fe_2O_3$ 作用生成铁酸一钙。

碱度低时不仅 SFCA 少，且铁酸钙大多为片状和柱状。碱度 $R>2.2$ 又出现大量铁酸二钙 $2CaO \cdot Fe_2O_3$（还原性较铁酸一钙 $CaO \cdot Fe_2O_3$ 差），所以适宜碱度为 $1.9 \sim 2.15$。

(2) 低温烧结

烧结温度 $1100 \sim 1200$℃时铁酸钙晶体间尚未连接，烧结矿转鼓强度差。

烧结温度 1200～1250℃时铁酸钙晶桥连接，有针状交织结构出现，强度较好。

烧结温度 1250～1280℃时，铁酸钙呈交织结构，强度最好。

烧结温度低于 1280℃，高温持续时间长，十分有利于针状铁酸钙形成和发育。

烧结温度高于 1280℃，SFCA 开始分解，铁酸一钙数量减少，且由针状转变为柱状铁酸钙，强度上升但还原性下降且温度高易产生大量 NO 和致癌物质二噁英。

适宜烧结温度为 1230～1280℃，当以磁铁精矿粉为主料烧结时取低值，以赤铁矿粉为主料烧结时取高值。

（3）强氧化性气氛　强氧化性气氛下，以磁铁精矿粉为主料进行烧结，促进 $Fe_3O_4$ 氧化成 $Fe_2O_3$，有利于生成铁酸钙；以赤铁矿粉为主料进行烧结，阻止 $Fe_2O_3$ 还原为 $Fe_3O_4$，减少 FeO 含量，减少铁橄榄石液相生成量，使铁酸钙液相起主要黏结相作用。

（4）适宜铝硅比 $Al_2O_3/SiO_2$　烧结矿中 $SiO_2$ 和 $Al_2O_3$ 含量对生成 SFCA 有重要影响。研究表明 $SiO_2$ 含量很低时只能生成片状铁酸钙，$SiO_2$ 达 3％时 SFCA 开始由片状向针状发展，$SiO_2$ 为 4％～8％时获得针状交织结构的 SFCA，但 $SiO_2$ 含量高时还原性差，特别是 1200℃高温还原性差。烧结矿 $Al_2O_3/SiO_2$ 在 0.1～0.35 时，促进生成铝硅铁酸钙 SFCA。

（5）保温　烧结料宜在 1100℃以上温度区保持 6min，有利于生产 SFCA 烧结矿。

**4. 烧结料配碳量的影响**

配碳量少或适中，烧结温度低，燃烧带薄，料层阻力小，烧结速度快，氧化性气氛或弱还原性气氛下，$Fe_2O_3$ 含量多，容易生成铁酸钙系黏结相，烧结矿转鼓强度高且还原性好。

配碳量过多，烧结温度高，燃烧带厚，料层阻力大，烧结速度慢，碳不完全燃烧生成较多的 CO，还原性气氛增强，$Fe_3O_4$ 再结晶多，FeO 含量增加，容易生成硅酸铁系黏结相，烧结矿转鼓强度较高但还原性差。

**5. 操作工艺制度的影响**

烧结工艺与烧结矿的矿相关系十分密切，矿相是工艺的反映，任何工艺条件都会影响产品质量，都会在产品的微观结构中体现。

（1）配碳量与大孔薄壁结构的关系　烧结矿微观结构中常见大孔薄壁结构，孔很大，壁却很薄，有的还是穿孔、连孔，这种结构多，烧结矿弱强度区域势必多，经不起重压，转鼓强度低，粉率高，FeO 含量高，铁橄榄石 $2FeO \cdot SiO_2$ 多，还原性差，导致这种结构主要是配碳量偏高。

（2）烧结温度与 $Fe_2O_3$ 晶形的关系　烧结温度低时，$Fe_2O_3$ 没有充分软熔，晶格没有被打破，矿物保持原有晶形；提高烧结温度，$Fe_2O_3$ 晶形改变，提高烧结矿转鼓强度。

（3）混料不匀与物相严重偏析的关系　物相过于偏析会造成矿物分布不合理，有的部位高强度矿物多，强度结构好，有的部位高强度矿物稀少，强度结构差，最终影响成品烧结矿整体结构力。引起物相严重偏析的主要原因是烧结工艺中混料不匀。

（4）烧结温度偏低与烧结矿微观结构松散的关系　上部烧结矿微观结构中常可看到 $Fe_3O_4$ 和 $Fe_2O_3$ 没有软熔，也没有发育，保持原有晶形，晶粒细小，都是一些单独粒状物，没有生成液相，$CaO$ 和 $SiO_2$ 基本呈游离状，高熔点 $MgO$、$Al_2O_3$ 没有参加反应，孔洞中充满了玻璃质，整体微观结构不致密，很松散，反映了点火温度偏低和点火时间不足或高温保持时间不足。

（5）冷却速度与玻璃质的关系　烧结矿冷却过程中矿物结晶，冷却速度决定矿物结晶好坏和结晶多少。如果冷却速度过快则矿物迅速收缩，产生大的内应力，使裂纹增多，易粉化，而且结晶能力弱的组分来不及结晶，冷凝成无定形的玻璃质。玻璃质是一种又硬又脆的物质，强度很差。

微观结构中常见各种裂纹和玻璃质，裂纹多，产品强度低，粉末多，产品易脆，烧结矿摔落到地面上碎裂，表明很脆经不起摔打，抗压和抗冲击能力差。

（6）烧结温度、冷却速度与骸晶 $Fe_2O_3$ 的关系　在烧结矿微观结构中常见 $Fe_2O_3$ 晶粒呈散骨状或鱼脊状，严重影响烧结矿低温还原粉化指标 $RDI_{+3.15mm}$ 变差。形成骸晶状 $Fe_2O_3$ 结晶的因素很多，与配矿、液相黏度、流动性有关，其中烧结温度偏高、冷却速度过快是主要原因。

## （四）烧结矿的矿物组成和结构对转鼓强度的影响

### 1. 矿物自身抗压强度

烧结矿中矿物自身抗压强度是转鼓强度的决定性因素，详见"第四章　第四节　十、（二）2. 烧结矿微观结构（1）要素一：矿物的本质力"。

### 2. 烧结矿冷凝结晶的内应力

烧结矿在冷却过程中，产生不同的内应力：烧结矿块表面和中心存在温差而产生的热应力；各种矿物具有不同热膨胀系数而引起的相间应力；硅酸二钙在冷却过程中的多晶转变所引起的相变应力。

内应力越大，能承受的机械作用力越小。

### 3. 烧结矿中气孔的大小和分布

烧结矿属于多孔物料，为获得强度和还原性好的烧结矿，应降低烧结矿孔隙率，减小气孔尺寸，均匀气孔分布。

转鼓强度是烧结矿孔隙率和结构等的综合表现。

固体燃料用量少，则烧结温度低，大气孔少，强度高；固体燃料用量多，则烧结温度高，气孔结合数量减少而孔径变大，且形状由不规则形成球形，强度低。

### 4. 烧结矿中组分多少和组织的均匀度

非熔剂性烧结矿的矿物组成属低组分，主要为斑状或共晶结构，其中的 $Fe_3O_4$ 斑晶被铁橄榄石 $2FeO \cdot SiO_2$ 和少量玻璃质所固结，强度良好。

熔剂性烧结矿的矿物组成属多组分，主要为斑状或共晶结构，其中的 $Fe_3O_4$ 斑晶或晶粒被钙铁橄榄石 $CaO \cdot FeO \cdot SiO_2$、玻璃质和少量硅酸钙等固结，强度较差。

高碱度烧结矿的矿物组成属低组分，为熔融共晶结构，其中的 $Fe_3O_4$ 与铁酸钙等黏结相矿物一起固结，具有良好的强度。

烧结矿成分越不均匀，其转鼓强度越差。

## （五）烧结矿的矿物组成和结构对还原性的影响

### 1. 矿物自身还原性

详见"第四章 第四节 十、（二）2. 烧结矿微观结构（1）要素一：矿物的本质力"。

### 2. 气孔率、气孔大小和性质

烧结反应进行越充分，则气孔越小，还原性好，固结加强，气孔壁增厚强度好。

### 3. 矿物晶粒大小和晶格能的高低

磁铁矿晶粒细小，在晶粒间黏结相很少，在800℃时易还原，但当大颗粒磁铁矿被硅酸盐包裹时，则难还原或者只是表面还原。

晶格能低，易还原；晶格能高，还原性差。单矿物晶体的晶格能见表4-15。

**表 4-15  单矿物晶体的晶格能**

| 矿物名称 | 赤铁矿 | 铁酸钙 | 磁铁矿 | 钙铁橄榄石 | 铁橄榄石 |
|---|---|---|---|---|---|
| 晶格能/kJ | 9538 | 10856 | 13473 | 18782 | 19096 |

# 十一、烧结过程脱除矿石中部分有害杂质

矿石中有害杂质指妨碍高炉冶炼或对生铁产品质量有不良影响的物质，见表4-16。

矿石中有益元素指与Fe伴生的元素，是可被还原并进入生铁，能改善钢铁材料的性能，对金属质量有改善作用或可提取的元素。

通常有害杂质有硫S、磷P、氟F、氯Cl、砷As、钾K、钠Na、铅Pb、锌Zn、锡Sn等。

有益元素有锰Mn、铬Cr、钴Co、镍Ni、钒V等。

钛 Ti 用于特殊钢冶炼,为有益元素,对炉壁结瘤为有害元素,但界限含量高。

铜 Cu 有时为有害杂质,有时为有益元素。少量 Cu 可改善钢的耐腐蚀性,但 Cu 过多使钢热脆,不易轧制焊接。

有害杂质和有益元素是相对的,随着冶炼技术进步可变害为益。

烧结过程中,凡能挥发、分解、氧化成气态的有害杂质,均可部分脱除。

**表 4-16 入炉炉料有害元素界限及影响**

| 元素 | 界限含量 | 危害 | 有害杂质 |
|---|---|---|---|
| 硫(S) | ≤0.3%<br>≤4.0kg/t | 使钢热脆,降低钢的焊接性、抗腐蚀性和耐磨性,降低铸件韧性 | 烧结、炼铁<br>部分脱除 |
| 磷(P) | ≤0.07%<br>≤1.0kg/t | 使钢冷脆,降低钢的低温冲击韧性、焊接性、冷弯性和塑性 | 烧结、炼铁<br>不脱除 |
| 氟(F) | ≤0.05% | 高温下气化,腐蚀金属,危害农作物及人体<br>$CaF_2$ 侵蚀破坏炉衬 | 烧结部分脱除 |
| 氯(Cl) | ≤0.001%<br>≤0.6kg/t | 使高炉炉墙结瘤,破损耐材<br>焦炭吸附氯化物后反应性增强,热强度下降 | 烧结部分脱除 |
| 砷(As) | ≤0.07%<br>≤0.1kg/t | 由于非金属性很强,不具有延展性,使钢冷脆,降低机械性,不易焊接。炼优质钢时,铁水中不应含 As | 烧结部分脱除<br>炼铁难脱除 |
| 碱金属<br>(K、Na) | $K_2O+Na_2O$<br>≤0.25%<br>≤3kg/t | 易挥发,循环累积炉身结瘤,悬料,烧坏风口,破坏炉衬;<br>降低焦炭和矿石的强度 | 烧结部分脱除 |
| 铅(Pb) | ≤0.1%<br>≤0.15kg/t | 极易被还原,不熔于生铁,密度大,沉积炉底破坏炉衬;<br>Pb 蒸气在高炉上部循环累积,形成炉瘤,破坏炉衬 | 烧结不脱除 |
| 锌(Zn) | ≤0.1%<br>≤0.15kg/t | Zn 和 ZnO 循环富集后冷凝沉积在炉身上部炉墙上膨胀破坏炉壳;与炉尘混合易形成炉瘤 | 烧结不易脱除 |
| 锡(Sn) | ≤0.08% | 使钢变脆,易炉壁结瘤 | 烧结、炼铁<br>不脱除 |

## 1. 烧结过程脱硫

硫是对钢铁危害最大的元素,硫几乎不熔于固态铁,以 FeS 形态存在于晶粒接触面上,熔点低(1193℃),当钢被加热到 1150~1200℃ 时被熔化,使钢材沿晶粒界面形成裂纹,即热脆性。

吨铁炉料带入的总硫量称为硫负荷,高炉硫负荷的 60%~80% 由焦炭和喷吹煤粉带入,要求入炉焦炭 S≤0.6%,喷吹煤粉 S≤0.4%;其次是块矿带入硫,要求铁矿石 S≤0.3%。

入炉料中硫含量增加，需增加熔剂消耗量，增大渣量，增加高炉热量消耗，导致焦比升高。

要求生铁一级品 $S \leqslant 0.03\%$，合格品 $S \leqslant 0.07\%$。高炉脱硫是生产合格生铁的首要任务，入炉料 S 含量超标时，高炉调整炉渣碱度，提高脱硫系数，确保生铁 S 含量合格。

(1) 烧结原料中硫的来源和存在形态　烧结原料中硫的存在形态主要有单质硫、无机硫（硫化物、硫酸盐）、有机硫。

烧结原料中硫主要来自铁矿粉和熔剂，以硫化物（硫铁矿）和硫酸盐形态存在，如黄铁矿($FeS_2$)、黄铜矿($CuFeS_2$)、硫化铜($CuS$)、闪锌矿($ZnS$)、方铅矿($PbS$)、硫酸钙($CaSO_4$)、硫酸镁($MgSO_4$)、硫酸钡($BaSO_4$)、石膏($CaSO_4 \cdot 2H_2O$) 等。高碱度烧结矿和酸性球团矿中的硫以 CaS、FeS 和少量硫酸盐形态存在。

烧结原料中固体燃料带入的硫较少，煤中硫主要以有机硫和无机硫（黄铁矿、硫酸盐）形态存在，含有少量的单质硫，各种硫分的总和称为全硫，其中有机硫、硫化物、单质硫参与燃烧，称为可燃硫，硫含量越高，碳、氧含量相对低，煤的发热量越低；硫酸盐不可燃烧，转化为灰的一部分。焦炭中的硫主要以有机硫 $C_nS_m$ 以及灰分中的硫化物和硫酸盐形态存在。

铁矿粉中的硫大部分以黄铁矿($FeS_2$) 形态存在，烧结过程中 $FeS_2$ 分解和氧化放热，有利于降低固体燃耗，且能脱除大部分硫，铁矿石中的硫对烧结过程无不利影响。

为降低高炉硫负荷，要求烧结矿 $S \leqslant 0.03\%$，入炉料 S 含量越低越好。

(2) 烧结过程脱硫原理　烧结原料中硫的存在形态不同，脱硫方式和脱硫率也不同。

① 单质硫和硫化物中硫的脱除　硫以单质硫和硫化物形态存在时，在氧化反应中脱除，开始于烧结过程的预热带。

焦粉中的硫在着火温度下燃烧成 $SO_2$ 逸出且放热，脱硫率高。

铁矿石中硫主要以硫化物形态存在，黄铁矿 $FeS_2$ 是烧结所用铁矿粉中常见的含硫矿粉，烧结过程中易分解出元素硫，也易被氧化，脱硫途径是靠热分解和氧化变成硫蒸气或 $SO_2$、$SO_3$ 进入废气中逸出，脱硫率高。

烧结温度 280℃下，黄铁矿 $FeS_2$ 氧化生成 $SO_2$ 并放出热量。

烧结温度 280~565℃下，黄铁矿 $FeS_2$ 分解压较小，主要靠氧化脱硫。

$$2FeS_2 + 5.5O_2 =\!=\!= Fe_2O_3 + 4SO_2$$

$$3FeS_2 + 8O_2 =\!=\!= Fe_3O_4 + 6SO_2$$

烧结温度高于 565℃时，$FeS_2$ 分解生成 FeS 和 S，经氧化逸出 $SO_2$ 而脱除。

$$2FeS_2 =\!=\!= 2FeS + 2S$$

$$S + O_2 =\!=\!= SO_2$$

$$2FeS + 3.5O_2 =\!=\!= Fe_2O_3 + 2SO_2 \quad <1250~1300℃$$

$$3FeS + 5O_2 =\!=\!= Fe_3O_4 + 3SO_2 \quad >1300℃$$

黄铁矿 $FeS_2$、闪锌矿 ZnS、方铅矿 PbS 中的硫较易氧化脱除。

黄铜矿 $CuFeS_2$、CuS 很稳定，需高温下氧化脱除，从含铜硫化物中脱硫较困难。

② 硫酸盐中硫的脱除　硫以硫酸盐形态存在时，在分解反应中脱除，分解所需温度

高，脱硫困难，主要在燃烧带和烧结矿带脱除，脱硫率低。

$CaSO_4$ 中有 $Fe_2O_3$、$SiO_2$、$Al_2O_3$ 存在，$BaSO_4$ 中有 $SiO_2$ 存在时的情况下，可改善 $CaSO_4$ 和 $BaSO_4$ 的分解热力学条件，脱硫容易些。

固体燃料用量不足，烧结温度低，不利于脱除硫酸盐中的硫。

③ 有机硫中硫的脱除 硫以有机硫形态存在时，需高温和强氧化剂脱除，脱硫困难。

（3）影响烧结过程脱硫率的因素 凡属影响烧结温度水平、气相气氛性质与扩散条件、反应表面积的因素，都影响烧结过程脱硫率，具体表现为：固体燃料用量和性质、硫的存在形态、矿粉物化性质、熔剂性质、烧结矿碱度、返矿数量、操作因素等。

烧结脱硫是指原料中不同形态硫的化合物被分解、氧化生成 $SO_2$ 的过程，脱硫主要条件是高氧位，氧位高则脱硫率高。

提高烧结过程脱硫率的主要条件是适宜烧结温度、较大反应表面、良好扩散条件、充分氧化性气氛。

① 固体燃料用量影响脱硫率 固体燃料用量直接关系烧结气氛性质和烧结温度，是影响脱硫率的主要因素。

影响单质硫和硫化矿物脱硫的主要因素是烧结气氛，烧结过程中由于大量的氧化铁和水蒸气的氧化作用，很大部分 $FeS_2$ 可在预热带（200～300℃）完成分解反应生成 $FeS$ 和 $S$，且大部分 $S$ 呈蒸气状态进入抽风系统，$FeS$ 被 $O_2$ 和 $Fe_2O_3$ 氧化生成 $SO_2$ 而脱除其中的 $S$，另外 $FeS$ 在1194℃熔化，当有 $FeO$ 存在时生成 $FeO$-$FeS$ 易熔共晶940℃熔化。当固体燃料用量增多、还原性气氛增强、$FeO$ 含量增加时，降低 $FeS$ 的脱硫率，可见提高硫化矿物的脱硫率必须有足够的氧化性气氛，促进硫化矿物的分解和氧化，需少用固体燃料，改善扩散条件，提高 $O_2$ 向矿石内部扩散和 $SO_2$ 向外扩散的速度。

影响硫酸盐矿物脱硫的主要因素是烧结温度，因为硫酸盐脱硫过程是分解吸热过程，硫酸钙在990℃开始分解，在1300～1400℃时才能激烈进行分解，提高硫酸盐的脱硫率必须提高烧结温度，促进硫酸盐矿物的分解反应。

单质硫/硫化矿物的脱硫条件和硫酸盐矿物的脱硫条件相矛盾。脱除单质硫/硫化矿物中的硫，需少用固体燃料和强氧化性气氛，以改善硫化物分解和氧化动力学条件。脱除硫酸盐矿物中的硫，需多用固体燃料和较高烧结温度，以改善硫酸盐分解热力学条件。烧结原料中既有单质硫/硫化物又有硫酸盐存在时，考虑以哪种硫的存在形态为主，合理调整固体燃料用量。

烧结过程脱硫所需适宜固体燃料用量与原料含硫量、硫的存在形态、烧结矿碱度、铁矿粉烧结性能等因素有关，应通过试验确定。

② 硫的存在形态影响脱硫率 单质硫和硫化矿物中的硫易脱除，硫酸盐中的硫不易脱除，需高温和较长时间，有机硫中的硫难脱除。

试验表明，添加铸铁屑显著加速硫酸盐中硫的脱除。

$$BaSO_4 + 4Fe \Longrightarrow BaO + FeS + 3FeO$$

③ 铁矿粉粒度和性质影响脱硫率 铁矿粉粒度主要影响气相中 $O_2$ 和 $SO_2$ 的扩散条件，影响脱硫反应表面积。

铁矿粉粒度小，硫化物和硫酸盐氧化、分解产物易于从内部排出。铁矿粉的比表面积较大，硫化物和硫酸盐暴露在表面的机会大，氧比较容易向铁矿粉内部扩散，促进脱硫反应。

铁矿粉粒度过细或烧结料制粒效果差，烧结料层透气性差，空气抽入量减少，供给氧量不足，同时硫化物和硫酸盐的氧化、分解产物不能迅速从烧结料层排出，不利于脱硫反应。

铁矿粉粒度过大，虽改善外部扩散条件，但内扩散和传热条件变差，反应比表面积减少，不利于脱硫。

应在不降低烧结料层透气性限度内尽量缩小铁矿粉粒度。烧结要求铁矿粉粒度小于8mm，对于高硫矿小于6mm为宜，且尽量减少-1mm粒级，以改善脱硫效果。

对于脱硫来说，铁矿粉性质主要指品位、脉石含量、硫含量及硫的存在形态。铁矿粉品位高，脉石成分少时，一般软化温度较高，烧结料需要在较高温度下才能生成液相，所以有利于脱硫。

赤铁矿 $Fe_2O_3$ 可直接氧化黄铁矿 $FeS_2$，故烧结高硫矿时加入赤铁矿有助于脱硫。

④ 熔剂性质影响脱硫率　烧结矿碱度相同情况下，配加生石灰遇水消化成粒度极细的消石灰，比表面积很大，吸收 S、$SO_2$、$SO_3$ 能力更强，脱硫率明显降低。配加石灰石、白云石因其遇水不消化，比表面积较小，特别是分解放出 $CO_2$ 增强氧化性气氛，阻碍对气流中硫的吸收，且 MgO 与烧结料中某些组分生成较难熔的化合物，提高烧结料软化温度，有利于脱硫，对脱硫率的影响较生石灰小。

⑤ 烧结矿碱度影响脱硫率　烧结矿碱度高，脱硫率明显降低。因为高碱度烧结液相量增加，恶化扩散条件，烧结最高温度降低，烧结速度加快，高温保持时间缩短，不利于脱硫。

高碱度高温下，CaO 和 $CaCO_3$ 都有很强的吸硫能力，生成 CaS 残留于烧结矿中，烧结矿硫含量升高，降低脱硫率。

烧结矿碱度越高，加入的熔剂越多，脱硫率越低，因此生产高碱度烧结矿时，最好多配加低硫铁矿粉。

⑥ 返矿量影响脱硫率　返矿量对脱硫率双重影响：一方面返矿改善烧结料层透气性，促使脱硫产物顺利排出；另一方面返矿促使液相更多更快生成，使大量硫转入烧结矿中。所以要根据具体原料条件和烧结工况由试验确定适宜返矿量，以利于烧结过程脱硫。

⑦ 操作因素影响脱硫率　良好烧结操作制度是提高烧结过程脱硫率的条件，主要应考虑烧结机布料平整，料层厚度适宜，料层透气性均匀，控制适宜的烧结机机速，保证烧好烧透，机尾断面无生料等。

⑧ 沿料层高度硫的再分布影响脱硫率　烧结过程中，烧结料中硫沿着料层高度发生再分布现象。脱硫产生 $SO_2$、$SO_3$、S 进入废气中，当废气经过预热干燥带和过湿带时，气态硫部分再次转入烧结料中，这种现象称为硫的再分布。硫的再分布使脱硫率降低，若料层烧不透，生料增多，脱硫率影响更明显。

(4) 烧结脱硫较炼铁炼钢脱硫具有优势　高炉炉渣脱硫原理：硫在铁水和炉渣中以

S、FeS、MnS、MgS、CaS 等形态存在，其稳定程度依次升高，其中 MgS 和 CaS 只能溶于渣中，MnS 少量溶于铁水中，大量溶于渣中，FeS 既溶于铁水也溶于渣。炉渣脱硫作用是渣中 CaO、MgO 等碱性氧化物与铁水中硫反应生成只溶于渣中的稳定化合物 CaS、MgS 等，从而减少生铁中硫的含量。

高炉炼铁过程中虽能脱硫，但需增加熔剂量，增大渣量，需较高的炉温和炉渣碱度，需要消耗焦炭，不利于增铁节焦。

炼钢过程中脱硫比炼铁过程脱硫困难得多。

烧结过程中能有效脱硫，主要依靠硫化物的热分解和氧化、硫酸盐的高温分解和硫的燃烧作用，以及烧结气流中的过剩氧，为脱硫反应创造气氛条件，分解和燃烧产生的 $SO_2$ 随气流逸出达到脱硫的目的，尤其是单质硫和硫化物的脱硫过程是放热反应，不需要额外固体燃料消耗而且脱硫率高，非常经济合理，烧结脱硫较炼铁炼钢脱硫具有明显的优势。

选矿、烧结、高炉炼铁过程均可脱除原料中的部分硫。虽然烧结和炼铁过程可脱除大部分硫，但仍然需要控制高炉炉料中的硫含量。

（5）烧结过程脱硫率计算

$$\eta = (1 - S_{烧结矿} / S_{烧结料}) \times 100\% \tag{4-16}$$

式中　$\eta$——烧结过程脱硫率，%；

　　$S_{烧结料}$——烧结料中 S 含量，%；

　　$S_{烧结矿}$——烧结矿中 S 含量，%。

【例 4-9】　$S_{烧结料}$ 为 0.092%，烧结过程脱硫率 85%，质量标准规定 $S_{烧结矿} < 0.015\%$ 为合格，计算生产的 $S_{烧结矿}$ 是否合格。

**解**　$\eta = 0.092 \times 85\% = 0.0782\%$

$S_{烧结矿} = 0.092\% - 0.0782\% = 0.0138\% < 0.015\%$　合格

## 2. 烧结过程脱磷

磷是钢材中的有害成分，降低钢在低温下的冲击韧性，使钢材变得冷脆，当磷含量高时，钢的焊接性能、冷弯性能、塑性降低。

磷共晶熔点较低，降低铁水熔化温度，延长铁水凝固时间，改善铁水流动性，利于铸造形状复杂的普通铸件，但磷影响铸件强度，除少数高磷铸造铁允许较高磷含量外，一般生铁磷含量越低越好。

磷在矿石中一般以磷灰石 $3CaO \cdot P_2O_5$ 形态存在。

烧结过程不脱除磷，高炉炼铁过程中磷全部被还原并大部分进入生铁，也不脱除磷，磷在铁水预处理"三脱"中或炼钢过程中脱除。

控制生铁磷含量的主要途径是控制入炉料带入的磷含量。球团矿、块矿和熔剂中磷含量较低，入炉料中磷含量主要来源于烧结矿，需通过烧结配矿严格控制烧结矿中磷含量（一般烧结入炉比 80% 左右要求烧结矿 P < 0.07%）满足高炉磷负荷 ≤ 1.0kg/t。

### 3. 烧结过程脱氟

高炉矿石中氟含量较高时，炉料粉化并降低其软熔温度，降低矿石和焦炭熔融物的熔点，高炉很容易结瘤。含氟炉渣熔化温度比普通炉渣低 $100\sim200\,^{\circ}\!C$，属于易熔易凝的"短渣"，流动性很强，对硅铝质耐火材料有强烈的侵蚀作用，严重时腐蚀炉衬，造成风口和渣口破损。普通铁矿石 $F<0.05\%$，对高炉冶炼无影响；当铁矿石 F 高引起炉渣 F 含量高时，应提高炉渣碱度，降低炉渣流动性。

氟在矿石中以萤石 $CaF_2$ 形态存在。

烧结过程中脱氟反应为：

$$2CaF_2+SiO_2 =\!\!=\!\!= 2CaO+SiF_4\uparrow$$

生成 $SiF_4$ 极易挥发进入废气，但在下部又部分被烧结料吸收。

$SiF_4$ 遇到废气中水汽时，发生分解反应：

$$SiF_4+4H_2O\uparrow =\!\!=\!\!= H_4SiO_4+4HF\uparrow$$

水蒸气可直接与 $CaF_2$ 反应：

$$CaF_2+H_2O\uparrow =\!\!=\!\!= CaO+2HF\uparrow$$

生成 HF 进入废气中。

可见烧结料中 $SiO_2$ 含量增加，有利于烧结过程脱氟。烧结料中通入蒸汽生成挥发性 HF，可提高脱氟率。

因 CaO 与 $SiO_2$ 的亲和力大于 $CaF_2$ 和 $SiO_2$ 的亲和力，所以烧结料中 CaO 含量增加或生产熔剂性烧结矿不利于脱氟。

一般烧结过程中脱氟率 $10\%\sim15\%$，高时可达 $40\%$。

含氟废气既危害人体健康，又腐蚀设备，应回收。

### 4. 烧结过程脱氯

焦炭在高炉内吸附氯化物后反应性增强，热强度下降。

氯易造成高炉炉墙结瘤，耐材破损。氯对设备和管道有极强的腐蚀性，进入煤气中的氯以 $Cl^-$ 形式腐蚀煤气管道，造成煤气泄漏。

燃烧含氯的煤气，其燃烧产物中生成剧毒物质二噁英。

高炉氯主要来源于铁矿石和烧结矿。国内铁矿石氯含量很少，进口铁矿石氯含量高或用海水选矿带入 $NH_4Cl$，一些企业在成品烧结矿上喷洒 $CaCl_2$ 溶液以改善低温还原粉化率 $RDI_{+3.15mm}$，或向喷吹煤粉中添加含氯助燃剂，也是高炉氯的来源之一。进口铁矿粉是烧结氯负荷的主要来源，其次是循环返矿和炉尘带入氯元素。烧结过程中氯元素大部分被烧结矿带走，机头和机尾除尘灰带走氯元素的比例也较高。

### 5. 烧结过程脱砷

砷降低钢的断面收缩率和冲击韧性，增加钢的脆性，加剧焊接裂纹的扩展倾向。

自然界中砷常与黄铜矿、黄铁矿、磁黄铁矿等硫化矿物共生，砷的赋存形态主要为毒砂 FeAsS，另含有少量的 $As_2S_3$，在褐铁矿中主要以 $FeAsO_4 \cdot 2H_2O$ 形态存在，炼铁和炼钢过程中脱砷较困难，高炉还原后溶于生铁中，高炉配矿控制 As 负荷≤0.1kg/t，要求入炉料中 As≤0.07%。

（1）烧结过程脱砷原理　较强氧化气氛中 FeAsS 被氧化生成 $FeAsO_4$，且 $FeAsO_4$ 的分解温度较高，导致脱砷不完全，因此含砷铁矿烧结必须在中性或弱氧化气氛中进行才有利于脱砷。

烧结弱氧化气氛条件下，毒砂 FeAsS 被氧化生成 $As_2O_3$ 和 $SO_2$ 为放热反应，生成的 $As_2O_3$ 挥发（升华温度 193℃）进入烧结烟气而脱除砷，但当烧结温度降低时，部分 $As_2O_3$ 被冷凝成固态沉积在烧结料中，在氧化性气氛下 $As_2O_3$ 进一步氧化成 $As_2O_5$，且 CaO 存在条件下生成稳定不挥发的砷酸钙 $CaO \cdot As_2O_5$（烧结温度下很难分解），有 $SiO_2$ 存在条件下进一步反应生成 $CaO \cdot SiO_2$ 和 $As_2O_5$，$As_2O_5$ 且不易脱除，这正是烧结过程脱砷率波动大和脱砷率低的重要原因。

烧结温度不同脱砷率不同。随着烧结温度从 800℃逐步上升到 1100℃，脱砷率和脱砷速率逐步加大，大于 1100℃脱砷率有所降低，$As_2O_3$ 从矿石颗粒内部扩散到表面再进入气相，矿石颗粒的孔隙率对脱砷率影响较大，1200℃时低共熔液相阻塞物料部分气孔而不利于 $As_2O_3$ 气体的扩散与挥发，反应动力学条件变差，脱砷率下降，在弱氧化气氛条件下脱砷合适的反应温度范围为 1000～1100℃。

烧结过程脱砷的关键是生成挥发性的 $As_2O_3$ 气体并及时被抽入烟气中而排出。

烧结过程的氧化性气氛和强制抽风系统为脱砷提供了较好的条件，一般脱砷率30%～40%，高时可达 50%以上。

$As_2O_3$ 俗称砒霜，是剧毒物质，危害人体健康，工业卫生控制其排放量。

（2）影响脱砷率的因素　影响脱砷率的因素有总管负压、配碳量、烧结矿碱度、料层部位、料层厚度，其中总管负压和配碳量影响较大，料层厚度的变化对脱砷率影响不大。

① 总管负压升高脱砷率提高　总管负压升高，产生的 $As_2O_3$ 气体快速被抽入烟气而排出，来不及与 CaO 等物质反应生成固态砷酸盐，大大减少了砷的残留；但当总管负压过高时，烧结矿转鼓强度明显下降，所以要以保证烧结矿质量为前提，兼顾烧结矿砷含量不超标，确定适宜的总管负压。

② 适宜的配碳量脱砷率高　配碳量与脱砷率的变化规律不明显，因为配碳量对脱砷率的影响主要表现在两个方面，一方面增加配碳量提高烧结温度，有利于含砷化合物的分解和挥发，促进烧结脱砷，另一方面增加配碳量增强烧结还原性气氛或减弱氧化性气氛，有利于 $FeAsO_4 \cdot 2H_2O$ 还原生成 $As_4O_6$，同时抑制含砷化合物分解。

适宜的配碳量脱砷率高，配碳量偏低和偏高脱砷率都低。配碳量偏低时，料层热量不足，部分含砷矿物不能进行反应且氧化性气氛强，$As_2O_3$ 气体进一步氧化成 $As_2O_5$ 而不易脱除。配碳量偏高时，减弱氧化性气氛，同时高温生成过多的低共熔物，阻塞 $As_2O_3$ 气体进入烧结烟气，不利于脱砷。

③ 烧结矿碱度与脱砷率成反比　酸性烧结脱砷率高。因为矿石中的砷在无阻碍情况下以 $As_2O_3$ 形式被脱除，烧结料中 CaO 含量较少，不利于生成砷酸钙 $CaO \cdot As_2O_5$。

　　高碱度烧结脱砷率降低。CaO 对脱砷率有正负两方面的影响，有利方面是 CaO 消化放热提高料温，并改善制粒效果和料层透气性，有助于 $As_2O_3$ 气体挥发排出，不利方面是烧结料中 CaO 含量增多，$As_2O_3$ 在逸出升华过程中部分与烧结料中的 CaO（特别是石灰石分解产生的 CaO）发生反应，固结富集生成稳定的砷酸钙而残留在烧结矿中，抑制烧结过程脱砷，高碱度烧结对脱砷率的负影响大于正影响。

　　④ 料层表层脱砷率稍低　随着烧结从料层表层到料层下部，脱砷率逐渐增大。料层表层脱砷率稍低是因为表层热量不足，烧结温度偏低并且表层氧气充足，FeAsS 过氧化生成 $FeAsO_4$ 而不易脱砷。在料层中下部脱砷率高，因为烧结温度和烧结气氛适宜脱砷，FeAsS 经过氧化生成 $As_2O_3$ 气体然后挥发进入烧结烟气而脱除砷。

### 6. 烧结过程脱钾和钠

　　高炉铁矿石和燃料带入的 K、Na 等碱金属，在高炉不同部位炉衬内滞留渗透，使硅铝质耐火材料异常膨胀，严重时引起耐材剥落侵蚀、炉底上涨甚至炉缸烧穿等事故，造成高炉中上部炉墙结瘤、下料不畅、气流分布和炉况失常。

　　高炉内碱金属使球团矿异常膨胀，显著降低还原强度，加剧还原粉化。

　　高炉有效控制碱金属的办法一是严格控制入炉料碱金属含量，二是定期炉渣排碱。

　　高炉碱金属由原燃料带入，日常管理中要对入炉碱负荷、原燃料碱金属含量和收支平衡进行定期检测分析，把握其变化，通过烧结和高炉配矿减少碱金属入炉量，高炉碱负荷偏高要定期采取炉渣排碱措施。

　　烧结过程脱除部分钾和钠。在燃烧带生成的碱金属挥发物进入烧结废气，随着烧结废气下移，碱金属及其氧化物在过湿带被吸附产生富集，随着过湿带的消失和烧结矿带的形成，碱金属随废气挥发脱除，所以保证烧结料层烧透是脱除钾、钠的重要环节。

### 7. 烧结过程脱铅和锌

　　① 一般烧结配碳下，Pb 被氧化成 PbO，烧结过程不脱除铅。

　　② 一般烧结配碳下，Zn 被氧化成 ZnO 沉积在烧结料层中，烧结过程不易脱锌。

　　③ 高炉排铅。高炉要求入炉铁矿石铅负荷≤0.15kg/t，入炉料中铅主要来源于块矿。

　　铅以 PbS、$PbSO_4$ 形态存在于炉料中，铅密度 $11.34g/cm^3$，熔点 327℃，沸点 1540℃，不溶于铁水。炼铁过程中铅的氧化物很容易被还原成 Pb，Pb 在铁水中溶解度 0.09%，在炉渣中溶解度也很小（0.04%），Pb 密度比 Fe 大，因此还原的 Pb 易聚集在炉底铁水层之下，易渗入砖缝中，是造成炉底破损的原因之一。

　　铅在高温区气化而进入煤气中，到达低温区时又被氧化为 PbO，再随着炉料的下降而循环富集到炉底。

　　在高炉底部设置排铅口，出铁时降低铁口高度或加大铁口角度，便于排铅。

　　④ 烧结-炼铁锌富集。高炉要求入炉铁矿石锌负荷≤0.15kg/t，入炉料中锌主要来源于烧结矿。

　　自然界中 Zn 以硅酸盐 $Zn_2SiO_4 \cdot H_2O$ 形态存在，高炉冶炼过程中易被 C、CO、$H_2$

还原为 Zn，能被 CO 和 $CO_2$ 氧化成 ZnO。

锌在高炉中循环并危害较大。高炉冶炼过程中锌在 1000℃ 以上高温区被 CO 还原为气态锌，锌蒸气在炉内氧化还原循环，ZnO 颗粒沉积在高炉炉墙上，与炉衬和炉料反应生成低熔点化合物，在炉身下部甚至中上部形成炉瘤。锌严重富集时炉墙结厚，炉内煤气通道变窄，炉料下降不畅，炉内风量不足，频繁崩料滑料，严重危害高炉冶炼指标和高炉寿命。

锌沸点低，Zn 和 ZnO 在 970～1200℃ 升华为气体。锌从高炉排出后大部分进入高炉污泥或干法除尘布袋灰中，高炉锌负荷很高时，高炉污泥和除尘灰中锌含量也很高。

现代高炉原燃料中 Zn 主要由烧结除尘灰、高炉布袋除尘灰和重力灰、转炉尘泥带入。这些尘泥加入烧结过程中约 30％ 进入废气，大部分被烧结机头电除尘器捕集进入除尘灰中，再次返回配入烧结料中；约 70％ 残留在烧结矿中进入高炉炉料中。高炉冶炼过程中约 70％ 的 Zn 进入布袋灰和重力灰中，再次返回配入烧结料中，因此 Zn 和 ZnO 在烧结和高炉冶炼过程中形成恶性大循环，造成 Zn 对高炉冶炼危害越来越严重。

高炉锌负荷高主要来源于锌在高炉内部的小循环和烧结-炼铁之间的大循环富集，需要建脱锌工艺将烧结机头电除尘灰、高炉布袋除尘灰和重力除尘灰中的 Zn 脱除后再用于烧结，才能杜绝烧结-炼铁过程中锌的恶性循环。球团矿、块矿、焦炭、煤粉中的微量锌对高炉不会产生危害，高炉锌负荷高，应着重从烧结矿带入的锌查找，应根据炉料结构推算出烧结矿锌含量上限值，通过限制烧结带入的锌含量控制高炉锌负荷不超标。

### 8. 钛等有益元素

有些与 Fe 伴生的元素被还原进入生铁，改善钢材的性能，称这些元素为有益元素，如钛 Ti、铬 Cr、镍 Ni、钒 V 等。

铬为不锈钢耐酸钢及耐热钢的主要合金元素，提高碳钢的硬度和耐磨性而不使钢变脆，含量超过 12％ 时，使钢具有良好的高温抗氧化性和耐腐蚀性，增加钢的热强性。其缺点是显著提高钢的脆性转变温度和促进钢的回火脆性。

镍提高钢的强度，对塑性的影响不显著，不仅耐酸而且抗碱，具有抗蚀能力，是不锈耐酸钢中的重要元素之一。

钛改善钢的耐磨性和耐蚀性，含钛高的铁矿石应作为宝贵的钛资源。

钛对于炼铁来说既是有害元素，又是有益元素。铁矿石中的钛以 TiO、$TiO_2$、$TiO_3$ 形态存在，钛是难还原元素，其氧化物与铁水中的碳、氮反应生成高熔点固体颗粒 TiC 和 TiN 存在于炉渣中，使炉渣黏度急剧增大，当其含量超过 4％～5％ 时恶化炉渣性质，高炉冶炼困难，且易结炉瘤。有益方面是由于 TiC 和 TiN 颗粒易沉积在炉缸、炉底的砖缝和内衬表面，有保护炉缸和炉底内衬的作用，钛矿常作为高炉冶炼护炉料。冶炼普通生铁时，入炉铁矿石 $TiO_2 < 1.5\%$，采取钛渣护炉时适当提高 $TiO_2$ 含量。

烧结矿中 $TiO_2$ 超过一定值时严重降低烧结矿还原性、低温还原粉化率和转鼓强度。

# 第五节
# 烧结机主要操作要点

## 一、烧结操作方针

烧结操作方针概括为精心备料、稳定水碳、减少漏风、低碳厚料、烧透筛尽、返矿平衡。

精心备料是烧结稳定生产的前提条件，其内容广泛，包括入厂原料质量稳定、原料场物料和物流管控、铁矿粉中和混匀、熔剂和固体燃料加工破碎、循环辅料综合混匀利用、亲水性强的物料充分加水预润湿、准确配料、强化混匀制粒和稳定水分等全过程。

稳定水碳指稳定烧结料水分和固定碳含量，使其符合烧结机要求，波动小。

稳定水碳是稳定烧结生产的关键性措施，烧结料适宜水分是保证制粒、改善料层透气性的重要条件，烧结料固定碳是烧结过程的主要热源，由固体燃料、烧结和高炉返矿、含碳除尘灰等带入，稳定烧结料固定碳不仅仅是稳定固体燃料的配比，而且还不能忽视其他物料带入的固定碳量。

减少漏风是烧结生产的保障性条件，对抽风系统而言就是减少有害漏风，提高有效抽风量，充分利用主抽风机能力。对烧结机而言就是风量沿烧结机长度方向合理分布，沿台车宽度方向均匀一致。主抽风机是烧结生产的心脏，合理用风、提高有效抽风量对优质、高产、低耗烧结生产具有重要意义。

低碳厚料和烧透筛尽是生产优质、高产、低耗烧结矿的重要途径，低配碳厚料层烧结减少表层低质量烧结矿数量，提高转鼓强度和成品率，充分利用厚料层自动蓄热作用，提高热利用率，降低能耗。烧透筛尽是烧结生产的目的，体现质量第一的思想，烧透是根本，筛尽是辅助，烧透才能保证强度高、粉率低，既保证质量又确保产量。

返矿平衡是稳定生产最终的结果，是烧结生产的方向。布料点火良好、烧好烧透是返矿平衡的重要条件，同样返矿数量和质量稳定是稳定烧结料水分和配碳、稳定烧结过程的重要条件，烧好返矿便烧好烧结矿，返矿和烧结矿二者相辅相成互为影响。

## 二、主抽风机的作用和操作要点

烧结机抽风系统由风箱、风箱支管（降尘管）、主排气管（烟道）、放灰系统、机头电除尘器、主抽风机、烟囱组成。

烧结机为双侧风箱，每组风箱沿台车宽度方向分两侧抽风分别进入两个主排气管（烟道），两个排气管分别配置一台主抽风机，风箱支管上部同风箱相接，下部插入主排气管道，两根降尘管收集粉尘经双层卸灰阀排出。

为调节两个烟道之间的风量平衡和温度平衡，设置中部个别风箱支管阀门可以双烟道相互切换。

在两个烟道外侧各设置冷风吸入装置（冷风阀），用于控制烟道内废气温度不超过规定值（如 150℃ 或 180℃），冷风阀的开闭由电动执行器根据设定程序实现自动或手动操作，正常情况下冷风阀处于关闭状态，当废气温度大于规定值时，冷风阀自动或手动打开，待废气温度降低到规定值以下时，冷风阀自动或手动关闭。

烟道集中风箱废气改变气流方向，降低废气流速，促使粉尘沉降，起粗除尘的作用。

烟道截面积大小取决于烟道内废气流速，一般烟道内废气流速为 12m/s。

烟道外面加保温层是为了防止废气温度急剧下降，废气温度过低，则影响机头电除尘器的正常运行和除尘效率，影响主抽风机因叶片挂泥而产生振动。

**1. 主抽风机的作用**

主抽风机是烧结主要配套设备之一，直接影响烧结机产质量和能耗，是烧结生产的"心脏"，主要作用是通过烟道进行强制抽风，使抽风系统产生一定负压，随着烧结料面点火和碳燃烧所提供的热量，使烧结沿料层高度自上而下得以进行，同时将烧结过程中产生的废气途经烟道、除尘系统净化后由烟囱排出。

主抽风机是烧结生产中最大的电耗设备，其电耗占烧结工序总电耗的 40% 以上。

**2. 主抽风机振动的主要原因**

（1）机械原因　主抽风机叶轮本身不平衡，叶轮重心偏离回转轴的中心线，运转过程中叶轮轴产生振动。造成叶轮重心偏离轴中心线的原因可能有叶轮本身材质不均匀、制造精度不高、铆钉松动或开焊、叶轮变形、灰尘进入机翼空心叶片、叶轮的不均匀磨损、叶轮轴弯曲等。

由于安装和检修时主抽风机轴和电机轴不同心，产生附加不平衡。

因主抽风机叶轮直径大，重量大，支点远，有自然挠度存在，主抽风机轴在安装时不水平而产生振动。

因主抽风机轴瓦和轴承座之间缺少预紧力，轴瓦在轴承座中呈自由状态，振动加重，并伴有敲击声。

（2）操作原因　烧结工艺要求进入主抽风机的废气温度在 130℃ 为宜。而实际生产中，由于操作波动或季节气候等原因，使废气温度低于规定值，使废气中的水蒸气和粉尘黏附在叶轮上而挂泥，引起叶轮不平衡振动。

由于除尘设备维护不当，放灰不正常，使烟道和机头电除尘器漏风，或机头电除尘器堵塞，破坏正常废气的流动，除尘效率下降，废气中大颗粒粉尘大大增加，引起主抽风机叶轮急剧不均匀磨损，运转中失去平衡而产生振动。

当烧结机严重布料不平、台车边部严重拉沟缺料、掉炉条等生产操作波动时，引起主抽风机振动。

（3）其他原因　主抽风机在不稳定区工作，往往会出现"飞动"现象。

当驱动风机的电机由于电磁力不平衡而使定子产生周期性振动时，也会引起主抽风机振动。

**3. 主抽风机操作要点**

（1）主抽风机转子必须进行平衡试验　主抽风机转子在安装前必须进行动平衡和静平衡试验，在自由状态下转子动平衡水平振动双振幅小于 0.05mm。

（2）主抽风机启停操作要点

① 烧结机重负荷停机时，主抽风机延长一个烧结机台面的烧结时间后再停止，以保证烧结机上的物料烧结完毕。

② 烧结机卸料停机时，关闭空台车所到位置的风箱闸门，直到烧结机上的物料全部翻卸完毕，风箱闸门全部关闭后再停止主抽风机。

③ 为使主抽风机转子尽快停稳，主抽风门开度在 50% 以上抽风 15min 后再全闭。

④ 烧结机重负荷停机后准备开机生产时，为了减小电动机启动负荷，保证启动电流和启动转矩正常，确保电机正常运转避免事故，主抽风机启动前须关闭风门。主抽风机启动完毕电流稳定后，为防止风机喘振，主抽风门必须保持 5%～10% 开度，待烧结机开始投料生产时逐步开大主抽风机风门开度到正常运行范围。

⑤ 烧结机准备开机投料生产时，风箱闸门全部关闭，台车平面上覆盖工程布，提前半小时启动主抽风机，料层厚度逐步加高，台车布料所到风箱处开启该风箱闸门，后部风箱闸门处于关闭状态，梯度打开主抽风机风门开度，确保主抽风机不超负荷运行。

⑥ 主抽风机在常温下只能连续启动两次，在热态下只能启动一次，若需再启动，时间间隔必须大于 30min。

（3）主抽风机需要停止运转的情况

① 主抽风机或电机有突然强烈振动或机壳内部有碰撞或研磨声响。

② 主抽风机或电机的轴向窜动超过上限要求值。

③ 主抽风机轴承油温超过规定值，采取措施油温仍然超标；轴承进油管道中油压低于下限值，启动电动油泵仍无法恢复至正常工作压力；轴承或油封处冒烟。

④ 油箱中油位下降到最低油位，虽继续添加润滑油，但油位仍不正常；油箱和油管破裂出现大量跑油。

# 三、机头电除尘器

**1. 除尘器分类及其特点**

（1）机械除尘器　包括重力除尘器、惯性除尘器、旋风除尘器等，这类除尘器的特点是结构简单、造价低、维护方便，但除尘效率低，往往用于多级除尘系统中的前级预除尘。

（2）过滤式除尘器　包括袋式除尘器、颗粒层除尘器等，这类除尘器的特点是过滤除尘。根据选用的滤料和设计参数不同，袋式除尘器的除尘效率可高达99.9％以上。

（3）湿式除尘器　特点是主要用水作为除尘介质，除尘效率高，对细粒粉尘除尘效率仍可达99％以上，但消耗能量较高。湿式除尘器主要缺点是产生污水，需处理污水以消除二次污染。

秦皇岛某机械设备公司研发的高效湿式水浴除尘器（图4-4），在烧结行业得到广泛推广。该系统包括除尘器本体、循环水池、水循环系统、烟囱、风机、排烟管道。其中除尘器包括喷淋室、除雾室，喷淋室设有含尘烟气进口的过滤室、溢流式水浴盒，过滤室包括喷淋装置、水浴装置，若干组筛网插入溢流式水浴盒的水中；过滤室的喷淋装置连接上水管道，水管道另一端连接循环水池内的循环水泵；除尘器内由顶部向下设置隔板分割为过滤仓和除雾室，并在隔板底部连通；除尘器底部为漏斗形，设出水口连通回流水管，回流水管另一端进入循环水池。本实用新型过滤水始终处于循环状态，防堵塞，除尘效果好，溢流式补水，节省了大量的电能，烟气粉尘排放浓度≤5mg/m³（标准状况）。

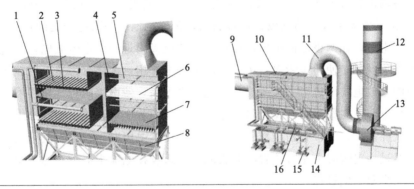

图4-4　高效湿式水浴除尘器

1—喷淋装置；2—水浴筛网；3—溢流水盒；4—隔板；5—冲洗装置；6—多层除雾器；7—折流除雾器；8—水斗；9—进风管道；10—除尘器本体；11—出风管道；12—烟囱；13—风机；14—循环水池；15—循环喷淋泵；16—搅拌器

武汉某环保公司针对一次混合粉尘湿度大、黏性大的特点，开发出"圆筒混合机（喷淋压尘）预除尘＋除尘管道喷淋冲洗＋冲激湿式除尘＋湿式电除尘"四级除尘组合治理技术（图4-5）。该技术结构简单，布局紧凑合理，两级主除尘器二合一叠加配置；设备运行平稳，除尘技术可靠，维护量小，维护方便；除尘管道和除尘器本体无堵塞；能耗低，用水量小，回水全部用于混合机加水，实现废水零排放，无二次污染，粉尘排放浓度净化到10mg/m³（标准状况）以下，达到超低排放标准。

（4）静电除尘器　以电力捕集粉尘，特点是除尘效率高，消耗动力小，主要缺点是耗钢材多，投资大。

钢铁企业大气污染防治设施主要有重力除尘器、袋式除尘器、湿式除尘器、静电除尘器、电袋复合除尘器、脱硫脱硝设备等。

为净化环境，烧结废气经机头电除尘器净化后由主抽风机引入烟囱排入大气。

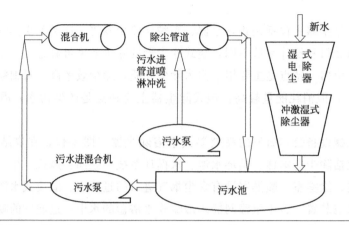

图 4-5　混合机系统"四级除尘"组合工艺流程图

### 2. 电除尘器工作原理

电除尘器内部设置两个电极，负极为放电极，一般用一组金属丝制成，如 1Cr13 钢丝-镍铬丝，正极为集尘极，用钢板或钢管制成，正极接地。当两电极之间产生 5 万～7.5 万伏高压直流电后，在两极之间形成高压电场，放电极附近产生电晕放电，通过电场的含尘气体产生电离现象，使粉尘带电。由于电场的静电作用，大部分带负电的粒子（带负电粒子多的原因是放电极附近电力线密度大，电场强度高，使电极附近气体强烈电离，粉尘粒子容易带负电）飞向集尘极，少量带正电的粒子飞向放电极，使含尘气体中的粉尘与气体分离，使气体静化。当带电粉尘粒子向两极运动到达电极时，粒子将其带电放出并沉积在电极上，经过一定时间由振打装置将其去除，落入设在电除尘器下面的积尘漏斗中。

（1）电除尘器除尘过程

① 高压电场作用使气体电离而产生离子；

② 粉尘得离子而带电；

③ 带电粉尘在抽力、重力、电风力、电场力等作用下移向收尘极；

④ 带电粉尘到达收尘极而放电，经过振打装置回收粉尘。

（2）电除尘器运行注意事项

① 废气中 CO 含量超过 2% 时，注意电除尘器内有燃烧现象而引起爆炸。

② 烧结料中配加一定量含油轧钢皮时，注意电除尘器内有燃爆现象。

③ 废气温度低于露点时，注意废气中 $SO_2$ 与冷凝水结合腐蚀设备。

### 3. 除尘器除尘效率计算

除尘效率指含尘气流在通过除尘器时捕集下来的粉尘量占原始粉尘量的百分数，也即除尘器前后气流含尘浓度差占除尘前含尘浓度的百分数。

【例 4-10】　一台除尘器入口气流含尘浓度 $12g/m^3$，出口气流含尘浓度 $120mg/m^3$，计算该除尘器的除尘效率。

**解**　除尘效率＝［1－120÷（12×1000）］×100％＝99％

#### 4. 提高机头电除尘器除尘效率的主要措施

① 控制适宜的废气温度。烧结工艺要求废气温度高于露点温度，废气温度低于露点温度时，废气结露，容易堵塞机头电除尘器，降低除尘效率，同时主抽风机叶轮挂泥引起振动，影响烧结正常生产，因此一般要求废气温度高于100℃，但是废气温度也不能过高，因主抽风机一般是按照上限温度150℃或180℃设计的，所以若超过此温度主抽风机会发生故障或事故。

电除尘器的除尘效率与粉尘比电阻密切相关，粉尘比电阻即自然堆放$10cm^2$圆面积、10cm高的粉尘测得的电阻。电除尘器适宜粉尘比电阻为$2×10^4 \sim 1×10^{11}\Omega \cdot m$，当粉尘比电阻$<2×10^4\Omega \cdot m$时，粉尘导电性过好，到达集尘极后因放电太快而被气流重新带走；当粉尘比电阻超过临界值$5×10^{10}\Omega \cdot m$时，电晕电流通过粉尘层会受到限制，由于粉尘的绝缘性，粉尘到达集尘极后仍保持原电荷状态，粉尘积累到一定程度时，粉尘层表面到集尘极之间的电位降低逐渐增大，阻碍尘粒向集尘极的正常移动，电除尘器的除尘效率急剧下降，产生反电晕。

废气温度主要影响粉尘比电阻，粉尘比电阻通常随温度升高而增加，但达到某一限值后又逐渐降低，因温度较低时粉尘主要通过其表面上的导电薄膜进行导电（主要是水汽表面导电），随着温度的升高，这层薄膜的导电作用越来越小。

废气温度100～130℃时，电除尘器保持高效稳定运行；废气温度＞135℃时，电除尘器发生反电晕现象，降低除尘效率。

② 稳定原料结构和原料成分，防止废气性质频繁变化，尽量使用$K_2O$、$Na_2O$含量低的原料，因碱性氧化物粒度较小，比电阻高，故易黏附在极板和极线上造成结瘤。

选择适当炉条安装间隙，使铺底料起到滤尘的作用，减小电除尘器负荷。

③ 建立放灰制度，制定放灰次数，每次放灰卸灰阀留有少许灰量，电除尘漏斗不放空，保持一定的料位以起密封作用，防止密封不严密而漏风。

④ 控制进口含尘浓度小于$60g/m^3$。电除尘器用于处理含尘较高的废气，进口含尘浓度高，除尘效率有所提高，但当进口含尘浓度高于$60g/m^3$时，电除尘器会发生电晕封闭现象，大大降低除尘效率。

⑤ 振打力衰减力量不够，极板、极线或气流分布板积灰过多时，可增加声波振打装置。非接触清灰方式不会对极板、极线造成损害。

⑥ 做好电除尘系统的设备检查维护保养和操作规范化、标准化并形成制度严格执行，除尘系统保持良好的工作状态和除尘效果。

#### 5. 影响废气温度的因素

废气温度与烧结机系统漏风率、烧结料温度、总管负压、烧结机的机速、料层厚度、终点温度、固体燃料配比、烧结料粒度组成等有关。

降低漏风率是提高废气温度的关键。漏风率大，则带入大量冷空气，废气温度急剧降低。

采取提高蒸汽管网压力、混合机内加热水、设备保温等措施，提高烧结料温度到露点以上，减轻过湿带影响，有助于提高废气温度。

料层不稳定明显影响烧结终点位置，料层薄时终点提前，废气温度提高，终点位置是影响废气温度的直接原因。关注废气温度陡然升高的风箱位置（过湿带消失点），以稳定控制该风箱位置。终点提前则适当降低主抽风机的风门开度或提高烧结机机速，废气温度低于100℃时加大主抽风机的风门开度或降低烧结机机速。

稳定水碳，除尘灰收集到配料室灰仓中集中使用；稳定烧结内返配比；稳定烧结料中固定碳；控制适宜固体燃料的粒度，有助于稳定废气温度。

# 四、漏风率测定方法和计算

## 1. 烧结风量、有效风量、有害漏风量、漏风率的定义

烧结风量指主抽风机吸入风量与烧结机有效抽风面积的比值，单位 $m^3/(min \cdot m^2)$。

有效风量指通过料层有效风量与烧结机有效抽风面积的比值，单位 $m^3/(min \cdot m^2)$。

有害漏风量指从料层以外进入抽风系统的风量，单位 $m^3/min$。

漏风率指抽风系统有害漏风量占主抽风机吸入风量的百分数，单位%。

主抽风机吸入风量计算公式如下：

$$V_{主抽} = 60\pi R^2 v \tag{4-17}$$

式中　$V_{主抽}$——主抽风机吸入风量（工况），$m^3/min$；

　　　$R$——主抽风机转子半径，m；

　　　$v$——进入主抽风机吸风口的气体流速，m/s。

【例 4-11】　SJ8000-1.033/0.893 型主抽风机，吸风口气体流速 29.5m/s，风机转子直径 2.4m，计算主抽风机吸入风量。计算结果保留整数。

　解　$V_{主抽} = 60\pi R^2 v = 60 \times 3.14 \times (1.2 \times 1.2) \times 29.5$

　　　　　$= 8003 (m^3/min)$

## 2. 漏风率测定方法和计算

烧结机漏风率测定方法主要包括烟气分析法、料面风速法、密封法、量热法。

（1）烟气分析法

① 测定原理　如果烧结抽风系统完全不漏风，那么台车炉条下部的烟气成分和抽风系统其他各段管道乃至主抽风机出口处的烟气成分应该相同，但生产实际中台车炉条下（1点）烟气中 $O_2$ 含量最低，$CO_2$ 含量最高，因抽风系统漏风吸入外界空气，使其他部位（2点）烟气中 $O_2$ 含量不同程度地升高，$CO_2$ 含量相应降低，通过烟气分析仪测得烟

气中 $O_2$ 含量变化情况，根据 $O_2$ 平衡可计算出从 1 点到 2 点的漏风率。

$$K = [(O_{2-2} - O_{2-1})/(21 - O_{2-1})] \times 100\% \tag{4-18}$$

式中 $K$——从台车炉条下部（1 点）到抽风系统某处（2 点）之间的漏风率，%；

$O_{2-1}$——台车炉条下部（1 点）烟气中 $O_2$ 含量，%；

$O_{2-2}$——抽风系统某处（2 点）烟气中 $O_2$ 含量，%；

21——大气中 $O_2$ 含量，%。

如果脱硫塔入口和主抽风机入口处在线检测烟气成分，只要检测出台车炉条下烟气中 $O_2$ 含量，则可评价烧结机抽风系统的漏风率。

② 测定方法 选 1 点在台车炉条下部，2 点在机头电除尘器前的烟道上。

测定工作在烧结机台车运行过程中进行，为了较准确评价漏风率，使用两台烟气分析仪同时测定 1 点和 2 点烟气中 $O_2$ 含量；沿台车宽度方向从挡板到台车中心平均设定 2～3 个测点，当测点到达每个风箱时连续读取两次 $O_2$ 含量取其平均值；沿烟道直径方向从烟道壁到中心点平均设定 2～3 个测点并在每个测点上连续读取两次 $O_2$ 含量取其平均值。

在做有标记的台车炉条下部（1 点）开孔，在机头电除尘器前的烟道上（2 点）开孔，待标记台车运行到出点火保温炉的第一个风箱时，同时从 1 点和 2 点开孔处分别插入烟气分析仪取气管。烟气分析仪随台车前行而向前移动，按设定测点的伸进深度读取并记录标记台车行走过的所有风箱处烟气中 $O_2$ 含量，当 1 点接近机尾风箱且烟气中 $O_2$ 含量接近 21% 时，表明烧结料层中碳燃烧完毕烧结过程结束，烟气分析仪测定工作结束，以测定次数加权计算出炉条下部烟气中平均 $O_2$ 含量。同样在 2 点将烟气分析仪取气管伸进设定测点位置读取并记录烟气中 $O_2$ 含量，以测定次数加权计算出烟道烟气中平均 $O_2$ 含量。

③ 计算漏风率

【例 4-12】 已知大气中 $O_2$ 含量 21%，测定某烧结机烟气中 $O_2$ 含量如下：

| 项目 | 台车炉条下部烟气平均 $O_2$ 含量/% | 机头电除尘器前烟道烟气平均 $O_2$ 含量/% |
|---|---|---|
| 改造前 | 11.42 | 16.46 |
| 改造后 | 10.37 | 15.23 |

计算改造前后漏风率各是多少？计算结果保留小数点后两位小数。

**解** 改造前漏风率

$K_1 = [(16.46 - 11.42) \div (21 - 11.42)] \times 100\% = 52.61\%$

改造后漏风率

$K_2 = [(15.23 - 10.37) \div (21 - 10.37)] \times 100\% = 45.72\%$

【例 4-13】 已知大气中 $O_2$ 含量 21%，烧结机台车炉条下部烟气中平均 $O_2$ 含量 9.67%，主抽风机入口烟气中 $O_2$ 含量 15.13%，计算从台车炉条下到主抽风机入口处漏风率。计算结果保留小数点后两位小数。

**解** 漏风率 $K = [(15.13 - 9.67) \div (21 - 9.67)] \times 100\% = 48.19\%$

④ 烟气分析简易法

a. 测定方法 烟气分析仪取气管端部由水平段弧度过渡到竖直段，在抽风系统管道的取气部位开孔并安装带有法兰盘的套管，伸进时取气管的竖直段开口背向烟气流向，以防烟气中杂物堵塞取气管，开始测定时旋转取气管开口朝向烟气流向，在抽风管道径向不同的伸进深度连续读取并记录烟气中 $O_2$ 含量，计算烟气中平均 $O_2$ 含量 $V_1$，测定完毕用盲板将烟道孔封好。

b. 计算相对漏风率　以烟气分析法为背景，不考虑烧结抽风过剩空气带入的 $O_2$ 含量，将烟气分析仪取气管从抽风系统管道（1点）径向方向伸入，测定烟气中平均 $O_2$ 含量 $V_1$（体积百分比），计算相对漏风率。

$$K_1 = (V_1/V) \times 100\% \tag{4-19}$$

式中　$K_1$——抽风系统管道 1 点的相对漏风率，%；

　　　$V_1$——抽风系统管道 1 点烟气中平均 $O_2$ 含量，%；

　　　$V$——大气中 $O_2$ 含量，%。

再选择抽风系统管道 2 点测定烟气中平均 $O_2$ 含量 $V_2$，并计算相对漏风率。

$$K_2 = (V_2/V) \times 100\% \tag{4-20}$$

式中　$K_2$——抽风系统管道 2 点的相对漏风率，%；

　　　$V_2$——抽风系统管道 2 点烟气中平均 $O_2$ 含量，%。

通过此方法可以比较 1 点、2 点以及多点的相对漏风率大小，操作简单，有效节约测定成本和时间，能及时掌握烧结过程抽风系统漏风情况。

（2）料面风速法

① 测定原理和漏风率　主抽风机吸入风量 $V_{主抽}$ 由三部分组成，一是通过料层的有效风量 $V_{有效}$，二是系统有害漏风量 $V_{漏}$，三是烧结过程理化反应增加的气体量 $V_{增}$，$V_{增}$ 主要由烧结湿料中液态水变为气态水蒸气的量 $V_{水蒸气}$ 与烧结过程中气体产生量与消耗量之差组成，消耗量主要是空气中 $O_2$ 含量，产生量主要是 CO、$CO_2$ 和少量 $SO_2$ 等气体。

烧结过程主要发生如下气体反应：

$$C + O_2 \Longrightarrow CO_2 \quad 2C + O_2 \Longrightarrow 2CO \quad C + CO_2 \Longrightarrow 2CO \quad S + O_2 \Longrightarrow SO_2$$

可见生成 1mol 的 $CO_2$ 和 $SO_2$ 各需要消耗 1mol 的 $O_2$（气体产生量和消耗量相互抵消），生成 1mol 的 CO 需要消耗 1/21mol 的 $O_2$。由于在压力和温度相同的条件下，气体物质的量与体积成正比，所以：

$$V_{增} = 1/2 V_{CO} + V_{水蒸气} \tag{4-21}$$

式中　$V_{增}$——烧结过程理化反应增加的气体量，$m^3/min$；

　　　$V_{CO}$——烧结烟气中 CO 的体积百分数，%；

　　$V_{水蒸气}$——烧结烟气中水蒸气量，$m^3/min$。

烧结烟气中 $V_{CO}$ 约 $0.15\% \sim 0.35\%$，含量少可忽略不计，则有

$$V_{主抽} = V_{有效} + V_{漏} + V_{水蒸气} \tag{4-22}$$

采用热球式风速仪测定烧结料面不同部位风速，计算出通过料层有效风量 $V_{有效}$。采用数字式管道风速仪测定烟道内风速，计算出主抽风机吸入风量 $V_{主抽}$。通过烧结料中水分含量计算出 $V_{水蒸气}$。

因为主抽风机前各处工况不同，为了较准确评价漏风率，将工况下的气体量 $V_{主抽}$、

$V_漏$、$V_{水蒸气}$换算成标准状况下的气体量 $V_{主抽标}$、$V_{漏标}$、$V_{水蒸气标}$，则可得出

$$K=[V_{漏标}/(V_{主抽标}-V_{水蒸气标})]\times100\% \tag{4-23}$$

式中　$K$——标准状况下抽风系统漏风率，%；

$V_{漏标}$——标准状况下抽风系统有害漏风量，$m^3/min$；

$V_{主抽标}$——标准状况下主抽风机吸入风量，$m^3/min$；

$V_{水蒸气标}$——标准状况下烧结烟气中水蒸气量，$m^3/min$。

$pV=nRT$ 是理想气体状态方程，又称理想气体定律、普适气体定律，是描述理想气体处于平衡状态时，压强 $p$（Pa）、体积 $V$（$m^3$）、物质的量 $n$（mol）、热力学温度 $T$（K）关系的状态方程，$R$ 是气体常量 [J/（mol·K）]，在摩尔表示的状态方程中，$R$ 为比例常数，对任何理想气体而言 $R$ 一定，约（$8.31441\pm0.00026$）J/（mol·K）。

气体标准状况（标况）指气体处在 101kPa 和 0℃的状态。

根据 $pV=nRT$ 推导出：

$$\frac{p_{工况}V_{工况}}{p_{标况}V_{标况}}=\frac{T_{工况}}{T_{标况}} \tag{4-24}$$

对于通过料层有效风量，$p_{工况}$ 为大气压力，$T_{工况}$（K）$=273+t_{常温}$（℃）。

对于主抽风机吸入风量，$p_{工况}$ 为烟道内压力，$T_{工况}$（K）$=273+t_{烟道内烟气温度}$（℃）。

② 料层有效风量 $V_{有效}$ 的测定和计算　用热球式风速仪测定台车料面风速，沿台车宽度方向上布置不少于 5 个测点并连续测定两次取平均值。

因 $V_{有效}$ 与料层透气性有关，从烧结机头到机尾，料层阻力逐渐变大然后到烧结终点又下降，因此从点火保温段以后的每个风箱开始测定料面风速，以测点次数加权得出料面平均风速 $v_{料面}$（单位 m/s），通过公式 $V_{有效}=v_{料面}S_{烧结}$（$S_{烧结}$为烧结机有效烧结面积，$m^2$）计算得出通过料层有效风量 $V_{有效}$（单位 $m^3/s$）。

③ 主抽风机吸入风量 $V_{主抽}$ 的测定和计算　在烧结机头电除尘器前的烟道上开孔，将烟道截面划分成 3~4 个等面积的同心环，将每个环带的水平和垂直中心点设定为测点，从烟道开孔处插入数字式管道风速仪测定烟气风速，以测点次数加权计算出烟道内平均风速 $v_{烟道}$（单位 m/s），通过公式 $V_{主抽}=v_{烟道}S_{烟道}$（$S_{烟道}$为烟道截面积，$m^2$）计算主抽风机吸入风量 $V_{主抽}$（单位 $m^3/s$）。

④ 水蒸气量 $V_{水蒸气}$ 的测定和计算　通过测定烧结料堆密度和水分质量百分数，计算出 $V_{水蒸气}$。

单位时间内烧结料中水的摩尔量：

$$N_水=\lambda MBHv_{机速}/18 \tag{4-25}$$

式中　$N_水$——单位时间内烧结料中水的摩尔量，kmol/s；

$\lambda$——烧结料堆密度，$kg/m^3$；

$M$——烧结料水分质量百分数，%；

$B$——台车宽度，m；

$H$——料层厚度，m；

$v_{机速}$——烧结机速度，m/s。

因标准状况下，任何气体摩尔体积为 22.4L/mol，所以：

$$V_{水蒸气标}=22.4N_水 \tag{4-26}$$

式中　$V_{水蒸气标}$——标准状况下烧结烟气中水蒸气量，$m^3/s$；

　　　$N_水$——烧结料中水的摩尔量，kmol/s。

料面风速法可操作性强，测定方便，测定误差较小，气体分析量较少，能够测定抽风系统漏风量，因该法将烧结过程产生的烟气也纳入漏风，故检测漏风率数据偏大。

另外用数字式管道风速仪、热球式风速仪、皮托管等仪器测定漏风点的风速，对测定局部漏风率有效，能定量检漏，对堵漏很有必要。

（3）密封法

① 测定原理　烧结机空载静态下，当主抽风机入口压力与负载生产时的负压相等时，则空载漏风量与负载生产时的漏风量相等，密封法基于这一原理测定烧结机系统漏风率。

烧结机抽风系统漏风主要包括烧结机本体漏风和机头电除尘器漏风两部分，烧结机本体漏风率采用空载静态密封与负载动态相结合的测定方法，机头电除尘器漏风率采用烧结机负载动态测定法。

② 测定步骤

a. 测定烧结机漏风量 $V_漏$　将台车上的烧结矿全部排空，烧结机处于空载状态，留最后两个风箱的台车面不覆盖塑料布，其他台车面用塑料布或橡胶布覆盖严密，并将风箱隔板与台车下梁之间的间隙用型钢密封，阻止空气从炉条间隙处进入抽风系统。

在最后两个风箱支管的直段上和主抽风机出口的水平烟道上分别设置流量检测点，在主抽风机入口设置压力检测点。

开启主抽风机并调整主抽风机的风门开度和烧结机各风箱闸板的开度，使主抽风机入口压力接近实际生产时的负压，用烟气分析仪测定进入烧结机系统的总风量 $V_1$（$V_1$=最后两个风箱的风量之和）和烧结机系统出口总风量 $V_2$（$V_2$=两个烟道风量之和）及其温度、压力等气态参数，将工况下的 $V_1$ 和 $V_2$ 换算成标准状况下的 $V_{1标}$ 和 $V_{2标}$，则烧结机空载时的漏风量 $V_{空载漏标}=V_{2标}-V_{1标}$=实际负载生产时的漏风量 $V_{漏标}$。

b. 测定烟道风量 $V_{烟道}$ 和主抽风机吸入风量 $V_{主抽}$　将台车上布满烧结料点火和烧结，烧结机处于负载生产状态时，用烟气分析仪测定机头电除尘器的输入风量 $V_{电除尘入}$（$V_{电除尘入}$=两个烟道风量之和 $V_{烟道}$）和输出风量 $V_{电除尘出}$（$V_{电除尘出}$=主抽风机吸入风量 $V_{主抽}$）及其温度、压力等气态参数，将工况下的风量 $V_{烟道}$ 和 $V_{主抽}$ 换算成标准状况下的 $V_{烟道标}$ 和 $V_{主抽标}$。

③ 计算漏风率

$$K_{烧结机}=(V_{漏标}/V_{2标})\times100\% \tag{4-27}$$

$$K_{电除尘}=[(V_{主抽标}-V_{烟道标})/V_{主抽标}]\times100\% \tag{4-28}$$

$$K_{系统}=[(V_{漏标}+V_{主抽标}-V_{烟道标})/V_{主抽标}]\times100\% \tag{4-29}$$

式中　$V_{漏标}$——标准状况下抽风系统有害漏风量，$m^3/min$；

　　　$V_{2标}$——标准状况下烧结机系统出口总风量，$m^3/min$；

$V_{主抽标}$——标准状况下主抽风机吸入风量，$m^3/min$；

$V_{烟道标}$——标准状况下两个烟道风量之和，$m^3/min$。

（4）量热法　烧结机系统的烟气热收入量 $Q_{收}$＝热支出量 $Q_{支}$＋热损失 $\Delta Q_{损}$＋热储备 $\Delta Q_{储}$。

在正常稳定操作条件下，$\Delta Q_{损}$ 不变，$\Delta Q_{储}$ 为零，可建立热平衡式：

$$K=\frac{C_O[(1-\lambda)t_o-t_m]}{C_O[(1-\lambda)t_o-t_m]+C_a(t_m-t_a)}\times100\% \tag{4-30}$$

式中　$K$——烧结机系统漏风率，%；

　　　$C_O$——烟气比热容，通过烟气中 $N_2$、$O_2$、$CO_2$、$CO$、$H_2O$ 主要组分热焓计算，$J/(m^3\cdot℃)$；

　　　$C_a$——空气比热容，$J/(m^3\cdot℃)$；

　　　$\lambda$——热损失率，%；

　　　$t_o$——炉条下部烟气温度，℃；

　　　$t_m$——风箱支管直管段温度，℃；

　　　$t_a$——漏入烟气中的空气温度，即常温，℃。

量热法可以长期采集数据，灵敏度高，与计算机连接可以实现在线检测漏风率，能较好了解各风箱的漏风率状况及其变化趋势，为检漏提供依据，有针对性地采取高效减漏措施，提高检修效率，降低烧结系统漏风率。

**3. 烧结机系统漏风主要部位和减漏措施**

强制抽风烧结条件下，烧结工况一定时，抽风量越大，则漏风率越大。

烧结机系统漏风对烧结生产能耗、物耗和环境影响很大，一方面降低抽风系统工作负压，减少烧结机单位面积的有效风量，固体燃料燃烧速度慢，降低烧结机利用系数，烧结矿质量下降，同时主抽风机电耗升高且加剧设备磨损，另一方面大量空气漏入增加除尘系统的负荷，恶化除尘设备的工作环境和除尘效果。

（1）烧结机首尾风箱密封板与台车底部间隙较大而漏风

措施：首尾风箱密封板由分体式改进为组合整体结构，密封板与台车底部由刚性接触改进为柔性结构，改善密封效果。

（2）台车与滑道间隙大，台车与风箱结合面侧部漏风。

原因：因台车跑偏使台车和滑道磨损成为斜面或凹槽；台车和滑道结构不合理；滑道润滑不良造成磨损而漏风。

台车与滑道之间的漏风是烧结机漏风的主要部位，占烧结机总漏风率的30%以上，而且漏风率随着烧结机长宽比例的增大而增大。

台车与滑道之间不仅漏风大，而且难治理，国内台车底部摩擦板（台车游板）与固定滑道之间的密封大致经过了以下变迁：游板滑道密封、双板簧密封、弹簧密封、石墨自润滑侧密封、柔性侧密封等，其密封技术不断创新领先。

秦皇岛某机械设备有限公司研发的石墨自润滑侧密封装置（图4-6）具有以下特点：

① 台车底部摩擦板和风箱侧密封板均安装在带有弹簧的箱体中，烧结机运行时相互补偿，密封效果良好，使用寿命长，节省润滑油。

② 台车底部摩擦板采用石墨自润滑机械式密封，同时耐高温弹簧、迷宫密封等多层密封设计，能够长期保持相对稳定的工作状态，柔性效果提高数倍。

③ 风箱侧密封板过盈安装补偿量大，采用耐热钢调质处理并镶嵌高度可调的自润滑石墨面板，相邻滑板子母口对接平滑无台阶，杜绝密封板卡阻故障。

④ 整体石墨自润滑侧密封装置具有结构先进简单、便于维护、使用寿命长、漏风率低等特点，适应烧结机复杂工况条件。

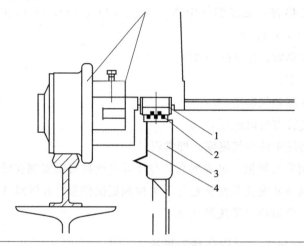

图 4-6 石墨自润滑侧密封结构示意图

1—台车底部摩擦板；2—自润滑石墨；3—风箱侧密封；4—外部柔性密封补偿板

陕西宝鸡某机械设备公司自主研发的柔性侧密封发明专利技术（图 4-7），利用烧结负压使柔性密封板紧密吸合在台车不锈钢游板上，实现了台车与风箱的无缝密封，具有密封效果稳定持久、维修简单易行且维护费用低、节能降耗效果显著等优点，其独特的结构设计达到了刚柔相济结合，克服了传统滑道密封要求的水平精度高、长期润滑维护、维修工作量大等缺点，很好解决了机械密封润滑油脂消耗大、密封效果逐年下降的难题，是烧结机滑道密封的一次革命。

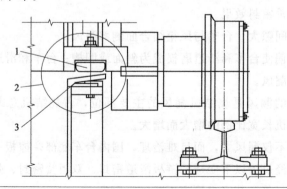

图 4-7 柔性侧密封结构示意图

1—台车不锈钢游板；2—柔性侧密封部位；3—高分子柔性密封条

（3）台车端部密封板与挡板间隙大而漏风

原因：台车端部密封板在翻转过程中受挤压而不均匀磨损，同时使台车挡板螺钉松动和倾斜产生间隙而漏风；台车挡板因高温变形、翘起，台车本体与下挡板之间、上下挡板之间产生漏风；炉条销杆和销孔之间形成漏风；因掉挡板、掉炉条和销子，形成风洞而漏风；因台车边部布料拉沟缺料，挡板处阻力小，加重边部效应而漏风。

措施：对台车端部密封板磨损情况刨床一定厚度后填补可更换的垫片，也可在台车体、上下挡板结合面处加装带钢板条的卡槽，通过钢板条封堵挡板间隙的漏风通道；或在台车挡板之间加带有导向槽的活动密封板，烧结机运行过程中活动密封板因自重下滑，封堵挡板间隙，台车卸料后空车回程车底朝下，活动密封板下行起到减轻台车挡板之间挤压力的作用，并及时紧固螺钉松动的挡板；台车挡板选用耐高温抗变形的材质，将台车本体与下挡板做成一体，上挡板规格尺寸适宜，确保紧固后不易松动和倾斜，提高挡板加工精度，减小挡板间隙；炉条销杆为圆柱与圆锥组合结构，圆柱部位与台车挡板销孔配合，圆锥部分外露固定炉条，一是便于拆装，二是减小销杆和销孔之间的漏风；台车横梁与隔热垫以及隔热垫与炉条的嵌套结构、材质和装配尺寸合理，尤其把握炉条安装疏密程度，防止隔热垫而炉条的糊堵及掉落，并及时补齐掉落的挡板、炉条和销子；严格混合料料仓布料和料位操作，台车边部满布料不缺料；采用盲箅条（3～5 根炉条宽）增加挡板处抽风阻力，减小边部效应。

（4）风箱和烟道漏风，集尘管放灰过程漏风

原因：在高负压高温气流和粉尘冲刷腐蚀作用下，风箱和风箱翻板、烟道内壁磨损严重，风箱膨胀节磨损严重出现漏洞且不易修补；双层卸灰阀密封不严，严重时因漏风形成负压导致烟道内粉尘放不下来而被迫停产；集尘管放灰制度不落实。

措施：定期检查抽风系统、集气管、除尘系统、灰斗等重点部位漏风点，发现漏风及时修补处理堵漏；风箱膨胀节选用新型不锈钢材质，耐磨损耐冲刷，提高使用周期；利用大修机会对风箱内部、烟道整体内壁、风箱和烟道连接处进行耐材喷涂；采取气动双层卸灰阀技术，上下阀芯通过气缸作用交替进行排灰，防止风管内部与大气短路，提高烟道和卸灰密封性；严格执行集尘管放灰制度，各灰仓、灰斗不放空，留有一定灰量。

# 五、有效风量对烧结产质量和电耗的影响

烧结过程传热机理表明，尽管原料品种、原料配比、配碳量不同，但吨烧结料所需风量相近，一般设计烧结机有效面积抽风量为 90～110$m^3$（工况）/（$m^2 \cdot min$）。

其他条件一定时，烧结有效风量与总管负压、垂直烧结速度、电耗的关系式

(1)$\Delta P = K_1 V^{1.8}$　　(2)$v_\perp = K_2 V^{0.9}$　　(3)$Q = K_3 V^{1.9}$ 　　　　　　　(4-31)

式中　　　　$\Delta P$——总管负压，Pa；

$V$——烧结有效风量，$m^3/min$；

$v_\perp$——垂直烧结速度，mm/min；

$Q$——烧结矿电耗，kW·h/t；

$K_1$，$K_2$，$K_3$——与原料性质和操作有关的系数。

风是烧结过程赖以进行的基本条件之一，也是加快烧结过程最活跃的因素，关系式（2）表明，通过料层的有效风量越大，垂直烧结速度越快，提高烧结生产率，一定范围内有效风量与烧结矿产量成正比，但当垂直烧结速度增大到一定程度后，继续增加风量，则因垂直烧结速度过快，表层烧结矿冷却加剧，燃烧带固结成型条件差，烧结矿转鼓强度将有一定程度的降低，抵消了生产率增长的优势且烧结矿质量变差。

关系式（1）和式（3）表明，有效风量增加，总管负压和电耗基本呈平方关系明显增加，增长幅度远远大于垂直烧结速度，影响烧结产能降低，能耗升高，同时大风量高负压下，漏风率增大，烧结矿气孔率减小，还原性下降。

大风量高负压操作不是理想的烧结方法，生产中要根据原料条件、料层厚度、烧结料水碳、产质量和能耗指标等综合因素，控制适宜有效风量，合理用风。

烧结生产中，不能单纯强调提高烧结风量，而应当强调提高烧结有效风量，因为只有通过料层的有效风量才能为烧结料中的碳燃烧提供氧量，所以在抽风能力一定条件下，应当努力减少有害漏风量，提高有效风量，加速料层垂直烧结速度。

对于抽风系统，降低漏风率，提高烧结有效风量，则充分利用主抽风机能力。

提高主抽风机能力，增加有效风量，会带来电耗和漏风率升高的负面影响。如果烧结机抽风系统漏风严重，尽管提高主抽风机能力，烧结有效风量也增加很少，因此积极减少有害漏风，提高有效风量很重要。

改善烧结过程料层透气性是增加有效风量极力提倡的措施，有利于提高料层厚度，实施大风量低负压烧结，提高转鼓强度，降低燃耗，降低FeO含量和烧结返矿率。

# 六、总管负压对烧结产质量和电耗的影响

在烧结风量和漏风率一定情况下，总管负压表示烧结过程中料层阻力的大小，烧结料层阻力大，则总管负压高，反之亦然。

## 1. 影响总管负压的因素（表4-17）

表4-17　影响总管负压的因素

| 影响因素 | 烧结料水分过大或过小 | 烧结料透气性差 | 固体燃料配比过高或过低 | 风箱堵塞炉条堵塞 | 点火质量差 | 点火温度过高或过低 |
|---|---|---|---|---|---|---|
| 负压变化 | 升高 | 升高 | 升高 | 升高 | 升高 | 升高 |
| 影响因素 | 布料厚薄或压料轻重或边部缺料 | 风机转子磨损严重 | 风机闸门开度小 | 系统漏风严重 | 烧结终点前移 | 除尘器堵塞 |
| 负压变化 | 升高或降低 | 降低 | 降低 | 降低 | 降低 | 降低 |

烧结料水分过大，烧结过程冷凝水量多，过湿带加厚，总管负压升高。

烧结料水分过小，制粒效果差，料层透气性差，总管负压升高。

点火温度过高，烧结料表层过熔，通过料层风量受阻，总管负压升高。

**2. 总管负压对烧结产质量和电耗的影响**

总管负压是主抽风机强制抽风形成的，是调整烧结料层透气性的主要因素之一。烧结料粒度组成、温度、料层厚度一定时，烧结生产率 $L[t/(m^2 \cdot h)]=CP^{1/8}$（$P$ 为负压，Pa），但提高负压必然使主抽风机电耗急剧增加，电耗 $Q(kW \cdot h/t)=CP$，由此可见负压对电耗的影响远远大于烧结生产率。在总管负压提高到一定水平后，烧结生产率提高的正效益弥补不了电耗升高的负效益，所以不能单靠提高负压的方法来提高烧结生产率。提高总管负压最严重的问题是烧结有害漏风量增加，不仅浪费电耗，且影响烧结矿产质量，因此积极而有效的措施是降低烧结系统漏风率，减少有害漏风量，增加通过料层的有效风量，提高烧结生产率且改善质量。

一定条件下，要求适宜总管负压。总管负压过高，料层透气性差，垂直烧结速度慢，烧结生产率低，烧结机尾有生料，返矿量大且返矿质量差。总管负压过低，料层透气性过剩，垂直烧结速度快，高温保持时间短，烧结成品率低，返矿量大，烧结矿质量变差，尤其对转鼓强度影响最大。

# 七、烧结机风、水、碳、烧结终点操作要点

### 1. 烧结机合理用风

主抽风机启停操作要点，详见"第四章 第五节 二、主抽风机的作用和操作要点"。

正常情况下，机尾风箱闸门全部开启而不随意关闭，不采取开闭机尾风箱闸门来调整终点温度和废气温度的办法，否则会影响烧结机后部的风量分布和总管负压变化。只有当突发情况烧结机速大幅度降低引起废气温度持续很高而不想停烧结机时，才采取关闭机尾风箱闸门的应急措施。

正常生产时，保持料层厚度不变，通过调整主抽风量或烧结机速控制烧结终点，烧结机速调整幅度不宜过大（≤±0.05m/min），且调整时间间隔为一个烧结机台面，不得频繁调整风量和机速。当烧结终点提前时，适当减少主抽风量或加快烧结机速。当烧结终点滞后时，适当加大主抽风量或减慢烧结机速。

当终点温度和废气温度持续偏低，总管负压偏高且有生料时，采取保持料层厚度不变，加大主抽风量或减慢烧结机速的调整措施。

炉膛负压高，原始料层透气性差，需增加主抽风量，反之亦然，提前调控烧结终点。

废气温度陡然升高表明过湿带消失，基本对应固定的风箱，称为过湿带风箱。过湿带风箱废气温度低或风箱位置滞后，则增加主抽风量或减慢烧结机速；过湿带风箱废气温度高或风箱位置提前，则减少主抽风量或加快烧结机速，提前调控烧结终点。

配碳量不大但机尾红层断面有火星，则欠风碳未燃尽，应适当增加主抽风量。

综合烧结料水分、固定碳含量、料仓料位、料层厚度、点火温度、废气温度、终点温度、炉膛负压、各风箱负压、过湿带风箱位置和温度、烧结终点位置和温度等参数，并将其变化趋势直观地以坐标曲线对比分析，可提前调控主抽风量和烧结机速，最终达到烧好烧透和烧结终点位置合适的效果。

**2. 目测判断烧结料水分**

烧结料水分适宜，则圆辊给料机下料均匀顺畅，料层厚度可控，台车料面平整，点火火焰不外扑，机尾断面解理整齐。

烧结料水分偏高，则圆辊给料机下料不畅呈团状，料层厚度自动减薄，点火火焰外扑，点火温度下降，出点火保温炉料面出现鱼鳞片状，料层透气性变差，总管负压升高，废气温度下降，垂直烧结速度减慢，烧结产能降低，机尾红层断面不整齐、变暗且松散，烧不透，有夹生湿料，烧结矿转鼓强度降低。

烧结料水分偏低，则圆辊给料机下料速度加快，不易控制，料层自动增厚，点火火焰外扑，料面出现浮灰且飞溅小火星，料层透气性变差，总管负压升高，废气温度下降，垂直烧结速度减慢，机尾红层断面不整齐且烧不透有夹生料，烧结矿落下疏散，转鼓强度降低，粉尘飞扬严重。

烧结料水分偏高时，稳定料层厚度，减轻料层压料，适当提高点火温度或增加配碳量或降低机速。

**3. 控制烧结固体燃耗**

（1）烧结三碳基本要求　烧结三碳指烧结料固定碳、烧结内返残碳、烧结矿残碳。

厚料层低碳烧结条件下，控制烧结料固定碳含量在 $2.4\%\sim2.8\%$，满足烧结过程所需能耗（适宜 FeO 含量），控制烧结内返残碳接近 $0.1\%$ 和烧结矿残碳低于 $0.1\%$，烧结料中碳基本燃尽，如果烧结内返和烧结矿残碳高，则烧结料中碳未燃尽，或者因配碳量大、风量不足、水分布料点火等原因未烧好内返和烧结矿（生料较多），需要查明原因采取措施降低烧结内返和烧结矿残碳。烧结内返残碳过高影响烧结料固定碳升高，烧结矿残碳过高在环冷机内二次燃烧，影响冷却效果和烧结矿质量。

（2）烧结固体燃料操作要点　烧结料固定碳主要由固体燃料带入，高炉炉尘、烧结内返等含碳物料带入少部分。

**【例 4-14】**　某作业区某班配料室干基上料量和相关成分见下表，计算当班烧结料平均固定碳含量。计算结果保留小数点后两位小数。

| 项目 | 铁矿粉 | 熔剂 | 固体燃料 | 高炉炉尘 | 高返和副产品 | 烧结内返 | 合计 |
|---|---|---|---|---|---|---|---|
| 干基上料量/t | 3419 | 570 | 174 | 52 | 4215 | 435 | 8865 |
| 碳含量/% | | | 85.3 | 30.8 | 1.5 | 0.1 | |

**解**　根据烧结过程碳平衡有：

8865×烧结料固定碳含量＝174×85.3＋52×30.8＋4215×1.5＋435×0.1

烧结料固定碳含量＝2.57％

① 影响固体燃料用量的因素　烧结过程中，氧化物的再结晶、高价氧化物的还原和分解、低价氧化物的氧化、液相生成量、烧结矿的矿物组成、烧结矿宏观和微观结构等，在很大程度上取决于固体燃料用量。

适宜固体燃料用量和粒度是烧结矿具有足够强度和良好还原性的关键因素。

影响固体燃料用量的主要因素有铁矿粉和熔剂的种类，固体燃料的热值，含 C、S、FeO 等氧化放热的物料，工艺因素（料层厚度、烧结料水分）等。

磁铁矿氧化放热反应 $4Fe_3O_4 + O_2 = 6Fe_2O_3$ $\Delta H = -562kJ/mol$

赤铁矿还原吸热反应 $3Fe_2O_3 + C = 2Fe_3O_4 + CO$ $\Delta H = +108.91kJ/mol$

$3Fe_2O_3 + CO = 2Fe_3O_4 + CO_2$ $\Delta H = +50.75kJ/mol$

当变更原料配比时，需要测定烧结料固定碳含量，考虑影响固体燃料用量的诸因素（表 4-18），兼顾烧结矿产质量指标，适当调整固体燃料用量，保证烧结过程热量需求。

表 4-18　影响固体燃料用量的因素

| 序号 | 影响因素 | 调整措施 |
|---|---|---|
| 1 | 增加磁铁矿粉配比，减少赤铁矿粉配比 | 适当降低<br>固体燃料<br>用量 |
| 2 | 增加生石灰配比，减少石灰石、白云石配比 | |
| 3 | 固体燃料的热值提高 | |
| 4 | 增加高炉重力除尘灰、炼钢污泥等含碳物料 | |
| 5 | 增加高硫矿、轧钢皮、磁选粉等烧结过程氧化放热物料 | |
| 6 | 烧结矿 FeO 含量高于规定值上限 | |
| 7 | 大幅度提高烧结料温度，增加带入物理热量 | |
| 8 | 提高料层厚度；烧结料水分低 | |
| 9 | 增减褐铁矿配比（因含结晶水需增加燃耗；因配比过大影响烧结矿转鼓强度需增加燃耗；因同化性和液相流动性好，可降低燃耗） | 根据情况调整<br>固体燃料用量 |

② 固体燃料用量判断　固体燃料用量直接影响燃烧带温度和厚度、垂直烧结速度、烧结气氛、烧结矿转鼓强度和还原性等。

a. 固体燃料用量大时，烧结料固定碳偏高，出点火炉 2～3m 仍有红料面，料面过熔结硬壳，烧结温度过高，还原性气氛增强，料层气流中氧含量低，不利于生成铁酸钙系，气流阻力加大，料层透气性差，垂直烧结速度减慢，烧结机产能降低，总管负压和废气温度升高，烧结机尾断面红层增厚发亮刺眼且严重粘台车，烧结饼落下声音很响，返矿量减少，烧结矿大孔薄壁结构呈蜂窝状，烧结矿 FeO 含量升高，还原性差，烧结内返和烧结矿残碳高，环冷机冷却负荷大，排矿温度高。

b. 固体燃料用量小时，烧结料固定碳偏低，出点火炉红料面缩短，料面固结强度差，有粉尘，烧结温度过低，氧化性气氛强，液相不足，总管负压和废气温度降低，垂直烧结速度减慢，烧结机尾断面红层减薄有"花脸"且颜色发暗，断面疏松，烧结饼落下声音小，机尾粉尘大，返矿量增多，烧结矿转鼓强度及成品率下降，FeO 含量降低，还原性好。

③ 固体燃料粒度要求及其影响　适宜固体燃料粒度与其反应性、烧结料各组分特性有关。

固体燃料粒度随烧结料各组分粒度增大而适当增大。以－8mm 铁矿粉为主料烧结时，适宜焦粉粒度为 1～3mm，有足够热量在其周围固结成强度较大的成块体系。当精矿粉比例增加混匀矿粒度变细（－200 目占 25％以上）时，适宜焦粉粒度为 0.5～3mm。控制焦粉中－0.5mm 过粉碎粒级和＋3mm 粗粒均低于 20％，因为－0.5mm 细粉燃烧时，难以在其周围建立起成块的烧结矿，＋3mm 粗粒在料层中分布点少且不均匀，影响烧结过程气氛不均匀，且布料时容易偏析到料层下部而使下部烧结矿 FeO 含量高，还原性差。

对于反应性强的无烟煤，粒度上限可适当放宽到 4.5mm。

固体燃料中－3mm 粒级多且－0.5mm 粉末少，才能更好发挥其燃烧性和高热值作用。

a. 固体燃料粒度过粗的影响　固体燃料粒度过粗，比表面积小，与氧的接触条件差，燃烧速度慢，拓宽燃烧带的厚度，料层透气性差，垂直烧结速度下降，烧结生产率降低。

固体燃料粒度过粗，料层中燃料分布相对稀疏且分布不均匀，粗粒燃料周围温度高，熔融严重，还原性气氛强，液相过多且流动性好，形成难还原、薄壁粗孔结构、强度差的烧结矿；在远离固体燃料颗粒和无固体燃料的区域烧结温度低，空气得不到利用，氧化性气氛强，烧结速度慢出现夹生料，因烧结气氛不均匀影响产量，质量不均匀，固结强度差。

固体燃料粒度过粗，布料时粗粒燃料偏析于料层下部，固定碳含量高，碳燃烧不尽，烧结矿过熔，FeO 含量增高，还原性差，烧结内返残碳高，烧结机尾断面间或有火苗，烧结矿黏结甚至烧炉条。而料层上部固体燃料分布少，热量不足，烧结矿结构疏松，FeO 含量低，转鼓强度差，成品率低，返矿多。

b. 固体燃料粒度过细的影响　固体燃料粒度过细，比表面积大，燃料易分散于料层各个部分，燃烧速度过快，烧结料传热性能不好时，固体燃料燃烧放热达不到料层熔融所需的高温和高温保持时间，高温反应进行不充分，影响烧结温度，液相生成量少，难以在燃料周围建立起成块的烧结矿，转鼓强度差，返矿量增多，生产率降低。

过细的燃料急速过早地燃烧，废气中 CO 含量增加，损失潜热。

当以赤铁矿和褐铁矿粉为主料烧结生产，烧结料层透气性好时，固体燃料燃烧动力学条件改善，固体燃料粒度宜粗一些，如果固体燃料过粉碎，则燃烧产生的热量大部分被烧结废气带走，对烧结矿固结作用不大。

④ 降低烧结固体燃耗的主要措施

a. 提高料温增加烧结料带入的物理热，减少废气带走的热量，实施环冷机余热回收利用等。

b. 增加氧化放热原料，减少吸热原料。

全生石灰代替石灰石、转炉炉尘和钢渣代替部分碳酸盐熔剂、低 $MgO$ 烧结、配加高炉炉尘和轧钢皮。

降低烧结矿 $Al_2O_3$ 含量，约 $Al_2O_3$ 含量 $-1$ 个百分点，固体燃耗 $-4\sim-6kg/t$。

降低烧结料中结晶水含量，约结晶水含量 $-1$ 个百分点，固体燃耗 $-2\sim-5kg/t$。

降低烧结料水分，约水分 $-1$ 个百分点，热耗 $-40\sim-50kJ/t$。

c. 充分利用固体燃料的燃烧热。

使用灰分低、发热值高的固体燃料。

焦粉和无烟煤单独分仓使用，控制无烟煤粒级较焦粉稍粗，无烟煤比例不大于 $30\%$，烧结料固定碳不变情况下调整焦粉和无烟煤比例。

受市场环境的影响，采购固体燃料的过粉碎现象严重，$-1mm$ 粒级较多（多时达 $50\%$ 左右），经四辊破碎后，更增加了 $-1mm$ 粒级含量，影响固体燃耗升高。针对过粉碎问题，降低固体燃料水分，实施分级分离预筛分技术，分离出 $+0.5mm$ 和 $-3mm$ 的粒级用于烧结生产，$-0.5mm$ 粒级细磨制粉后用于高炉喷吹燃料，不仅提高烧结固体燃料质量和使用效果，而且提高高炉制备喷吹燃料效率，高效利用固体燃料，降低炼铁和烧结燃料成本。

d. 燃料分加。固体燃料全内配情况下，形成以固体燃料为核心外裹矿粉的分布状态，尤其精粉率高、成球率高的原料条件下，固体燃料被矿粉深层包裹，阻碍燃料充分燃烧，实施 $-1mm$ 燃料分加技术，大多数燃料附着在料球表层或明显暴露在烧结料中，处于极有利的燃烧状态，改善燃料的燃烧条件，降低固体燃耗。

e. 提高成品率。采取多种有效措施，如加强原料中和混匀、返矿平衡、稳定烧结料水碳操作、减少漏风、提高有效风量、抑制边部效应、低负压点火、低负压烧结、稳定控制烧结终点等，改善烧结矿质量，提高成品率，降低内返率。

f. 改进工艺技术。强力混合机混匀和强化制粒，实施厚料层低水低碳烧结，降低上层烧结矿比例，增加料层自动蓄热所提供的热量。料层厚度 $+100mm$，固体燃耗约 $-1\sim-2kg/t$。

高碱度低温烧结，提高烧结过程氧位，控制烧结矿中 $Al_2O_3/SiO_2$ 在 $0.1\sim0.35$，改变黏结相的生成条件，减少硅酸盐黏结相，充分发展以铝硅铁酸钙系黏结相和原生赤铁矿为主的非均相烧结矿，降低烧结矿 $FeO$ 含量，提高软化和熔化温度，改善软熔性。

**4. 烧结终点操作要点**

烧结三点温度指点火温度、终点温度、总管废气温度。

终点温度指烧结到达终点位置风箱处的温度，整个料层高度均为烧结矿带，终点温度反映燃烧带温度（即烧结温度）的高低。

总管废气温度指各风箱集气管中的温度，即烟道温度，一般在进入机头电除尘器之前的烟道上安装热电偶，所测得的温度为总管废气温度。

（1）判断烧结终点　烧结后期，废气温度升高到一定值后开始降低的瞬间，即为烧结终点。

烧结终点即烧结过程结束所在风箱处的位置。烧结工况良好和烧结终点控制适宜的情况下，烧结终点处料层中碳燃烧反应完毕，废气温度在烧结终点为最高极值拐点。

当烧结机尾漏风较大时，废气温度分布出现异常，不出现拐点而出现最高值，很难判断烧结过程是否结束。

一般控制烧结终点位置在倒数第二个风箱处，根据原料状况和烧结机工况，可控制烧结终点位置在倒数第一～三个风箱处。

（2）控制烧结终点　烧结终点控制应遵循"稳定料层厚度，调整风、水、碳匹配，控制适宜烧结终点位置"的操作思路。

烧结过程是复杂的物理过程及化学反应过程，具有动态多变量、大时滞、多扰动、非线性的特点，终点控制很难建立精确的数学模型，表现在系统信息不完整性、不确定性、模糊性。不同操作者调整烧结终点位置的经验有差异，操作者人为判断终点的依据存在模糊性，且终点状态的自然语言描述具有明显的模糊性。

烧结过程状态包括透气性状态和热状态，透气性状态决定烧结过程是否顺利进行，热状态是过程状态的直观反映。随着烧结过程的进行，燃烧带自料层上部逐渐下移，由于下部料层自动蓄热作用，废气温度持续升高。当燃烧带前沿接近台车炉条时，过湿带消失，废气温度陡然升高，直到整个料层烧透烧结过程结束，废气温度达到最高，此后燃料燃烧结束，废气温度降低。由此基于温度曲线通过热状态指标——废气温度陡然上升点（过湿带消失点），可提前预判和干预烧结终点。具体做法为：在废气温度陡然上升的前后几个风箱支管处安装热电偶，实时监测这几个关键风箱的废气温度变化情况，如果过湿带消失点提前，则预判烧结终点位置也提前，可通过减小主抽风机风门开度或加快烧结机机速等措施，调整烧结终点往后推移；如果过湿带消失点滞后，则预判烧结终点位置也滞后，可通过加大主抽风机风门开度或减慢烧结机机速等措施，调整烧结终点位置往前移，及早纠正烧结终点位置。

近几年科研院所设备厂家兴起智能制造项目，为提升烧结工艺技术水平提供了技术支撑。如天津某科技有限公司开发的烧结机尾智能热成像技术，实时采集机尾视频图像，形成三维温度曲面，在线显示台车底部、边部、中部区域的温度曲线，同时将中部高温与实物烧结矿 FeO 含量对应形成大数据库，能够量化机尾断面红层厚度和温度以及边部效应的程度，解决岗位人员判断终点的认知差异、不确定性和模糊操作的问题，是一项较好的烧结终点智能控制技术。

（3）烧结终点对烧结矿产质量的意义　烧结终点是关系到烧结矿产量、质量、成本的重要参数，准确控制烧结终点是保证烧结过程能在适宜位置刚好完成的关键。烧结终点提前，则烧结矿过烧，不能充分利用有效烧结面积，降低烧结矿产能；烧结终点滞后，则烧结料层欠烧未烧透有生料，返矿量多且返矿质量差，烧结成品率低。

# 八、烧结矿 FeO 含量的影响因素、降低措施、分析判断方法

FeO 是烧结矿的主要成分，是烧结温度和烧结气氛的综合性反映指标。

FeO 含量对烧结矿性能有双重影响，过高或过低均不利于提高烧结矿产质量和改善冶金性能，FeO 含量控制在 7.5%～9% 可兼顾质量、能耗、冶金性能等指标在最佳范围。

不同类型烧结矿适宜 FeO 含量不同，但共同的发展方向是推行高氧位低 FeO 烧结。

## 1. 影响烧结矿 FeO 含量的因素

影响烧结矿 FeO 含量的因素诸多，适宜的 FeO 值主要取决于原料结构、配碳量、烧结矿碱度和成分、料层厚度等条件。

(1) 原始烧结料氧化度和宏观烧结气氛指数影响烧结矿 FeO 含量（表 4-19）

表 4-19 原始烧结料氧化度和宏观烧结气氛指数对照表

| 序号 | 铁料配比/% | | | | | | 原始烧结料氧化度 FeO/% | 实物烧结矿 FeO/% | 宏观烧结气氛指数 |
| | 磁铁精矿粉 | 赤铁精矿粉 | 卡拉加斯粉 | 杨迪粉 | 南非粉 | 综合粉 | | | |
|---|---|---|---|---|---|---|---|---|---|
| 1 | 67 | 19 | | 3 | 5 | 6 | 14.26 | 8.61 | 0.604 |
| 2 | 60 | 34 | | | | 6 | 13.91 | 8.85 | 0.636 |
| 3 | 55 | 40 | | | | 5 | 13.19 | 8.88 | 0.673 |
| 4 | 50 | 44 | | | | 6 | 12.11 | 8.23 | 0.680 |
| 5 | 45 | 10 | 30 | 5 | | 10 | 10.91 | 8.64 | 0.792 |
| 6 | 45 | 30 | 10 | 5 | 5 | 5 | 10.72 | 8.78 | 0.819 |
| 7 | 45 | 30 | 10 | 10 | | 5 | 10.68 | 8.64 | 0.809 |
| 8 | | | 25 | 10 | | | 9.93 | 8.79 | 0.885 |
| 9 | 45 | 10 | 30 | 15 | | | 9.86 | 8.73 | 0.885 |
| 10 | 45 | 10 | 35 | 10 | | | 9.81 | 8.41 | 0.857 |
| 11 | 38 | | 31 | 31 | | | 8.98 | 8.45 | 0.941 |
| FeO/% | 29.33 | 2.44 | 0.26 | 0.39 | 0.26 | 10.02 | | | |

宏观烧结气氛指数 $\quad P = FeO_{烧结矿} / FeO_{原始烧结料}$ (4-32)

式中 $FeO_{烧结矿}$——烧结矿 FeO 含量，%；

$\quad FeO_{原始烧结料}$——原始烧结料 FeO 含量，%。

$P$ 值是烧结生产掌控 $FeO_{烧结矿}$ 的重要参数，烧结过程总体呈氧化性气氛，$P<1$。

$P$ 值一定，$FeO_{原始烧结料}$ 低，则 $FeO_{烧结矿}$ 低，$FeO_{原始烧结料}$ 是影响 $FeO_{烧结矿}$ 的重要因素之一。

氧化度 $D_{原始烧结料}$ 用 $FeO_{原始烧结料}$ 表示，$FeO_{原始烧结料}$ 低，则氧化度 $D_{原始烧结料}$ 高。

$P$ 值用烧结过程氧位衡量，$P$ 值低，则烧结过程氧位高，$FeO_{烧结矿}$ 低。

$P$ 值和氧化度 $D_{原始烧结料}$ 决定烧结过程化学反应方向和形式。

氧化度 $D_{原始烧结料}$ 高或烧结过程氧位高的条件下，$Fe_2O_3$ 较易保持原始形态并与 $CaO$ 生成铁酸钙，$FeO_{烧结矿}$ 低。

氧化度 $D_{原始烧结料}$ 低或烧结过程氧位低的条件下，$Fe_2O_3$ 易被还原成 $Fe_3O_4$ 或浮氏体，与 $SiO_2$ 生成铁橄榄石 $2FeO \cdot SiO_2$ 及类似复杂化合物，$FeO_{烧结矿}$ 高，还原性差。

提高烧结过程氧位的措施有低碳低温烧结、热风烧结、富氧鼓风等。

$FeO_{烧结矿}$ 受铁矿粉种类的影响。赤铁矿粉和褐铁矿粉 FeO 含量低（一般小于 1%），磁铁矿粉 FeO 含量高（一般 26% 左右），轧钢皮 FeO 含量高达 70%，也有部分游离铁。赤铁矿粉高碱度烧结，则烧结过程氧位高，易生成铁酸钙黏结相，降低 $FeO_{烧结矿}$。磁铁矿粉配比高，则氧化度 $D_{原始烧结料}$ 低，烧结过程更易形成含 FeO 的矿相，$FeO_{烧结矿}$ 高。随着磁铁矿和轧钢皮配比的减少，$FeO_{烧结矿}$ 减小，当磁铁矿配比降低到 10% 以下时，$FeO_{烧结矿}$ 降低不明显，因烧结氧化性气氛下能把磁铁矿带入的大部分 FeO 氧化为 $Fe_2O_3$，故磁铁矿粒度越细，FeO 越易被氧化为 $Fe_2O_3$。

（2）工艺操作制度影响 FeO 含量　选择适宜工艺参数并保持稳定，对合理控制烧结矿 FeO 含量很关键。

烧结过程的温度水平和气氛对 FeO 含量影响很大，一方面与配碳量、固体燃料粒度、烧结料水分有关，另一方面与点火温度、点火负压、总管负压、烧结机机速、冷却速度、废气温度等有关。

点火温度和总管负压适宜，减慢烧结机机速，延长高温保持时间，液相结晶发育完善，改善烧结矿质量，降低 FeO 含量。

确定合适的配碳量和水分是获得高产优质烧结矿的保证，低水低碳有利于降低烧结矿 FeO 含量，但并非水分和配碳量越低越好，需针对不同原料结构、不同料层厚度、烧结矿碱度、$SiO_2$ 和 MgO 含量，确定适宜的配碳量和水分。

烧结矿碱度和 $SiO_2$ 含量基本一定情况下，配碳量是影响 FeO 含量的重要因素，配碳量与 FeO 含量呈强正相关关系，配碳量过高，碳存在不完全燃烧，废气中 CO 含量增加，烧结过程中还原反应加剧，$Fe_2O_3 + C$ 或 $CO \rightarrow Fe_3O_4 + CO_2$，$Fe_3O_4 + C$ 或 $CO \rightarrow FeO + CO_2$，同时 $Fe_2O_3$ 不稳定而分解为 $Fe_3O_4$ 和 FeO，烧结矿中 FeO 以铁橄榄石和钙铁橄榄石黏结相形态出现，FeO 含量升高，转鼓强度降低且还原性很差。

固体燃料粒度是影响 FeO 含量的一个重要因素，适宜固体燃料粒度为 0.5～3mm。固体燃料配比一定情况下，如果固体燃料粒度过粗，因布料偏析造成料层上部和下部固定碳差异大，FeO 含量波动极差大。如果固体燃料粒度过细，燃烧速度过快，烧结过程液相发展不充分，烧结矿 FeO 含量低，转鼓强度差。

烧结生产中控制适宜 FeO 含量的关键是合理的配碳量。降低配碳量实现低 FeO 烧结，满足烧结液相量和固结强度，获得优良烧结矿，对烧结生产至关重要。

（3）烧结矿碱度、$SiO_2$ 和 MgO 含量影响 FeO 含量

① 烧结矿碱度影响 FeO 含量　低碳低 FeO 烧结可能造成液相量和固结强度不足，可通过提高碱度弥补液相量不足，尤其碱度提高到 1.95 以上时黏结相强度和转鼓强度升高趋势明显，因此低碳高碱度可以满足低 FeO 烧结条件。

配碳量和烧结矿的 $SiO_2$、MgO 含量基本相同的情况下，随着碱度的提高，烧结料中的熔剂量增加，增强混合料制粒效果，改善烧结料层透气性，提高料层氧位；$CaCO_3$ 和 $MgCO_3$ 在烧结过程中吸热分解，烧结温度降低并向气相中析出 $CO_2$，稀释烧结料层中的还原性气氛，减慢铁氧化物的还原速度，促进铁酸钙的生成，抑制磁铁矿和铁橄榄石的发展，同时高碱度烧结矿易产生低熔点化合物，降低固体燃耗，降低 FeO 含量，为厚料层烧结奠定基础。

② 烧结矿 $SiO_2$ 含量影响 FeO 含量　烧结矿碱度不变的情况下，FeO 含量随着 $SiO_2$ 含量的升高而升高。900℃以上高温下 $Fe_3O_4$ 的被还原，特别是 $SiO_2$ 存在时加快 $Fe_3O_4$ 的还原，生成低熔点化合物铁橄榄石 $2FeO \cdot SiO_2$，同时由于 CaO 的存在，形成钙铁橄榄石 $CaO \cdot FeO \cdot SiO_2$，当配碳量较高时这两种液相对熔剂性烧结矿的固结有较大的作用。

③ 烧结矿 MgO 含量影响 FeO 含量　烧结矿其他化学成分不变的情况下，FeO 含量随 MgO 的提高而提高。因为 FeO-MgO 是连续固溶体，可以相互固溶而没有任何限制；MgO 可抑制 $Fe_3O_4$ 在冷却过程中再氧化成 $Fe_2O_3$，有稳定 $Fe_3O_4$ 的作用；烧结矿中 MgO 含量高，则生成高熔点化合物，烧结温度提高，使烧结矿 FeO 含量升高。

烧结生产中 MgO 高熔点化合物和 FeO 的生成，这是由于固体燃料用量增多而引起，会使烧结生产率降低，转鼓强度和还原性变差，所以烧结（尤其低硅烧结）适宜的工艺条件是高碱度、低 MgO、低 FeO 烧结。

④ 烧结料层厚度影响 FeO 含量　提高料层厚度，有利于降低 FeO 含量。强化制粒厚料层烧结，料层自动蓄热作用增强，可以适当降低配碳量，增强氧化性气氛，促进铁酸钙的发育和黏结相的发展，抑制 $Fe_3O_4$ 的生成，降低 FeO 含量。

厚料层烧结是实现低碳、低 FeO、高强度、高还原性的基础。

**2. 烧结矿 FeO 含量对烧结产质量的影响**

烧结矿 FeO 含量是关系到烧结矿消耗指标、物化性能、冶金性能和高炉炉况的重要指标。

降低烧结矿 FeO 含量，有利于改善还原性和高炉增铁节焦，但过低的 FeO 影响烧结矿转鼓强度，恶化低温还原粉化率，确定适宜 FeO 含量对烧结生产和高炉冶炼具有重要意义。

（1）烧结矿 FeO 含量对产量的影响　烧结矿产量取决于垂直烧结速度和成品率。垂直烧结速度、成品率与 FeO 含量具有典型二次曲线特性，随着 FeO 含量升高，垂直烧结速度、成品率表现出上升到一定程度后下降的趋势。生产实践表明高碱度烧结条件下，

FeO 低于 6% 时，烧结过程液相量不足，铁矿石结晶程度差，主要黏结相是玻璃质，多孔洞，强度差，垂直烧结速度慢，成品率低；当 FeO 含量维持在 7.5%～9.0% 时，垂直烧结速度和成品率均较好；当 FeO 含量达 9.5% 以上时，燃烧带温度过高，恶化烧结料层透气性，不利于生成铝硅铁酸钙 SFCA 黏结相，既浪费能源又恶化烧结状况，垂直烧结速度和成品率呈下降趋势。

为保证较高烧结产能和较低的燃耗，控制烧结矿 FeO 含量在 7.5%～9.0% 为宜。

(2) 烧结矿 FeO 含量对转鼓强度的影响　烧结矿碱度不同或碱度相同而 $SiO_2$ 含量不同，FeO 含量与转鼓强度的关系也不同。

FeO 含量低于 8.5% 时，与转鼓强度呈正相关关系，过低 FeO 会使转鼓强度变差，烧结成品率降低。但当 FeO 含量高于 9.5% 时，矿物表面出现微小裂纹，裂纹一直充满到矿物中心，导致转鼓强度急剧下降。

FeO 对转鼓强度的影响与 FeO 的赋存矿物有关（以硅酸盐形态还是磁铁矿形态存在）。当烧结矿 $SiO_2$ 含量较高，FeO 主要以硅酸盐形态存在时，FeO 高，则玻璃相多，转鼓强度低，需控制较低的 FeO 含量。当 FeO 以磁铁矿形态存在时（磁铁矿粉烧结），可适当放宽 FeO 含量。

并非 FeO 低转鼓强度就低，转鼓强度主要由黏结相强度（液相结构）和矿物自身强度决定，如铁酸一钙 $CaO \cdot Fe_2O_3$ 黏结相不含 FeO，但其强度稍高于磁铁矿 $Fe_3O_4$ 强度；赤铁矿 $Fe_2O_3$ 不含 FeO，但其强度与铁橄榄石 $2FeO \cdot SiO_2$ 强度接近，比钙铁橄榄石 $CaO \cdot FeO \cdot SiO_2$ 强度高。又如呈高温熔蚀状的铁酸钙黏结相并析出于玻璃相中，与玻璃相共同起黏结作用时，其强度远比针状铁酸钙强度低。

改变烧结原料结构，控制烧结工况（如提高碱度、低碳低温烧结、配加蛇纹石、控制适宜 $Al_2O_3/SiO_2$ 比值等），铁酸一钙成为烧结矿的主骨架且晶体多呈针状、片状，充分发展 SFCA 黏结相，则烧结矿 FeO 含量低，具有良好的固结强度且还原性好。

(3) 烧结矿 FeO 含量对还原性的影响　烧结矿 FeO 含量是评价还原性能好坏的重要标志，FeO 含量高，则还原性差，主要因烧结矿结构致密难还原。FeO 含量低，则还原性好，有利于发展高炉上中部间接还原反应，降低冶炼焦比。

烧结矿还原性不仅取决于 FeO 含量，而且与矿物组成和结构有关。本身游离 FeO 是 $Fe^{2+}$ 低价铁易还原，但烧结矿中 FeO 不是以游离状态存在，由于高温燃烧带的作用，使很大一部分 FeO 与 $SiO_2$、CaO、$Fe_3O_4$ 等结合生成铁橄榄石 $2FeO \cdot SiO_2$、钙铁橄榄石 $CaO \cdot FeO \cdot SiO_2$、少量的浮氏体 $FeO_x$ 等，烧结矿熔融程度越高，这些难还原的物质含量越多，烧结矿 FeO 含量越高，还原性越差。

磁铁矿粉烧结，随着烧结矿 FeO 含量由小于 8.5% 升高到大于 9% 甚至 9.5% 以上，烧结料层局部还原性气氛增强，赤铁矿和铁酸钙易还原矿物减少，磁铁矿、钙铁橄榄石特别是铁橄榄石等难还原矿物增多，而且铁酸钙系的结晶形态由针状发展为黏结效果较差的板状、粒状，烧结矿还原性明显变差。

富矿粉烧结且配碳量偏高时，C 和 CO 将 $Fe_2O_3$ 还原成 $Fe_3O_4$ 和 FeO，进而与 CaO、$SiO_2$ 反应生成铁橄榄石 $2FeO \cdot SiO_2$、钙铁橄榄石 $CaO \cdot FeO \cdot SiO_2$，不仅降低烧结矿还

原性，而且燃烧带增厚，阻力增大，影响烧结机产能。

对同一原料而言，尽力提高烧结矿的氧化度，降低结合态 FeO 生成，是改善烧结矿质量的重要途径。

对于烧结矿 FeO 含量而言，转鼓强度和还原性是烧结生产中需要处理好的一对矛盾，其他条件相同情况下，FeO 含量与转鼓强度呈一定正相关关系，而与还原性成反比关系。当生产要求改善烧结矿还原性和降低燃耗时，选定较低的 FeO 含量；当要求改善烧结矿粒度组成和提高转鼓强度，以及改善低温还原粉化性能时，选定较高的 FeO 含量。企业根据各自原料条件和工艺状况，制定适宜而稳定的 FeO 含量是保证转鼓强度同时兼顾还原性的有效措施。

（4）烧结矿 FeO 含量对低温还原粉化率 $RDI_{+3.15mm}$ 的影响　烧结矿 FeO 含量是影响 $RDI_{+3.15mm}$ 的主要因素之一，FeO 含量高，则 $Fe_2O_3$ 较少，减轻烧结矿还原初期裂纹扩展程度，同时烧结温度高，增加了赤铁矿的溶解，生成更多的液相，烧结矿结构致密，改善转鼓强度和低温还原粉化率 $RDI_{+3.15mm}$。

随着 FeO 含量的提高，低温还原粉化率 $RDI_{+3.15mm}$ 几乎呈直线升高，但 FeO 含量超过 10% 后，$RDI_{+3.15mm}$ 上升幅度不明显。

### 3. 降低烧结矿 FeO 含量的主要措施

在保证供给烧结过程所必需热量的条件下，尽量降低烧结料中的配碳量，是降低烧结矿中 FeO 含量的主要途径。

严格控制熔剂粒度在 $-3mm$，生石灰充分消化提高活性度，石灰石和白云石充分分解和矿化。

控制固体燃料粒度在 $0.5\sim3mm$，焦粉和无烟煤分别破碎，分仓使用，考虑烧结过程放热物料和辅料带入的碳，稳定烧结料固定碳含量。

提高配料准确性，稳定烧结料水碳，加强上下工序间沟通联系，控制返矿平衡，关注机尾断面红层厚度和颜色，判断烧结料固定碳和固体燃料粒度是否适宜，控制适宜 FeO 含量。

强化制粒改善烧结料层透气性，推行厚料层、低碳、烧透筛尽操作方针，发挥厚料层自动蓄热的优势，创造低燃料配比、高氧化性气氛的操作条件，提高成品率，降低返矿率，有效降低固体燃耗和 FeO 含量。

优化高炉炉料结构，生产高碱度、低 FeO 烧结矿，在保证转鼓强度的情况下，不追求过高的 FeO 含量。

根据原料结构，阶段性制定烧结矿 FeO 含量指标，加强基础管理工作，严格烧结矿 FeO 含量经济责任制考核。

降低烧结矿 FeO 含量不是最终目的，关键在于改善烧结矿质量，给高炉冶炼提供强度好、易还原的优质烧结矿。

### 4. 检测分析和判断烧结矿 FeO 含量

（1）在线检测烧结矿 FeO 含量

① 在线图像识别检测法　在线图像识别判断烧结矿 FeO 含量等级是提取烧结机尾断面图像上烧结气孔面积平均值和烧结气孔的平均亮度作为特征，根据烧结生产实际将 FeO 含量分为低、适中、高、过高四个等级，采集断面图像样本判断其对应 FeO 含量，计算 FeO 含量等级的隶属度，用隶属度加权平均距离法判断 FeO 含量等级。

采用烧结机尾断面图像分析仪判断烧结矿 FeO 含量的不足：

a. 机尾断面红层过亮而看不清细节，摄像机经受高温需反吹风和水冷保护装置，需耐高温和耐磨行程开关控制摄像时刻。

b. 机尾灰尘、烟雾带来的噪声和摄像过程中产生的随机噪声影响摄像效果，图像背景区、红层区、烧结气孔区之间边缘比较模糊，灰度变化平缓等影响检测结果。

c. 分析仪的在线识别率较低（70%左右）。

② 在线磁导率检测法　通过在线检测烧结矿中铁磁物质的磁导率，利用磁导率和 FeO 含量的相关关系计算 FeO 含量，具有测速快、准确度高的特点。

③ 在线废气温度和废气成分检测法　在线检测废气温度和废气成分（$O_2$、$CO_2$）通过关系式"烧结矿 FeO 含量＝24.8－0.94（烟气中 $O_2$ 含量）－0.18（烟气中 $CO_2$ 含量）＋0.013（废气温度）"计算烧结矿 FeO 含量。

（2）化学分析法（重铬酸钾滴定法）测定烧结矿 FeO 含量

① 原理　烧结矿试样用盐酸溶解，$Fe^{2+}$ 转入溶液中，为避免 $Fe^{2+}$ 被空气氧化，溶解时加入少量碳酸氢钠 $NaHCO_3$，加入溶样盐酸后产生大量 $CO_2$，以排除锥形瓶中的空气。

$$NaHCO_3 + HCl = NaCl + H_2O + CO_2$$

$Fe^{2+}$ 在硫磷混酸存在下，以二苯胺磺酸钠为指示剂，用重铬酸钾标准滴定溶液滴定，测得溶液中的 FeO 含量。

$$6FeCl_2 + K_2Cr_2O_7 + 14HCl = 6FeCl_3 + 2KCl + 2CrCl_3 + 7H_2O$$

加 $H_2SO_4$ 是为了保证体系的酸度，一是因为重铬酸钾 $K_2Cr_2O_7$ 只有在强酸性环境下才能充分发挥氧化性，二是因为强酸性环境能够抑制 $Fe^{3+}$ 的水解。加 $H_3PO_4$ 的目的是 $H_3PO_4$ 与 $Fe^{3+}$ 形成无色的配合物离子，能够消除 $Fe^{3+}$ 颜色对滴定终点的干扰。

指示剂变色原理：二苯胺磺酸钠本身具有氧化还原性质，在氧化还原滴定反应至计量点时，指示剂被氧化或还原，指示滴定到达终点。用重铬酸钾标准滴定溶液滴定至稳定的紫色，即溶液中的 $Fe^{2+}$ 被全部氧化成 $Fe^{3+}$。

② 试剂　氟化钠；盐酸，1＋1；碳酸氢钠（固体）；饱和碳酸氢钠溶液；硫磷混酸，4＋4＋2。

将 400mL 磷酸（$\rho = 1.70g/mL$）在搅拌下注入 400mL 水中，再缓慢加入 200mL 浓硫酸（$\rho = 1.84g/mL$）混匀。

二苯胺磺酸钠指示剂溶液，2g/L。量取 0.1g 二苯胺磺酸钠溶于 50mL 水中，加 2～3 滴浓硫酸（$\rho = 1.84g/mL$），待溶液澄清后使用。

重铬酸钾标准滴定溶液 $C$（1/6 $K_2Cr_2O_7$）＝0.03mol/L。将重铬酸钾基准试剂置于（150±2）℃恒温干燥箱中烘干 1h 后冷却至室温，量取 1.4709g 放入 1000mL 烧杯中，加水溶解稀释到刻度混匀。

③ 试样制备　将烧结矿试样磨碎到小于 $100\mu m$ 粒度，量取 0.2g 试样充分混匀，置于 $(105\pm2)$℃恒温干燥箱中烘干后冷却至室温备用。

④ 分析滴定　量取 0.1g 干燥制备好的烧结矿试样置于 300mL 锥形瓶中，加 0.5g 氟化钠、60mL 盐酸（1+1）、0.5～1g 碳酸氢钠，迅速用带有导管的橡皮塞盖上瓶口，加热至沸腾并保持微沸 20～40min，使溶液体积蒸发至 20～30mL，导管一端迅速插入饱和碳酸氢钠溶液中，用流水将锥形瓶冷却至室温，加入 25mL 硫磷混酸，加水至体积 100mL，加 5 滴二苯胺磺酸钠指示剂溶液，用重铬酸钾标准滴定溶液快速滴定，边滴边摇晃至溶液由亮绿色变为稳定的紫红色，记录消耗重铬酸钾标准滴定溶液的体积 $V$。

⑤ 计算烧结矿 FeO 含量

$$FeO_{烧结矿} = (VCM/10^3 G) \times 100\% \qquad (4\text{-}33)$$

式中　$V$——试样溶液所消耗的重铬酸钾标准滴定溶液的体积，mL；

$C$——重铬酸钾标准滴定溶液的浓度，mol/L；

$M$——铁的摩尔质量，56g/mol；

$G$——试样质量，0.1g。

⑥ 注意事项　重铬酸钾滴定法分析烧结矿 FeO 含量较准确，在分析过程中操作要迅速，以免 $Fe^{2+}$ 被空气氧化，导致分析结果偏低。

试样中的金属铁和硫化铁会干扰测定，因为金属铁与硫化铁被盐酸溶解后以 $Fe^{2+}$ 形态转入溶液中，导致分析结果偏高，特别是硫化铁被盐酸分解后，除生成 $Fe^{2+}$ 外还会产生硫化氢，将溶液中 $Fe^{3+}$ 也还原成 $Fe^{2+}$。为消除硫化铁的干扰，可用饱和二氟化汞溶液 5mL（1+1）、磷酸 30mL 和 0.5g 碳酸氢钠溶解试样，将产生的硫化氢在未与 $Fe^{3+}$ 反应之前转化为硫化汞而消除。

（3）目测判断烧结矿 FeO 含量

① 从烧结矿熔化程度和气孔率判断。正常微熔烧结矿像小气孔发达的海绵，则 FeO 含量低或适中；过熔烧结矿组织为熔化大气孔薄壁状，气孔率小，则 FeO 含量高，随着熔化程度的加深，FeO 含量升高。

② 从烧结矿色泽判断。烧结矿金属光泽部位较多，则 FeO 含量低；烧结矿瓦灰色部位较多，则 FeO 含量高。

③ 从烧结矿摔打情况判断。摔打声音发脆、碎裂，则 FeO 含量高，转鼓强度差。

④ 从烧结机机尾红层断面厚薄和颜色判断。在烧结终点控制合适的情况下，机尾红层断面超过料层厚度的 1/3，则配碳量大，FeO 含量高；机尾红层颜色刺眼发亮且有火星，则固体燃料粒度偏大，FeO 含量高；机尾红层断面薄，约占料层厚度的 1/4，则配碳量适中，FeO 含量适宜；机尾红层呈暗红色且没有火星，则配碳量和固体燃料粒度适中，FeO 含量适宜。

# 第六节
# 铁矿粉烧结特性和合理配矿

# 一、矿物熔点和导热性

### 1. 矿物熔点

熔点是纯物质结晶相与液相处于平衡状态下的温度，即晶体物质开始熔化温度。

矿物熔点与晶体结构有关，晶体质点间结合力越大，结构越稳定，则熔点越高。

虽然 $MgO$、$CaO$、$Al_2O_3$、$SiO_2$、$Fe_3O_4$、$Fe_2O_3$ 的熔点高于烧结温度（见表 4-20），但在烧结预热带和燃烧带下，它们之间能发生固相反应和液相反应而生成低熔点化合物，如铁酸一钙 CF 熔点 1216℃、铁酸二钙与二铁酸钙固熔体熔点 1195℃，形成既有未熔、自身强度高的核矿粉，又有低熔点黏结相固结周围矿粉的非均质烧结矿，这正是烧结配加少量固体燃料就能固结成为具有一定强度烧结矿的根本原因。

**表 4-20 常见矿物熔点**

| 矿物名称 | 分子式 | 熔点/℃ | 矿物名称 | 分子式 | 熔点/℃ |
|---|---|---|---|---|---|
| 石墨 | C | 3700 | 钙镁橄榄石 | $CaO \cdot MgO \cdot SiO_2$ | 1490 |
| 方镁石 | MgO | 2800 | 硅钙石 | $3CaO \cdot 2SiO_2$ | 1478 |
| 氧化钙 | CaO | 2370 | 镁黄长石 | $2CaO \cdot MgO \cdot 2SiO_2$ | 1454 |
| 硅酸二钙 | $2CaO \cdot SiO_2$ | 2130 | 铁酸二钙 | $2CaO \cdot Fe_2O_3$ | 1449 |
| 硅酸三钙 | $3CaO \cdot SiO_2$ | 2070 | 浮氏体 | $Fe_xO$ | 1371~1423 |
| 三氧化二铝 | $Al_2O_3$ | 2050 | 铝硅铁酸钙 | $CaO \cdot Fe_2O_3 \cdot SiO_2 \cdot Al_2O_3$ | 1360 |
| 镁橄榄石 | $2MgO \cdot SiO_2$ | 1890 | 二铁酸钙 | $CaO \cdot 2Fe_2O_3$ | 1226 |
| 自然铂 | Pt | 1773 | 铁酸一钙 | $CaO \cdot Fe_2O_3$ | 1216 |
| 石英 | $SiO_2$ | 1713 | 钙铁橄榄石 | $CaO \cdot FeO \cdot SiO_2$ | 1208 |
| 红锌矿 | ZnO | 1670 | 硅酸铁 | $FeO \cdot SiO_2$ | 1205 |
| 硫锰矿 | MnS | 1610 | 硅酸二钙与铁酸一钙 | $2CaO \cdot SiO_2 \sim CaO \cdot Fe_2O_3$ | 1200 |
| 磁铁矿 | $Fe_3O_4$ | 1597 | 铁酸二钙与二铁酸钙 | $2CaO \cdot Fe_2O_3 \sim CaO \cdot 2Fe_2O_3$ | 1195 |
| 铁酸镁 | $MgO \cdot Fe_2O_3$ | 1580 | 硫化亚铁 | FeS | 1194 |
| 赤铁矿 | $Fe_2O_3$ | 1565 | 黄铁矿 | $FeS_2$ | 1171 |
| 偏硅酸镁 | $MgO \cdot SiO_2$ | 1557 | 铁橄榄石与 $Fe_3O_4$ | $2FeO \cdot SiO_2 \sim Fe_3O_4$ | 1142 |
| 硅酸一钙 | $CaO \cdot SiO_2$ | 1544 | 黄铁矿与铁 | $FeS_2 \sim Fe$ | 985 |
| 纯铁 | Fe | 1535 | 铅 | Pb | 327 |

**2. 矿物导热性**

导热性是矿物传导热量的能力，用热导率表示，单位为 W/（m·K）。

热导率指在稳定传热条件下，1m 厚的矿物两侧表面温差为 1K，在 1s 内通过 1m² 面积传递的热量。

**3. 影响矿物导热性的因素**

不同种类的矿物其热导率不同；同一种类矿物热导率与其晶体结构、密度（孔隙率）、湿度、温度、化学组成、杂质含量等因素有关。

矿物的晶体结构复杂、密度小、孔隙率大、水分低、温度低、化学组分复杂、杂质含量多，则热导率小。

一般来说，固体热导率比液体大，液体热导率比气体大，这种差异很大程度上是状态分子间距不同所导致。

# 二、铁矿粉熔融特性和配矿原则

铁矿粉是多种矿物组成的混合物，没有固定熔点，有软熔温度范围。

铁矿粉开始熔化温度远比其中任一组分纯净矿物的熔点低。

铁矿粉组分在一定温度下形成一种共熔体，熔化状态下有熔解铁矿粉中其他高熔点物质的性能，从而改变熔体成分及其熔化温度。

表 4-21　某院校检测几种铁矿粉熔融特性

| 矿粉名称 | 变形温度/℃ | 软化温度/℃ | 半球温度/℃ | 流动温度/℃ |
|---|---|---|---|---|
| 蒙古粉 | 1385 | 1430 | 1460 | 1495 |
| PB 粉 | 1395 | 1475 | 1510 | >1510 |
| 伊朗粉 | 1405 | 1440 | 1495 | 1510 |
| 杨迪粉 | 1410 | 1435 | 1485 | 1510 |
| 低巴粉 | 1440 | 1490 | 1510 | >1510 |
| 纽曼粉 | 1460 | 1490 | 1505 | >1510 |
| 麦克粉 | 1460 | 1490 | 1510 | >1510 |
| 南非粉 | 1470 | 1490 | 1505 | >1510 |
| 卡拉加斯粉 | 1475 | 1495 | 1510 | >1510 |
| 火箭粉 FMG | 1480 | 1510 | >1510 | >1510 |

表 4-21 中几种铁矿粉软化温度较高，大部分在 1470℃以上，适宜作为烧结用铁矿粉。软化温度较低的蒙古粉、杨迪粉、伊朗粉，在烧结配矿中配比不宜过高。

铁矿粉的矿物性能对烧结过程的影响见表 4-22。

**表 4-22　铁矿粉的矿物性能对烧结过程的影响**

| 铁矿粉名称 | 矿物性能对烧结过程的影响 | | | | | |
|---|---|---|---|---|---|---|
| 磁铁矿<br>$Fe_3O_4$ | 氧化放热<br>燃耗降低 | 挥发物少<br>烧损小 | 软化温度低<br>易生成液相 | 黏结性差<br>湿容量小<br>抗压强度高 | 还原性<br>一般 | 还原<br>粉化小 |
| 赤铁矿<br>$Fe_2O_3$ | 分解吸热<br>燃耗升高 | 挥发物少<br>烧损较小 | 软化温度高 | 抗压强度较高<br>烧结矿强度好 | 还原性<br>好 | 还原<br>粉化大 |
| 褐铁矿<br>$mFe_2O_3 \cdot nH_2O$ | 分解吸热<br>燃耗不定 | 挥发物多<br>烧损大 | 液相发展<br>同化流动好 | 疏松孔隙大<br>表面粗糙<br>烧结矿强度差 | 分解后<br>还原性<br>很好 | 还原<br>粉化大 |

**1. 铁矿粉熔融特性的定义**

熔融特性反映铁矿粉从初始生成液相到液相完全流动的过程特征，用以评价铁矿粉烧结液相的温控性。

定义收缩率为 30% 的温度为液相开始生成温度 $T_{30}$，收缩率为 55% 的温度为液相生成终了温度 $T_{55}$，$T_R$（$T_R = T_{55} - T_{30}$）为生成液相的温度区间，通过 $T_{30}$、$T_{55}$、$T_R$ 得到铁矿粉烧结熔融曲线，用以评价铁矿粉烧结熔融特性。

$T_{30}$、$T_{55}$ 反映一定烧结温度条件下生成液相的难易程度和液相量的多少，$T_{30}$、$T_{55}$ 数值高，则不易生成液相，液相量不足。

$T_R$ 反映液相生成过程中的温度区间，体现烧结温度的可控程度，$T_R$ 温度区间大，烧结过程液相生成温度范围大，烧结温度的可控性强。

**2. 铁矿粉熔融特性配矿原则**

铁矿粉的软化温度以适当高一些为宜。铁矿粉烧结是在不完全熔化的条件下黏结成块的过程，随着烧结温度的提高，铁矿粉和熔剂组分首先发生固相反应生成低熔点化合物或共熔体，进而生成液相固结周围矿粉，烧结过程不仅需要液相固结提高烧结矿转鼓强度，更需要软化温度高的未熔核矿粉起骨架作用提高垂直烧结速度，提高烧结产能。

# 三、铁矿粉烧结基础特性的含义、测定、影响因素、配矿原则

铁矿粉烧结基础特性是在烧结过程中表现出的高温物理化学性质，反映铁矿粉烧结行为和作用，是评价铁矿粉影响烧结过程和烧结矿质量的基本指标。

铁矿粉烧结基础特性包括同化性、液相流动性、铁酸钙生成特性、黏结相强度特性、连晶固结特性。

某院校以表 4-23 几种铁矿粉为例，评价其烧结基础特性。

表 4-23　测定几种铁矿粉化学成分

| 矿粉名称 | TFe/% | FeO/% | SiO$_2$/% | Al$_2$O$_3$/% | CaO/% | MgO/% | S/% | P/% | Ig/% |
|---|---|---|---|---|---|---|---|---|---|
| 国产磁铁精矿粉 1 | 64.72 | 27.80 | 9.30 | 0.22 | 0.48 | 0.31 | 0.025 | 0.011 | 0.53 |
| 国产磁铁精矿粉 2 | 68.52 | 29.00 | 3.97 | 0.11 | 0.38 | 0.27 | 0.022 | 0.010 | 0.30 |
| 杨迪粉 | 58.20 | 0.15 | 4.23 | 1.45 | 0.06 | 0.08 | 0.040 | 0.009 | 10.10 |
| 哈默斯利粉 | 63.71 | 0.42 | 3.25 | 2.01 | 0.05 | 0.11 | 0.011 | 0.066 | 3.27 |
| 罗布河粉 | 56.90 | 0.40 | 5.12 | 2.42 | 0.30 | 0.17 | 0.040 | 0.005 | 9.48 |
| BHP 粉 | 64.00 | 0.77 | 3.60 | 1.88 | 0.07 | 0.12 | 0.058 | 0.009 | 2.87 |
| 巴西 CVRD 粉 | 67.51 | 0.70 | 1.04 | 0.72 | 0.04 | 0.06 | 0.026 | 0.026 | 3.50 |
| 巴西赤铁精矿粉 | 69.20 | 0.57 | 0.46 | 1.00 | 0.05 | 0.10 | 0.030 | 0.031 | 0.44 |
| 巴西 MBR 粉 | 66.57 | 0.82 | 1.71 | 0.75 | 0.07 | 0.89 | 0.019 | 0.051 | 1.80 |
| 印度粉 | 62.50 | 0.27 | 3.50 | 1.84 | 0.03 | 0.20 | 0.005 | 0.046 | 4.39 |
| 南非粉 | 65.92 | 0.35 | 3.04 | 1.39 | 0.17 | 0.02 | 0.018 | 0.035 | 0.80 |
| 巴西依塔贝拉粉 | 64.60 | 0.52 | 3.89 | 1.14 | 微量 | 微量 | 0.021 | 0.038 | 1.89 |

巴西粉和南非粉以赤铁矿为主，矿粉的基本特点是品位高、SiO$_2$ 低、Al$_2$O$_3$ 低，南非粉 K$_2$O、Na$_2$O 碱金属偏高，巴西粉（赤铁精矿粉例外）和南非粉具有良好的烧结性能，多属于优质赤铁矿粉。

澳大利亚的杨迪粉、罗布河粉、罗伊山粉、PB 粉、麦克粉、西安吉拉斯粉等是水化程度不同的褐铁矿粉，基本特点是品位低、SiO$_2$ 高、Al$_2$O$_3$ 高，组织结构疏松，密度小，烧结性能有差异，烧结生产中与其他国家赤铁矿粉、磁铁精矿粉互补搭配使用。

## 1. 同化性

（1）同化性的含义　同化性指铁矿粉与熔剂反应生成液相（黏结相）的能力，表征铁矿粉生成液相的难易程度，是反映铁矿粉与熔剂在一定温度下发生反应时，接触面反应面积与反应面黏结强度的指标。

烧结过程实质是铁矿粉与 CaO、SiO$_2$、MgO、Al$_2$O$_3$ 等组分同化的过程，铁矿粉同化性是低熔点矿物生成液相的基础，一般铁矿粉同化性好，生成液相的能力强。并非铁矿粉同化性越高越好，由铁矿粉组成的混匀矿综合同化性水平适宜为好。

（2）同化性测定方法　将铁矿粉制成边长 5mm 的正方体，生石灰制成边长 10mm 的正方体，铁矿粉放在生石灰上方正中，试样放入加热炉中以 20℃/s 速度加热到指定温度后保持一定时间，以铁矿粉小饼熔化在生石灰小饼上的面积百分数（同化率）反映同化性。几种铁矿粉的同化性见表 4-24。

表 4-24　测定几种铁矿粉的同化性

| 矿粉名称 | 1250℃ 3min | 1280℃ 3min | 1300℃ 3min | 1320℃ 3min | 1340℃ 3min |
|---|---|---|---|---|---|
| 杨迪粉 | 20% | 31.4% | 99% | — | — |
| 罗布河粉 | 10% | 14% | 98% | — | — |
| 哈默斯利粉 | 未同化 | 40% | 42% | — | — |
| BHP 粉 | 未同化 | 未同化 | 97.6% | — | — |
| 巴西 MBR 粉 | 未同化 | 50% | 79% | — | — |
| 巴西 CVRD 粉 | 未同化 | 8% | 66.4% | — | — |
| 巴西依塔贝拉粉 | 未同化 | 5% | 40% | — | — |
| 巴西赤铁精矿粉 | 未同化 | 未同化 | 54.2% | — | — |
| 印度粉 | 未同化 | 40% | 81% | — | — |
| 南非粉 | 未同化 | 未同化 | 92.8% | — | — |
| 国产磁铁精矿粉 1 | 未同化 | 未同化 | 未同化 | 9min 98% | 4min 34% |
| 国产磁铁精矿粉 2 | 未同化 | 未同化 | 未同化 | 未同化 | 100% |

同化率
$$A = (1 - S/S_0) \times 100\% \tag{4-34}$$

式中　$S_0$——同化试验前铁矿粉的断面面积，$mm^2$；

　　　$S$——同化试验后未同化铁矿粉的断面面积，$mm^2$。

表 4-24 几种铁矿粉同化性对比分类：

① 杨迪粉和罗布河粉的同化性好。

② 巴西 MBR 粉、印度粉、哈默斯利粉、巴西 CVRD 粉和依塔贝拉粉的同化性较好。

③ BHP 粉、南非粉、巴西赤铁精矿粉的同化性较差。

④ 国产磁铁精矿粉 1 和 2 的同化性差。

（3）影响同化性的主要因素　铁矿粉烧结过程中，烧结料经过混匀制粒形成准颗粒结构的混合料，其中准颗粒的外层为细粒铁矿粉和熔剂组成的黏附层，内层为粗粒核矿石。随着烧结温度的升高，黏附层内的铁矿粉与熔剂同化而首先形成液相，然后液相逐渐增多黏结周围矿粉，经冷凝结晶最终形成非均相结构的烧结矿。

同化性是铁矿粉重要特性之一，影响铁矿粉同化性的主要因素包括铁矿物类型、结构、孔隙率、化学成分和赋存状态等。

① 铁矿物类型、结构、孔隙率　褐铁矿、半褐铁矿、部分赤铁矿粉的结构疏松，矿物晶粒小，孔隙率和烧损率大（孔隙率与烧损率有较强的正相关关系），尤其褐铁矿结晶水挥发后产生更多气孔和裂纹，$Fe_2O_3$ 与 $CaO$ 反应界面大，动力学条件良好，同化反应

速率大，则同化性好。

部分赤铁矿（多见于巴西矿粉）和国内磁铁精矿粉的铁矿物晶粒粗大且呈块状，结构致密，反应活性差，不利于与熔剂同化，尤其磁铁矿粉 $Fe_3O_4$ 需氧化成 $Fe_2O_3$ 后才能与 CaO 反应，同化性差。

② 铁矿粉化学成分和赋存形态

a. 铁矿粉 $SiO_2$ 含量与最低同化温度没有明显相关关系，原因如下：

虽然 CaO 与 $SiO_2$ 的反应能力较强，但烧结料中 $Fe_2O_3$ 量远比 $SiO_2$ 多，故 $Fe_2O_3$ 与 CaO 的反应起主导作用。

铁矿粉 $SiO_2$ 含量与矿粉类型没有直接的相关关系。

b. 铁矿粉 $Al_2O_3$ 含量与最低同化温度虽呈负相关关系，但相关性不强，最低同化温度变化范围很宽泛。

c. 铁矿粉中 $SiO_2$、$Al_2O_3$ 赋存形态不同，同化性不同。$SiO_2$ 和 $Al_2O_3$ 以黏土形态存在（多见于澳大利亚矿粉）时，与 CaO、$Fe_2O_3$ 更易生成低熔点液相体系，反应活性高，同化性好；$SiO_2$ 以游离石英形态存在，$Al_2O_3$ 以三水铝石 $Al_2O_3 \cdot 3H_2O$ 形态存在（多见于巴西矿粉和国内磁铁精矿粉）时，不利于生成低熔点液相，对同化性有一定的抑制作用，同化性差。

d. 铁矿粉 TFe、CaO、MgO 含量与最低同化温度呈正相关关系，铁矿粉烧损与最低同化温度呈负相关关系。

（4）同化性配矿原则

① 同化性好和同化性差的铁矿粉合理搭配使用。

铁矿粉同化性好，有利于增加液相黏结相，提高烧结矿转鼓强度。

铁矿粉同化性差，有利于改善烧结料层透气性，提高烧结矿产量。

既确保低硅烧结过程产生必要的液相量，又保证烧结料不过熔，采取同化性好和同化性差的铁矿粉合理搭配使用，可兼顾烧结矿转鼓强度和产量。

② 若烧结过程中未熔矿粉较多，黏结相不足，转鼓强度低，则需适当增加同化性好或较好的铁矿粉。

同化性和液相流动性好的铁矿粉配比过大时，形成大孔薄壁结构的烧结矿，影响转鼓强度。若同化温度高、同化性和液相流动性差的铁矿粉配比过大时，由于生成黏结相少，同样影响转鼓强度。

③ 若烧结过程中铁矿粉过熔，引起大量液相快速生成，导致起骨架作用的铁矿粉减少，料层透气性变差，烧结矿产量降低，需增加同化性差的铁矿粉。

④ 低硅烧结下，可增加褐铁矿配比，或褐铁矿与同化性差的铁矿粉搭配使用。

⑤ 烧结不追求铁矿粉同化性过好，适中为宜。

烧结矿的固结主要依靠黏结相固结周围未熔核矿粉形成非均质矿物而完成。烧结生产中一方面要求铁矿粉同化性良好，能够黏结周围未熔核矿粉，保证烧结矿具有一定的固结强度，另一方面要求粗粒矿粉不宜过分熔化（一般残留未熔铁矿粉具有较高的熔点）而起固结骨架作用，保证良好料层透气性，具备一定的烧结产能，因此铁矿粉的同化性应适中。

## 2. 液相流动性

（1）液相流动性的含义和意义　铁矿粉同化性虽然表征生成低熔点液相的能力，但并不能完全反映生成液相的流动特性，如玻璃相流动性很差，不可能有效黏结周围矿粉，所以对烧结矿固结有实际意义的还应该包括铁矿粉的液相流动性。

烧结矿结构强度不仅取决于残留原矿和黏结相强度，还取决于二者之间接触程度。合适的烧结液相流动性可确保固液接触面积，有利于获得足够固结强度。

液相流动性指铁矿粉与 CaO、$SiO_2$、MgO、$Al_2O_3$ 等组分反应生成液相的流动能力，表征黏结相有效黏结周围物料的范围。不同种类铁矿粉自身特性不同，生成的液相流动特性也各不相同，掌握铁矿粉的液相流动性对提高烧结矿产质量具有重要意义。

（2）液相流动性指数测定方法　液相流动性指数是铁矿粉试样与熔剂接触发生化学反应生成液相而呈现出的面积增长率，其数值越大，流动性越强。

将烘干后的铁矿粉和生石灰磨成−100 目的粉状，按一定的碱度配成烧结黏附粉，压制成小饼试样，放入焙烧装置焙烧一定时间，取出冷却后测定小饼流动的面积，用液相流动性指数反映黏附粉的液相流动性。

液相流动性指数＝（试样流动后面积−试样原始面积）/试样原始面积

流动性指数越大，则铁矿粉液相流动性越强，若小饼未熔化流动，则其流动性指数为零。一般在低温烧结条件下测定相同碱度的铁矿粉液相流动性，同时根据铁矿粉的液相流动特征选择温度变化区间，考查温度对铁矿粉液相流动性的影响（见表 4-25）。

表 4-25　测定几种铁矿粉的液相流动性指数

| 矿粉名称 | 1250℃ | 1280℃ | 1300℃ | 1320℃ | 1340℃ |
|---|---|---|---|---|---|
| 杨迪粉 | — | 1.37 | 1.42 | 1.62 | 2.80 |
| 罗布河粉 | — | — | — | 0.69 | 4.11 |
| 哈默斯利粉 | — | — | — | — | 0.090 |
| BHP 粉 | — | — | — | 0.83 | 0.94 |
| 巴西 MBR 粉 | — | — | — | 0.070 | 0.45 |
| 巴西 CVRD 粉 | — | — | — | — | — |
| 巴西依塔贝拉粉 | — | — | — | 0.006 | 0.040 |
| 巴西赤铁精矿粉 | — | — | — | — | — |
| 印度粉 | — | — | — | — | 0.050 |
| 南非粉 | — | — | — | 0.008 | 0.020 |
| 国产磁铁精矿粉1 | 0.17 | 7.09 | 8.00 | — | — |
| 国产磁铁精矿粉2 | — | 0.10 | 0.28 | 1.10 | 1.72 |

随着烧结温度的提高，铁矿粉液相流动性指数增大，但不同铁矿粉液相流动性指数随温度的变化敏感性有差异，说明铁矿粉化学成分、矿物组成等自身性质对其液相生成特性具有重要影响。

表 4-25 将几种铁矿粉液相流动性对比分类：

① 国产磁铁精矿粉 1 和 2、杨迪粉的液相流动性好。

② 罗布河粉、BHP 粉、巴西 MBR 粉的液相流动性中等。

③ 南非粉、巴西依塔贝拉粉、哈默斯利粉、印度粉、巴西 CVRD 粉和赤铁精矿粉的液相流动性差。

（3）影响液相流动性的主要因素　烧结过程黏结相的产生主要取决于铁矿粉与熔剂经历高温加热、固相反应、生成液相、冷凝结晶过程发生的一系列物理化学变化。

液相流动性包括两方面的含义：低熔点液相的生成能力和液相的流动能力。

影响铁矿粉液相流动性的主要因素有烧结温度、烧结矿碱度、铁矿粉自身特性。

① 烧结温度　烧结温度的作用一是作为铁矿粉与熔剂黏附粉进行物理化学反应的首要条件，同时加快低熔点化合物生成速度，二是提高液相过热度，降低液相黏度，因此一般情况下，铁矿粉液相流动性与烧结温度呈明显的正相关关系。

② 烧结矿碱度　同一烧结温度下，烧结矿碱度的提高促进生成低熔点化合物，同时液相的过热度增大、黏度降低，因此铁矿粉液相流动性与烧结矿碱度呈明显的正相关关系。

③ 铁矿粉自身特性

a. 铁矿粉 $SiO_2$ 含量　铁矿粉 $SiO_2$ 对液相流动性有正负两方面的影响，正面影响是 $SiO_2$ 是生成液相的基础，$SiO_2$ 含量高，有利于生成液相，增强液相流动性，负面影响是 $SiO_2$ 是硅酸盐网络的形成物，$SiO_2$ 含量高，有可能伴随液相黏度升高，降低液相流动性。对于低硅铁矿粉，$SiO_2$ 含量高，则液相流动性好。

b. 铁矿粉 $Al_2O_3$ 含量　$Al_2O_3$ 属于高熔点物质，且促进形成硅酸盐网络，液相黏度增大。一般铁矿粉 $Al_2O_3$ 含量高，则液相流动性差。

c. 铁矿粉 MgO 和 FeO 含量　MgO 和 FeO 能生成 $Mg^{2+}$ 和 $Fe^{2+}$，$Mg^{2+}$ 和 $Fe^{2+}$ 是碱性物质，是硅酸盐网络的抑制物，降低液相黏度，增强液相流动性，所以铁矿粉 MgO 和 FeO 含量高，则液相流动性好。

d. 铁矿粉同化性　生成低熔点液相是液相流动的基础，铁矿粉的同化性好，意味着与其他组分的反应能力强，为生成低熔点液相创造条件，确保液相数量。烧结温度一定情况下，随着液相熔化温度的降低，液相过热度增大，降低液相黏度。因此一般铁矿粉的同化性好，其液相流动性也好。

（4）液相流动性对烧结过程的影响　一般铁矿粉液相流动性好，其黏结周围物料的能力强，黏结范围大，能够有效黏结更多的未熔散料，烧结矿中气孔率减小，提高成品率和固结强度。

铁矿粉液相流动性不宜过大，一是影响烧结过程透气性，降低烧结生产率，二是液相黏度小，使周围物料的黏结层变薄，易形成大孔薄壁结构的烧结矿，使烧结矿整体变脆，固结强度低，还原性差。

适宜的液相流动性是确保烧结矿有效固结的基础。

（5）液相流动性配矿原则

① 低硅烧结时，如果因液相量不足而影响转鼓强度，需适当增加液相流动性较强或中等的铁矿粉，增大液相黏结范围，提高转鼓强度。

② 褐铁矿粉配比高时，如果因烧结过程液相量过多而导致转鼓强度和生产率，需适当增加液相流动性较差的铁矿粉。

③ 烧结配矿选择液相流动性适中或高低合理搭配的铁矿粉为宜，并非液相流动性越高越好，过多配加液相流动性好的铁矿粉，液相过度流动，烧结矿呈多孔薄壁结构，转鼓强度差。

④ 一般情况下，液相流动性较弱的几种铁矿粉不应同时使用，如果一定要同时使用，合计配比不宜过高。

### 3. 铁酸钙生成特性

铁酸钙生成特性表征铁矿粉生成铁酸钙系黏结相的能力，工艺参数和铁矿粉同化性、液相流动性、黏结相强度满足烧结情况下，选择铁酸钙生成特性优良的铁矿粉混匀矿，有助于改善烧结矿综合质量指标。

（1）测定铁酸钙生成量　将各种矿粉制成小饼，采用微型烧结法在一定的烧结制度下（1280℃）焙烧，将焙烧后的小饼试样磨样，在显微镜下目估铁酸钙生成量。某院校测定的几种铁矿粉的铁酸钙生成量见表4-26。

表 4-26　测定几种铁矿粉的铁酸钙生成量　　　　单位：%

| 矿粉名称 | 烧结矿碱度 | | |
| --- | --- | --- | --- |
| | $R=1.8$ | $R=2.0$ | $R=2.2$ |
| 杨迪粉 | 50～55 | 70～75 | 90～92 |
| 罗布河粉 | 50～55 | 60～65 | 85～90 |
| 哈默斯利粉 | 20～25 | 35～40 | 55～60 |
| BHP 粉 | 30～35 | 45～50 | 60～65 |
| 巴西 MBR 粉 | 10～15 | 25～30 | 35～40 |
| 巴西 CVRD 粉 | 10～15 | 20～25 | 30～35 |
| 巴西依塔贝拉粉 | 13～18 | 21～26 | 33～38 |
| 巴西赤铁精矿粉 | 0 | 0 | 0 |
| 印度粉 | 40～45 | 60～65 | 75～80 |
| 南非粉 | 25～30 | 40～45 | 55～60 |
| 国产磁铁精矿粉1 | 0 | 5～10 | 20～25 |
| 国产磁铁精矿粉2 | 0 | 5～10 | 15～20 |

随着烧结矿碱度的升高，铁矿粉的铁酸钙生成量呈增加的趋势，不同的铁矿粉增加的幅度不同。

表 4-26 几种铁矿粉铁酸钙生成能力排序：杨迪粉＞罗布河粉＞印度粉＞BHP 粉＞南

非粉＞哈默斯利粉＞巴西 MBR 粉＞巴西依塔贝拉粉＞巴西 CVRD 粉＞国产磁铁精矿粉1＞国产磁铁精矿粉2＞巴西赤铁精矿粉。

（2）铁酸钙生成能力配矿原则

① 铁矿粉烧结理论和实践研究表明，以铝硅铁酸钙 SFCA 为主的黏结相性能最优，尤其大多以针状结构存在时，大大改善烧结矿转鼓强度和还原性，所以在其他性能允许的情况下，烧结配矿选择铁矿粉的铁酸钙生成能力越高越好。

② 低硅烧结下黏结相量相对不足，发展以铁酸钙为主的黏结相是提高低硅烧结矿品质的主要途径。

**4. 黏结相强度特性**

（1）研究黏结相强度特性的目的和意义

① 同化性和液相流动性很大程度上反映铁矿粉对黏结相数量的贡献程度。

② 保证黏结相数量的前提下，黏结相质量成为烧结矿固结优劣的主要影响因素。

③ 足够的黏结相数量是烧结矿固结的基础，对于烧结矿转鼓强度，黏结相数量只是前提条件，更重要的是确保黏结相强度要高。

④ 黏结相强度特性表征铁矿粉生成的液相对其周围未熔核矿粉的固结能力。

⑤ 未熔核矿粉自身强度及其与液相的结合强度均比黏结相强度高，不会构成烧结矿固结强度的限制因素。

⑥ 黏结相强度比未熔核矿粉自身强度低，烧结矿中裂纹最先从黏结相产生并扩展，黏结相强度是制约和影响烧结矿固结强度的重要因素。

⑦ 不同种类的铁矿粉自身特性不同，生成黏结相强度必然存在差异。在烧结工艺参数和铁矿粉同化性、液相流动性等一定的条件下，尽可能以提高黏结相强度为目标进行配矿，有助于提高烧结矿固结强度。

（2）黏结相强度特性试验　将铁矿粉和 CaO 混匀制成碱度 2.0 的小饼试样，采用管式炉烧结法在 1280℃下焙烧，进行压溃强度测定评价铁矿粉的黏结相强度。测定铁矿粉连晶固结强度不用 CaO，单纯用铁矿粉试验。

某院校测定的几种铁矿粉黏结相强度和连晶固结强度见表 4-27。

表 4-27　测定几种铁矿粉黏结相强度和连晶固结强度

| 矿粉名称 | 黏结相强度/$(N/cm^2)$ | 连晶固结强度/$(N/cm^2)$ |
|---|---|---|
| 杨迪粉 | 1470 | 459.6 |
| 罗布河粉 | 402.8 | 682.1 |
| 哈默斯利粉 | 1794.4 | 3246.7 |
| BHP 粉 | 1582.7 | 1185.8 |
| 巴西 MBR 粉 | 5293.9 | 2860.6 |
| 巴西 CVRD 粉 | 3152.7 | 1122.1 |
| 巴西依塔贝拉粉 | 1773.8 | 1156.4 |
| 巴西赤铁精矿粉 | 950.6 | 872.2 |

| 矿粉名称 | 黏结相强度/(N/cm$^2$) | 连晶固结强度/(N/cm$^2$) |
| --- | --- | --- |
| 印度粉 | 1739.5 | 1526.8 |
| 南非粉 | 1841.4 | 3895.5 |
| 国产磁铁精矿粉1 | 1421.0 | 2348.1 |
| 国产磁铁精矿粉2 | 1430.8 | 4523.7 |

表4-27几种铁矿粉黏结相强度排序：巴西MBR粉＞巴西CVRD粉＞南非粉＞哈默斯利粉＞巴西依塔贝拉粉＞印度粉＞BHP粉＞杨迪粉＞国产磁铁精矿粉2＞国产磁铁精矿粉1＞巴西赤铁精矿粉＞罗布河粉。

表4-27几种铁矿粉连晶固结强度排序：国产磁铁精矿粉2＞南非粉＞哈默斯利粉＞巴西MBR粉＞国产磁铁精矿粉1＞印度粉＞BHP粉＞巴西依塔贝拉粉＞巴西CVRD粉＞巴西赤铁精矿粉＞罗布河粉＞杨迪粉。

（3）黏结相强度配矿原则

① 选择铁矿粉的黏结相强度和连晶固结强度越高越好。

② 黏结相强度和连晶固结强度较高的铁矿粉配比不受限制，如巴西MBR粉和CVRD粉、南非粉、哈默斯利粉等。

③ 黏结相强度和连晶固结强度中等的铁矿粉可较大比例配加。

④ 黏结相强度和连晶固结强度低的铁矿粉配比不宜过高，如罗布河粉、巴西赤铁精矿粉等。

⑤ 低硅高碱度烧结下黏结相量少，烧结矿固结大部分靠赤铁矿和磁铁矿自身连晶固结，宜选择连晶固结强度高或中等的铁矿粉。

（4）影响黏结相强度的主要因素

① 外因　外因有烧结温度、烧结气氛、烧结矿碱度等。

在一定的烧结工艺条件下，烧结温度和烧结气氛基本恒定，变化幅度很小。

烧结矿碱度根据高炉炉料结构而定，在一定范围内调整。提高烧结矿碱度，增加铁氧化物和熔剂的接触面积，改善生成低熔点液相的反应热力学和动力学条件，CaO的介入削弱硅氧复合阴离子组成的网状结构，降低液相黏度，改善黏结相结构，增加黏结相中铝硅铁酸钙SFCA，对提高黏结相强度均有积极作用。但是碱度升高后若出现过度熔化或液相黏度过低，会形成大孔薄壁脆弱结构的烧结矿，影响黏结相强度。另外碱性熔剂配加量过大，容易生成硅酸二钙$C_2S$，不仅降低黏结相强度，而且出现晶型转变、体积膨胀、严重粉化现象。碱度对铁矿粉黏结相强度的影响很复杂，与铁矿粉的自身特性发生综合作用，应根据具体情况综合考虑。

② 内因　内因有铁矿粉的自身特性，如熔融特性、矿物学特性等。

烧结矿碱度、$SiO_2$含量一定条件下，铁矿粉熔融特性决定黏结相数量，矿物学特性决定黏结相的矿物组成、结构等黏结相质量。

a. 铁矿粉矿物组成　铁矿粉TFe、MgO含量与黏结相强度呈正相关关系，$SiO_2$含量、烧损与黏结相强度呈负相关关系。

铁矿粉矿物组成决定黏结相矿物组成，赤铁矿 $Fe_2O_3$ 与 CaO 在 $500\sim670℃$ 低温下固相反应生成铁酸一钙 CF 进而生成铁酸盐黏结相，黏结强度高且还原性好。磁铁矿 $Fe_3O_4$ 本身与 CaO 不发生反应，只有在氧化性气氛下 $Fe_3O_4$ 被氧化成 $Fe_2O_3$ 后才能生成铁酸钙系黏结相，磁铁矿粉烧结较难生成铁酸盐黏结相。$950℃$ 下磁铁矿 $Fe_3O_4$ 和 $SiO_2$ 固相反应生成铁橄榄石 $2FeO \cdot SiO_2$ 进而生成硅酸盐黏结相，黏结强度低。

b. 铁矿粉液相生成能力　烧结过程黏结相主要由黏附粉熔化后生成，所以能够获得低熔点液相且液相黏度适宜的铁矿粉，有助于提高黏结相强度。铁矿粉同化性好易生成低熔点液相；液相流动性好，则液相黏度小。一般同化性和液相流动性适宜的铁矿粉其黏结相强度高。

c. 铁矿粉铝硅铁酸钙相生成能力　烧结黏结相中的主要矿物组成有两大类型：铁酸盐相和硅酸盐相，其中铁酸盐相中的铝硅铁酸钙 SFCA 的抗断裂韧性好，且比硅酸盐相的黏结强度高，所以 SFCA 相生成能力强的铁矿粉黏结相强度高。

d. 铁矿粉水化程度　铁矿粉水化程度指结晶水含量及热分解特征，一般结晶水含量高的铁矿粉（如褐铁矿）以及热分解偏向较高温度区域的铁矿粉（如三水铝矿粉、致密结构的铁矿粉），容易使黏结相内部残留气孔和形成裂纹，脆弱的黏结相结构必然导致强度低。

### 5. 连晶固结特性

通常认为铁矿粉烧结主要靠液相黏结，扩散黏结起次要作用，但实际烧结过程中物料化学成分和热源的偏析不可避免，在某些区域 CaO 含量很少，不足以产生铁酸钙系液相，同时低硅低温烧结条件下，烧结矿中 $SiO_2$ 含量和烧结温度较低，在某些区域有可能产生不了硅酸盐系液相，即使碱度 2.0 烧结矿中液相量也很少，相当一部分固结是靠磁铁矿和赤铁矿自身，铁矿粉之间通过发展连晶来获得固结强度，铁矿粉自身产生连晶的能力成为影响烧结矿固结强度的因素之一。

连晶固结特性指铁矿粉通过矿物晶体再结晶长大而形成固相固结的能力，表征烧结过程高温状态下铁矿粉以连晶方式固结成矿的能力，用纯铁矿粉试样高温焙烧后抗压强度（连晶强度）指标评价。

# 四、烧结合理配矿原则

### 1. 控制入炉有害杂质

因烧结和高炉冶炼过程均不脱磷，且炉料中的磷主要来源于烧结矿，所以烧结配矿要严格控制入炉料磷含量不超标。

因碱金属和锌含量在烧结和高炉循环富集，且影响高炉炉况顺行，所以烧结配矿要严格控制 $K_2O+Na_2O$ 碱负荷和 Zn 负荷符合入炉料界限。

**2. 混匀矿烧结基础特性、$SiO_2$ 和 $Al_2O_3$ 含量、粒度组成合理配矿**

由铁矿粉所组成的混匀矿同化性和液相流动性优劣互补，具有较高黏结相强度和连晶固结强度，具有良好固相反应能力和铁酸钙生成能力，熔融特性适中，控制烧结性能差的铁矿粉配比。

由高硅和低硅铁矿粉所构成的混匀矿 $SiO_2$ 含量合理配矿，满足烧结矿 $SiO_2$ 的要求而不配加酸性熔剂，减少同时使用酸性熔剂和碱性熔剂对调整碱度的影响因素。

由高铝和低铝铁矿粉所构成的混匀矿 $Al_2O_3$ 含量合理配矿，满足烧结矿 $Al_2O_3/SiO_2$ 在 0.1～0.35 适宜值的要求，促进生成铝硅铁酸钙 SFCA，提高黏结相强度。

由不同粒级铁矿粉配合成的混匀矿粒度组成合理配矿，减少 −0.25mm 黏附颗粒，增加 1～3mm 核颗粒，0.25～1mm 难粒化颗粒越少越好，改善烧结料制粒效果和成球性。

**3. 铁矿粉产地互补合理配矿**

铁矿粉产地不同，常温理化特性和烧结基础特性不同，应考虑多产地矿、国外矿和国内矿搭配互补，使用 3 个以上国家铁矿粉、赤铁矿和褐铁矿及磁铁矿同时配加。

**4. 铁前整体效益最大化合理配矿**

铁矿粉资源和保供量稳定，满足节能减排的要求，兼顾烧结矿产量、物化性能和冶金性能、能耗指标，科学合理降低原料成本，满足高炉冶炼要求。

低成本烧结不是大量使用低价劣质矿和垃圾矿，而是通过优劣互补最大限度使用低价矿粉，既提高烧结矿产量确保烧结入炉比，又保证烧结矿质量不降低，例如以烧结基础特性中等的两种褐铁矿粉（如杨迪粉、火箭粉 FMG）作为主要铁矿粉，配加部分烧结基础特性良好的赤铁矿（如巴西粉、南非粉）和国产磁铁精矿粉，稳定主矿体系，建立合理配矿结构，是烧结炼铁低成本、低燃料比、效益最大化的重要原料基础。

# 五、铁矿粉常温理化特性对配矿的作用和影响

烧结矿技术经济指标更大程度上依赖于铁矿粉高温状态下的烧结基础特性，同时一定程度上也与铁矿粉常温理化特性有关。

**1. 铁矿粉物理特性**

详见"第三章 第二节 七、富矿粉和精矿粉成球制粒机理"。

铁矿粉物理特性主要有粒度组成、颗粒形貌、孔隙率等。

如果富矿粉中−0.25mm 黏附粉少，1～3mm 核颗粒多，可以适量加大精矿粉配比，保证适宜总管负压和烧结矿产质量指标。

严格控制富矿粉中＋8mm 大粒级含量，因为大粒级不利于制粒，与熔剂矿化不充分，不易软熔且降低烧结温度，影响烧结矿固结强度。

铁矿粉颗粒形貌主要影响混匀制粒性能和烧结过程成矿性，表面粗糙且结构疏松的铁矿粉制粒性能和成矿性好。

铁矿粉孔隙率高和大气孔，有利于烧结生产。褐铁矿结晶水含量高，孔隙率明显高于赤铁矿和磁铁矿，结晶水分解产生更多的气孔和裂纹，改善同化性和液相流动性，改善料层透气性，提高烧结过程氧位。

**2. 铁矿粉化学特性**

铁矿粉化学成分不同，熔化温度不同，影响液相生成量和液相流动性，影响烧结矿产量和质量指标。

（1）$SiO_2$ 含量的作用和影响  烧结矿中 $SiO_2$ 含量主要由铁矿粉中脉石带入，固体燃料中灰分带入少部分。

烧结矿中 $SiO_2$ 含量是生成液相的主要组分，碱度一定情况下，$SiO_2$ 含量高，则生成液相量多。$SiO_2$ 熔点 1713℃，但 $SiO_2$ 与 CaO、$Fe_3O_4$ 在低温下可以进行固相反应进而生成硅酸盐和硅酸钙黏结相。由于 $SiO_2$ 晶格为网络结构，$SiO_2$ 含量高时可能使液相黏度升高，降低液相流动性。

烧结过程中，合理的黏结相及其强度离不开 $SiO_2$ 与 FeO 的结合，为了保证烧结矿转鼓强度，当高碱度烧结矿 $SiO_2$ 含量较低时，适当提高 FeO 含量，同样当 $SiO_2$ 含量较高时，可适当降低 FeO 含量。当烧结矿碱度 $R$ 1.9～2.15，$SiO_2$ 含量 5.2%～5.5%，FeO 含量 7.5%～9.0%时，烧结矿产质量指标最佳。

配碳量决定烧结温度，烧结温度对 $SiO_2$ 在铝硅铁酸钙黏结相中分布有重要影响，见表 4-28。

表 4-28 不同烧结温度下 $SiO_2$ 含量在铝硅铁酸钙（SFCA）中的分布含量

| 烧结温度/℃ | 1220 | 1260 | 1285 | 1315 | 1340 | 1360 |
|---|---|---|---|---|---|---|
| $SiO_2$ 含量/% | 4.7 | 5.4 | 5.7 | 5.9 | 6.1 | 6.3 |

随着烧结温度的提高，SFCA 黏结相中 $SiO_2$ 含量升高，同时烧结料层透气性不同，燃料燃烧状态不同，形成燃烧带的温度和气氛不同，导致 $SiO_2$ 在 SFCA 黏结相中分布不同，说明改善烧结矿质量不仅要通过配矿合理控制烧结矿 $SiO_2$ 含量，而且要通过配碳和混匀制粒等工艺技术，控制 $SiO_2$ 在黏结相中的分布。

（2）$Al_2O_3$ 含量的作用和影响  铁矿粉 $Al_2O_3$ 含量小于 1%为低铝矿，1%～2%为中铝矿，大于 2%为高铝矿。

自然界高铝矿有 A 和 SA 两类，A 类高铝矿以水铝矿 Al（OH）$_3$ 形态存在，印度矿属于 A 类高铝赤铁矿。SA 类高铝矿以硅酸盐形态存在，如高岭石 $Al_2O_3 \cdot 2SiO_2 \cdot$

$2H_2O$。烧结过程中 A 类高铝矿生成铝硅铁酸钙 SFCA，SA 类高铝矿生成钙铝黄长石 $2CaO \cdot Al_2O_3 \cdot SiO_2$。

烧结矿中 $Al_2O_3$ 含量主要由铁矿粉中脉石带入，固体燃料中灰分带入少部分。

① $Al_2O_3$ 对烧结矿产量的影响  $Al_2O_3$ 属高熔点物质，熔点 2050℃，烧结温度下不熔化且 $Al_2O_3$ 具有低反应性和形成初生液相黏度较高，所以随着烧结矿 $Al_2O_3$ 含量的提高，固体燃耗升高，烧结生产率降低。

② $Al_2O_3$ 对烧结矿质量的影响  烧结料中 $Al_2O_3$ 在同化过程中需消耗大量热量，延迟烧结过程。高炉炉料中 $Al_2O_3$ 含量高，需消耗较大热量，以改善高炉炉渣的流动性。$Al_2O_3$ 无论对烧结还是高炉冶炼都是有害的。

高铝矿（如塞拉利昂矿粉、澳大利亚矿粉、印度矿粉）的液相生成温度高、液相生成能力差、液相高黏度流动性差、反应性低，易形成多孔结构，烧结矿易碎裂，转鼓强度差。

烧结矿 $Al_2O_3 < 1.8\%$，利于生成针状铁酸钙；$Al_2O_3 > 2.0\%$，质量指标明显恶化。

③ 铁矿粉 $Al_2O_3$ 配矿  $Al_2O_3$ 是烧结矿黏结相中不可缺少的组分，烧结料中不含 $Al_2O_3$ 时，无法生成铝硅铁酸钙 SFCA，只有烧结料中含有 $Al_2O_3$ 时，$SiO_2$ 和 $Al_2O_3$ 才能一起固熔于铁酸钙相中，生成 SFCA 黏结相，改善烧结矿冶金性能，但当 $Al_2O_3$ 含量过高时，多余的 $Al_2O_3$ 在玻璃相析出，降低烧结矿转鼓强度和 $RDI_{+3.15mm}$ 指标，因此应当对高铝和低铝铁矿粉合理配矿，如水化程度高、$Al_2O_3$ 含量高的褐铁矿粉与同化温度高、$Al_2O_3$ 含量低的赤铁矿和磁铁矿粉合理搭配使用，控制适宜 $Al_2O_3$ 含量才能提高黏结相强度，提高烧结矿质量和产量。

④ 改善高铝高镁烧结矿质量的措施

a. 增加磁铁矿，增加 CaO、MgO 可改善 $Al_2O_3$ 对低温还原粉化的不利影响。

b. 配加高反应性矿物，如杨迪粉，增加液相量，缓解 $Al_2O_3$ 的不利因素。

c. 提高料层厚度，降低烧结料水分，改善表面点火质量，抑制边部效应，优化烧结工艺参数，稳定生产过程。

d. 高碱度低碳烧结条件下，控制烧结矿 $Al_2O_3/SiO_2$ 在 0.1~0.35，烧结矿成品率高且转鼓强度高；$Al_2O_3/SiO_2$ 大于 0.4 时，烧结矿成品率显著下降且转鼓强度降低。

烧结矿中 $Al_2O_3$ 含量过高时，最显著的负面影响是降低烧结矿 $RDI_{+3.15mm}$，高炉料柱透气性变差，炉渣黏度增加，放渣困难。为改善炉渣流动性，控制高炉炉渣中 $Al_2O_3$ 含量 12%~16%，烧结矿中 $Al_2O_3 < 1.8\%$。

e. 如需生产高铝低硅烧结矿，烧结原料中少加白云石粉，最大限度降低烧结矿 MgO 含量，生产高碱度、低 $SiO_2$、低 MgO 烧结矿，高炉使用高 MgO 含量的球团矿或直接在高炉炉料中配加白云石块，既满足高炉炉渣 $MgO/Al_2O_3$ 的需求，同时可以维持烧结矿 MgO 含量 < 1.8%，取得提高烧结矿品位、改善物化性能和冶金性能、降低烧结能耗、提高烧结生产率的效果。

(3) 铁矿粉水化程度的作用和影响  铁矿粉水化程度高低反映结晶水含量的高低，褐铁矿粉水化程度高，烧损大，同化温度较低。

升温过程中褐铁矿结晶水分解，在液相中可能残留一部分气孔，阻碍液相流动，导致黏结相生成温度升高，是褐铁矿粉熔融温度升高的原因。

（4）烧结矿碱度的作用和影响　碱度是烧结矿质量的基础，碱度高改善碱性熔剂与铁矿粉的接触和同化反应条件，易于生成低熔点化合物，是生成黏结相的基础。

碱度对烧结矿的矿物组成具有决定性的作用，科学合理配矿必须综合考虑铁矿粉种类、烧结矿 $SiO_2$ 含量和碱度。试验研究和生产实践表明，烧结矿适宜碱度 1.9～2.15，如果片面提高烧结入炉比，将烧结矿碱度降低到 1.8 以下，不仅降低烧结矿质量，而且降低铁前整体效益。

# 六、褐铁矿粉的特性及烧结工艺技术

某院校以杨迪粉为例，评价褐铁矿粉的特性。

## 1. 褐铁矿粉理化特性

表 4-29　褐铁矿粉与其他铁矿粉化学成分比较　　　　%

| 项目 | TFe | FeO | SiO₂ | Al₂O₃ | CaO | MgO | TiO₂ | P | S | Lg |
|------|------|------|------|------|------|------|------|------|------|------|
| 磁铁精矿粉 1 | 64.82 | 26.62 | 8.40 | 0.31 | 0.32 | 0.26 | 0.097 | 0.023 | 0.03 | 0.30 |
| 磁铁精矿粉 2 | 68.33 | 27.54 | 3.96 | 0.49 | 0.18 | 0.26 | 0.014 | 0.007 | 0.02 | 0.10 |
| 赤铁矿粉 1 | 66.48 | 0.53 | 1.26 | 0.79 | 0.02 | 0.06 | 0.057 | 0.038 | 0.01 | 1.80 |
| 赤铁矿粉 2 | 62.05 | 0.46 | 3.98 | 2.53 | 0.05 | 0.10 | 0.100 | 0.056 | 0.02 | 3.91 |
| 赤铁矿粉 3 | 61.51 | 0.38 | 5.40 | 3.71 | 0.09 | 0.09 | 0.074 | 0.043 | 0.02 | 2.52 |
| 杨迪粉 | 57.13 | 0.51 | 5.09 | 2.17 | 0.07 | 0.08 | 0.054 | 0.037 | 0.01 | 10.38 |

见表 4-29，与磁铁精矿粉和赤铁矿粉比较，褐铁矿粉的品位较低（57%～59%），但含有结晶水，烧损较大，烧结过程中脱除结晶水后铁富集，有助于提高烧结矿品位。

表 4-30　褐铁矿粉与其他铁矿粉粒度组成比较　　　　%

| 项目 | 粒度组成/mm | | | | | |
|------|------|------|------|------|------|------|
| | +5 | 5～3 | 3～1 | 1～0.5 | 0.5～0.25 | −0.25 |
| 磁铁精矿粉 1 | | | | 2.12 | 3.19 | 94.69 |
| 磁铁精矿粉 2 | | | | 0.15 | 1.14 | 98.71 |
| 赤铁矿粉 1 | 22.57 | 19.07 | 16.04 | 13.73 | 14.84 | 13.76 |
| 赤铁矿粉 2 | 17.41 | 19.50 | 11.99 | 9.38 | 10.33 | 31.38 |
| 赤铁矿粉 3 | 24.55 | 17.69 | 11.06 | 8.88 | 7.96 | 29.85 |
| 杨迪粉 | 48.51 | 19.36 | 15.84 | 10.69 | 5.57 | 0.030 |

见表 4-30，褐铁矿粉原始粒度较大，料层透气性好；赤铁矿粉粒度居中，利于改善

料层透气性；磁铁精矿粉粒度很细，配比较高时必须采取强化制粒措施，改善制粒效果。

表 4-31　褐铁矿粉与其他铁矿粉成球性比较

| 项目 | 分子水/% | 物理水/% | 毛细水/% | 毛细水迁移速度/(mm/min) | 成球性指数 |
|---|---|---|---|---|---|
| 磁铁精矿粉 1 | 4.32 | 9.0 | 13.08 | 5.64 | 0.49 |
| 磁铁精矿粉 2 | 5.75 | 6.7 | 13.51 | 3.79 | 0.74 |
| 赤铁矿粉 1 | 4.30 | 4.9 | 13.03 | 18.02 | 0.49 |
| 赤铁矿粉 2 | 6.40 | 4.7 | 15.09 | 10.37 | 0.74 |
| 赤铁矿粉 3 | 6.15 | 4.1 | 13.59 | 12.22 | 0.83 |
| 杨迪粉 | 7.04 | 6.3 | 17.39 | 14.12 | 0.68 |

见表 4-31，褐铁矿粉的静态成球性指数为中等以上水平。

表 4-32　不同粒级杨迪粉比表面积和孔隙直径

| 粒级/mm | 5~3 | 3~0.5 | −0.5 | 平均 |
|---|---|---|---|---|
| 比表面积/(m²/g) | 40.66 | 73.51 | 93.43 | 77.11 |
| 外表面积/(m²/g) | 29.62 | 34.35 | 37.72 | 34.99 |
| 微孔内表面积/(m²/g) | 11.03 | 39.16 | 55.71 | 42.12 |
| 总孔隙体积×10⁻²/(mL/g) | 9.98 | 4.91 | 5.92 | 5.35 |
| 平均孔隙尺寸/μm | 98.23 | 26.72 | 25.32 | 29.10 |

见表 4-32，杨迪粉比表面积较大，−0.25mm 黏附粉制粒性能较好，容易黏附到成核粒子上。

表 4-33　杨迪粉亲水性

| 项目 | 不同粒级的润湿热/(J/g) | | | | 接触角/(°) |
|---|---|---|---|---|---|
| | 5~3mm | 3~0.5mm | −0.5mm | 平均 | |
| 杨迪粉 | 1.78 | 1.96 | 1.60 | 1.78 | 28.70 |

表 4-33 中的润湿热指 $1cm^2$ 矿物表面浸润至湿时放出的热量，润湿热大，说明固体和液体之间亲和力强。对于铁矿粉，润湿热大，表明亲水性强，能吸附大量水分，制粒性能好。

### 2. 褐铁矿粉烧结基础特性（以杨迪粉、罗布河粉为例）

几种铁矿粉烧结基础特性见表 4-34。褐铁矿粉的结构疏松，孔隙率高，矿物晶粒小，反应比表面积大，$Fe_2O_3$ 与 $CaO$ 的反应动力学条件良好，同化性、液相流动性和铁酸钙生成能力好。因结晶水分解容易使黏结相形成裂纹和内部残留气孔，故会影响黏结相强度和连晶固结强度。软化温度较低，熔融特性较差，烧结液相温控性较差。褐铁矿粉综合烧结基础特性属中等。

表 4-34　几种铁矿粉烧结基础特性评价

| 矿粉名称 | 烧结基础特性 | | | | |
|---|---|---|---|---|---|
| | 同化性 | 液相流动性 | 黏结相强度 | 连晶固结强度 | 铁酸钙生成能力 |
| 杨迪粉 | 好 | 好 | 较差 | 差 | 好 |
| 罗布河粉 | 好 | 中等 | 差 | 差 | 好 |
| 哈默斯利粉 | 中等 | 差 | 中等 | 中等 | 中等 |
| BHP 粉 | 较差 | 中等 | 较差 | 较差 | 中等 |
| 巴西 MBR 粉 | 中等 | 中等 | 好 | 中等 | 较差 |
| 巴西 CVRD 粉 | 中等 | 差 | 差 | 较差 | 较差 |
| 巴西依塔贝拉粉 | 中等 | 差 | 中等 | 较差 | 较差 |
| 巴西赤铁精矿粉 | 较差 | 差 | 差 | 差 | 差 |
| 印度粉 | 中等 | 差 | 中等 | 较差 | 好 |
| 南非粉 | 较差 | 差 | 中等 | 好 | 中等 |
| 国产磁铁精矿粉 | 差 | 好 | 较差 | 中等 | 较差 |

## 3. 褐铁矿粉烧结技术

（1）提高烧结料水分　利用褐铁矿组织结构疏松、孔隙率大、亲水性强的特性，在配料之前充分加水润湿，同时相应提高烧结料水分，且减小一混与二混的加水量比值，因褐铁矿的脉石成分主要是泥质矿物，含铁矿物主要是针铁矿类型的胶状环带颗粒结构，要求制粒适宜水分较高，成球性指数处于中等以上水平。制粒过程中疏松多孔结构吸收足够物理水，褐铁矿中的泥质矿物将起到类似于黏结剂的作用，改善烧结料制粒效果。

（2）提高保温炉热量投入　赤铁矿和磁铁矿粉烧结或褐铁矿配比低于 15％时，点火炉采用点火强度控制方式，点火温度控制稍高水平，料层表面以有轻度过熔现象为宜，保温炉的主要作用是投入较少的热量，提供热空气环境，防止表层烧结矿急剧冷却形成玻璃质。

褐铁矿粉大于 25％高配比烧结生产时，采取"保持烧结过程投入总热量不变，降低点火温度，提高保温炉投入热量"的控制方式，即点火炉投入热量随褐铁矿配比的升高而减少，点火温度控制在将表层烧结料中的炭点着火即可，不必追求过高的表面点火强度。因褐铁矿具有高结晶水、低熔点、结构疏松的特点，当骤然承受高温时，其内部大量结晶水快速分解，引起体积急剧膨胀而使料层内制粒小球爆裂粉碎，恶化烧结过程料层透气性，降低点火温度可缓解褐铁矿爆裂影响。另外过高的点火强度使低熔点的褐铁矿快速熔化，疏松结构和料层表面过快冷却，这必然引起表层烧结矿转鼓强度和成品率降低。加大保温炉的热量投入，一是补充由于点火温度下降引起的热量损失，二是提高热废气温度，利用保温炉较长的特点，使褐铁矿结晶水尽早而缓慢地分解，维持烧结过程良好的料层透气性。

（3）固体燃料配比适宜　褐铁矿高配比烧结条件下，与 CaO 反应生成低熔点液相的优势明显体现，可降低固体燃料配比，但由于褐铁矿高配比会降低烧结成品率，为保持烧结矿产量不降低，又需适当增加燃耗。实践表明褐铁矿在烧结过程中很容易生成流动性好的低熔点液相，料层内液相量过多将使燃烧带变厚，恶化料层热态透气性，严重时甚至产生燃烧前沿熄火现象。因此褐铁矿高配比条件下，根据原料条件和烧结热态状况确定适宜固体燃料配比，以避免燃烧带增厚。

赤铁矿粉烧结或褐铁矿低配比烧结时，固体燃料配比主要依据烧结矿中 FeO 含量确定，而与混匀矿的矿种组分关系不大，烧结矿 FeO 含量偏高时，适当降低固体燃料配比，反之亦然。

基于褐铁矿的良好同化性，固体燃料配比由反馈控制改为前馈控制，即按照褐铁矿配比来决定固体燃料配比。一般褐铁矿配比越高，固体燃料配比相应越低。生产中固体燃料配比的原则首先是满足料层总热量的需要，而后达到良好热态透气性，减薄机尾红层断面厚度，其次是保证烧结矿转鼓强度。

褐铁矿高配比烧结生产，固体燃料配比需要根据具体原料条件和固体燃料质量，通过经验观察判断烧结机尾断面而确定。

（4）"慢烧"过程控制　褐铁矿高配比烧结条件下，要采取适当延长烧结时间、过程重点控制参数由废气温度转变到总管负压的慢烧操作方法，因褐铁矿属易熔易过湿矿粉，烧结料层中易形成中部过熔而下部过湿现象，厚料层快机速下尤为明显。

褐铁矿粉烧结过程中，以露点消失迅速升温为标志的过湿带前沿迁移速度明显慢于以1000℃出现为标志的燃烧带前沿迁移速度。褐铁矿配比越高，二者迁移速度差距越大，很容易出现燃烧带碰撞过湿带粘连现象。靠近台车底部的过湿带上部则是完全过熔的烧结矿，即燃烧带下移到料层中下部时，过湿带尚未消失，二者叠加在一起导致燃烧前沿遇到过湿带而熄火，烧结过程中止，这种现象是褐铁矿烧结技术的难点，也是褐铁矿高配比影响烧结矿产质量指标的关键所在。在整个烧结过程中将过湿带与燃烧带隔离开，始终保持固有的烧结"五带"，是褐铁矿高配比烧结的核心技术。

赤铁矿或褐铁矿低配比烧结时，实施低负压点火技术，保温炉内保持较低的热空气流量，整个烧结过程基本上是低负压点火和表层烧结矿保温固结，过程控制的关键参数是废气温度曲线，维持烧结终点在倒数第二个风箱位置处。

褐铁矿高配比烧结技术采取"慢烧"方法延长烧结过程，使过湿带提前1～2个风箱消失，能有效将过湿带与燃烧带隔离开，明显改善料层中部过熔而下部过湿现象。具体做法是适当打开并调整保温炉下风箱负压，风箱开度视褐铁矿配比高低决定，褐铁矿配比越高，保温炉下风箱开度越大，同时提高保温炉内热空气流量，保持点火炉内微负压水平。"慢烧"过程控制关键参数为总管负压，总管负压越高，保温炉下风箱开度越大。

（5）优化配矿发挥褐铁矿烧结特性　优化配矿充分利用褐铁矿粉易同化、熔点低、黏度低、流动性好、黏结好等高温烧结特性，实施厚料层、低温、高碱度烧结，提高烧结料层氧位，遵循铁酸钙固结理论，生产以铁酸钙黏结相为主、黏结部分残留未矿化矿石（起核心和骨架作用）的非均质烧结矿结构，有效改善烧结矿还原性和转鼓强度。

一般烧结条件下，褐铁矿粉中约 80%～90% 结晶水可在预热带脱除，约 20%～10% 结晶水在燃烧带脱除。结晶水分解开始温度反映结晶水析出难易程度，分解开始温度低，则容易析出结晶水。结晶水分解终了温度反映失去结晶水的难易程度，分解终了温度高，则析出结晶水吸热多。结晶水分解开始温度和分解终了温度的温度区间反映脱除结晶水所需能耗大小，温度区间大，则能耗大，不利于烧结。结晶水含量高低与结晶水分解开始温度、终了温度、以及二者的温差区间没有任何关系。从结晶水分解吸热负面影响考虑，褐铁矿粉烧结需适当增加固体燃耗，但褐铁矿同化性和液相流动性良好的正面影响，有助于降低固体燃耗。生产实践表明褐铁矿对烧结过程能量需求的正面影响往往大于负面影响，是否需增减固体燃耗要根据具体配矿和生产实践决定，不能盲目调整。

强化制粒，使用粒度较粗的褐铁矿粉，在混合制粒过程中粗颗粒褐铁矿粉成为核心，使其中 $Fe_2O_3$ 尽可能以原生状态保留下来，改善褐铁矿粉烧结性能。

# 第五章

# 烧结矿破碎冷却筛分整粒

从烧结机尾翻卸下的烧结饼，夹带未烧透和未烧结的原矿粉，且烧结饼粒度大，温度高，对输送、储存和高炉生产有不良影响，因此必须对烧结矿进行破碎、冷却、筛分整粒处理才能用于高炉。

烧结矿处理流程有热矿和冷矿两种。随着烧结机大型化，热矿振动筛故障率高，取消了热矿筛分流程，烧结矿从机尾翻卸经单辊破碎机破碎后直接进入冷却机冷却，不产生热返矿。冷矿处理流程包括破碎、冷却、筛分整粒。

## 第一节
### 烧结矿破碎

烧结矿破碎普遍采用剪切式单辊破碎机，将烧结机尾翻卸下的烧结饼破碎到150mm以下，为冷却和筛分整粒提供粒度适宜的烧结矿。

剪切式单辊破碎机的优点是破碎过程中的粉化程度小，成品率高；结构简单、可靠，使用维修方便；破碎能耗低。

大块烧结矿不仅堵塞料仓，而且高炉冶炼过程中在上部和中部未能充分还原便进入炉缸，破坏炉缸的热工制度，使焦比升高，这便是烧结时要进行破碎的意义。

# 第二节
# 烧结矿冷却

# 一、烧结矿冷却方式

### 1. 按冷却地点和冷却设备分类

（1）机外冷却　机外冷却指在烧结机以外用专用冷却设备对烧结矿进行冷却。

（2）机上冷却　机上冷却指在烧结机上烧结到达终点位置以后，以烧结机后部某段作为冷却段，通过抽风或鼓风对烧结矿进行冷却。

机上冷却缺点是不能准确控制烧结段和冷却段，互相之间干扰较大，烧结产能低且冷却不均匀。

连续带式抽风烧结机已淘汰机上冷却，全部采用机外冷却。

### 2. 按冷却机形状分类

分为带式冷却机（简称带冷机）和环式冷却机（简称环冷机），广泛采用的是环冷机。

（1）带冷机　烧结矿在带有密封罩的链板机上缓慢移动，通过密封罩内抽风机进行强制冷却。

优点是设备制造比环冷机简单，且运转过程中不易出现跑偏、变形等问题，设备密封性能好，布料均匀，不易产生布料偏析和短路漏风，卸矿时翻转180°，细粒烧结矿容易掉落，篦条不易堵塞，冷却效果好。

缺点是回车道空载，设备重量较相同处理能力的环冷机重约1/4，链板需要的特殊材料较多。

（2）环冷机　环冷机的主体由沿着环形轨道水平运动的若干个扇形冷却台车组成，形成一个首尾相连的环冷机，冷却台车的上方设有排气烟囱。

### 3. 按冷却风机通风方式分类

将环冷机分为抽风式环冷机和鼓风式环冷机，二者各有优缺点，总体鼓风环冷机优于抽风环冷机，广泛采用鼓风环冷机。

鼓风环冷机利用冷却风机的强制鼓风作用，通过风箱从台车底部将冷空气鼓入烧结矿层，通过冷空气与热烧结矿层的热交换达到冷却的目的，形成的高温热废气回收进行余热利用，低温热废气通过排气烟囱排入大气。

抽风环冷机利用冷却风机的强制抽风作用，在台车料层上方产生负压将冷空气吸入烧结矿层，通过冷空气与热烧结矿层的热交换达到冷却的目的，形成的热废气通过各自的烟囱排入大气。

（1）鼓风环冷机的优点 冷却风机在冷状态下运行，风机吸入的空气含尘量小，风机叶轮磨损较小；耗电量少，容易维修；采用厚料层低转速，冷却时间长，冷却面积相对小，一般冷烧比 0.9～1.2，占地面积小，冷却效果好；高温段热废气温度高，余热可回收利用。

钢铁生产中，烧结能耗占 10%～20%，仅次于炼铁。烧结生产中，烧结机尾风箱烟气显热和鼓风环冷机热废气潜热约占全部烧结热输出的 50%，其中鼓风环冷机热废气潜热约占全部热输出的 1/3，是余热回收的重点，可通过以下途径回收利用该部分热能：

① 设置蒸汽发生装置，回收鼓风环冷机高温段热废气制取蒸汽，产生的蒸汽并公司管网。

② 设置余热发电装置，回收鼓风环冷机高温段热废气用于发电。

③ 利用鼓风环冷机高温段热废气的热差原理，通过热风管排到烧结机点火保温炉或点火炉后的热风罩内进行热风烧结。

（2）鼓风环冷机的缺点 冷却风机所需风压较高，必须选用密封性能好的密封装置；冷却风量大，风速快，气流含尘量高，环境粉尘大。

（3）抽风环冷机的优点 有效抽风面积大，设备利用率高；冷却风机密封回路简单，维修费用低，且风机功率小，可以用大风量进行热交换，缩短冷却时间，环境粉尘小。

（4）抽风环冷机的缺点 冷却风机在含尘量较大、气体温度较高的条件下工作，风机叶片磨损大，使用寿命短，电耗高，冷却面积相对大，一般冷烧比 1.25～1.5，占地面积大；高温段热废气潜热低，不利于余热回收利用。

# 二、烧结矿冷却目的和意义

## 1. 烧结矿冷却目的

烧结矿从烧结机尾翻卸下后平均温度达 700～800℃，高温烧结矿如果不进行冷却，输送、破碎整粒和储存都很困难，必须将烧结矿冷却到 120℃以下，保护皮带机不被烧损烧坏，才能输送到高炉工序。

## 2. 烧结矿冷却意义

① 冷烧结矿便于整粒，为高炉冶炼提供粒度组成均匀的烧结矿，强化高炉冶炼，降

低焦比，提高生铁产量。

② 冷烧结矿可以用皮带机输送和高炉上料机上料，适应高炉大型化的要求。

③ 高炉使用冷烧结矿，可以延长烧结料仓、高炉上料系统、炉顶装料设备的使用寿命，且降低炉顶温度，提高炉顶压力，强化高炉冶炼。

# 三、影响烧结矿冷却效果的主要因素

### 1. 烧结冷烧比

冷却机有效冷却面积与烧结机有效烧结面积之比称为冷烧比，无单位。

### 2. 影响烧结矿冷却效果的主要因素

影响烧结矿冷却效果的主要因素有烧结矿温度、环冷机的冷却风量和冷却速度等。

烧结矿温度低、适宜的冷却风量和冷却风速，则冷却效果好。冷却风量过大，不仅电耗升高，而且因冷却速度过快而影响烧结矿减粒，－10mm粒级产生量增加。所以只要将烧结矿温度冷却到120℃以下不烧损皮带机即可，不需要过大的冷却风量。

烧结矿温度主要取决于固体燃料用量和烧结终点控制，二者控制适宜则烧结温度适宜。如果固体燃料用量大或粒度粗，烧结终点滞后，则烧结矿残碳高，未燃尽的固体碳在环冷机内二次燃烧继续烧结，烧结矿温度升高，影响冷却效果，这时要密切关注二次燃烧的严重程度，首先采取减小风量、减慢冷却速度的措施，若用消防水不能熄灭残碳继续燃烧，必要时必须停止所有环冷机的冷却风机向烧结矿层提供风量，将烧结矿冷却到120℃以下才能排矿，否则冷却风机继续送风加剧烧结矿层中残碳继续燃烧，形成高温大块烧结矿，造成堵料嘴和烧皮带机生产事故。

烧结矿粉率高，则环冷机料层透气性差，冷却风量减少，冷却效果差。

环冷机布料不均匀，则漏风严重，有效冷却风量小，冷却效果差。

环冷机箅板或冷却风道堵塞，通风差，则冷却效果差。

环冷机未及时放灰，卸灰仓满，或冷却风机运转异常，冷却风量小，则冷却效果差。

# 四、环冷机烟囱废气中粉尘含量大的原因

烧结矿强度差，粉尘大；除尘风量开启小；环冷机布料太薄，鼓风机风量太大；环冷机布料不均，鼓风机的风走短路；环冷机料层厚度与冷却风量、风压不相适应，都会引起环冷机废气中粉尘浓度增大。

# 第三节
# 烧结矿筛分整粒

## 一、筛分整粒的含义

经冷却的烧结矿进行冷破碎和多级筛分，控制烧结矿上下限粒度，并按需要进行粒度分级，以达到提高烧结矿质量的目的。

## 二、筛分整粒的目的

筛分整粒是实现烧结铺底料工艺的首要条件。

筛分整粒主要目的是降低烧结矿上限粒度，筛除−5mm粉末，获取铺底料。

对烧结矿进行分级筛分，按粒度组成分为成品烧结矿、铺底料和返矿，成品烧结矿输出到高炉，铺底料送烧结机铺底，起到保护炉条、改善底部烧结料透气性的作用，返矿返回配料室重新参与配料。详见"第一章 第五节 图1-1 烧结主要工艺流程图"。

## 三、筛分整粒的意义

筛分整粒包括冷破碎和多级筛分。

冷破碎控制烧结矿的上限不大于50mm（许多厂因烧结矿粒度大多小于50mm，不设冷破碎），消除过大块粒级，使成品烧结矿各粒级趋于合理。

大块烧结矿导致高炉布料产生偏析，高炉料柱透气性分布不均，同时在运转过程中会继续产生粉末。

大块烧结矿经筛分整粒处理和多次落差转运，磨掉和筛除大块中黏结不够牢固的颗粒，转鼓强度有所提高。

经筛分整粒后的成品烧结矿粒度均匀，减少粉末量，尤其减少−10mm粒级，提高转鼓强度，减小高炉气流阻力，改善料柱透气性，为强化高炉冶炼创造良好的原料基础，减少高炉炉尘量，保护炉顶设备，同时减少崩料次数，有利于高炉顺行，增铁节焦。

# 四、改善入炉烧结矿粒度组成的主要措施

### 1. 稳定水碳优化配矿

高炉返矿、各种除尘灰、钢渣、轧钢皮等副产品综合混匀，均衡配加。

生石灰在进入混合机前提前加水消化，发挥其消化放热和强化制粒的作用。

设置热水池，利用蒸汽将水加热到 90℃ 以上，混合机中加热水，提高烧结料温到 60℃ 以上，一次混合加足水，二次混合少加水或不加水，烧结料水分稳定在 ±0.2%。

综合计算固体燃料、高炉重力除尘灰、烧结内返和高炉返矿带入的碳，稳定烧结料固定碳含量。

确定烧结原料结构时，兼顾烧结料的化学成分、烧结基础特性、制粒性能、成矿性能以及烧结矿产质量的内在关系，实现烧结配矿整体优化，生产高碱度烧结矿，实施厚料层、低碳、低水、低温烧结等技术，稳定烧结工艺制度。

### 2. 降低烧结矿中 −5mm 粒级粉末产生量

烧结生产中，−5mm 粉末产生部位主要在烧结机料层上部和台车边部，设法降低料层上部和台车边部的烧结速度，提高成品率，是降低烧结工序筛分指数的主要措施。

改善熔剂质量，−3mm 粒级在 85% 以上，改善熔剂分解动力学条件，减少未矿化的石灰石和白云石，特别是石灰石吸收空气中的水分会产生体积膨胀而使烧结矿碎裂。

改善布料效果，抑制边部效应。台车宽度方向上铺底料采用中部厚边部薄的三段布料方式，安装松料器使中部松料而边部不松料，圆辊给料机中部给料量少而边部给料量多，当原料结构疏松密度小时，安装滚动式压料装置适当压下料层。

环冷机热废气引入烧结机助燃风机，实施热风烧结，提高表层烧结矿强度。

### 3. 优化烧结矿冷却制度

环冷机前部冷却风机的风门开度梯度控制，后部冷却风机变频控制，依据环境温度和烧结矿冷却效果调整冷却风机转速，既保证排矿温度小于 120℃ 不烧损皮带机，又实现烧结矿梯度冷却，防止因急冷破坏晶体结构。

### 4. 提高冷筛筛分效率

厚筛的筛孔形状为椭圆，易堵且振幅小，筛分效率低。改进冷筛使用三段复频筛，筛板形式为单层双面悬臂棒条形，且一段筛的分级粒度选用 10mm（不选用 20mm 或 5mm），有利于进一步提高筛分效率达 86% 以上。

**5. 提高高炉槽下筛的筛分效率，筛除入炉烧结矿中－5mm 粒级**

**6. 降低落差减少粉末产生量**

高炉槽下烧结矿仓推行半仓卸矿，降低卸矿落差。

尽量加大或增加使用高炉槽下烧结矿仓，避免在烧结工序建设中间缓冲矿仓，烧结矿经中间缓冲矿仓既增加转运次数，又在储存期间产生风化粉碎，增加－5mm 粒级。

减轻从烧结工序到炼铁工序烧结矿的碎裂减粒程度和－10mm 亚粉率增加幅度（一般增加 10 个百分点属正常），减少转运次数，降低转运落差。

# 第六章

# 烧结新技术

改善烧结矿质量的有效措施主要有烧结精料和优化配矿，强化制粒、厚料层、燃料分加、低碳烧结，低温烧结，低硅烧结，热风烧结等。

高炉精料方针很大程度上取决于烧结实施精料和优化配矿，生产优质烧结矿。

烧结精料主要指使用的铁矿粉、熔剂、固体燃料的有益成分含量高，有害成分含量低，粒度组成和水分适宜。

烧结优化配矿即在研究各种铁矿粉烧结基础特性的基础上，遵循基础特性优劣互补、合理配矿的原则。

# 第一节
## 厚料层烧结技术

强化制粒、厚料层、燃料分加、低碳烧结，是一整套技术，呈递进、完善、发展的关系，只有强化制粒才能实施厚料层烧结，厚料层烧结带来的上层燃料不足问题通过燃料分加来解决和完善，实施低碳烧结是厚料层燃料分加技术的发展和结果。

# 一、强化制粒技术及其效果

强化制粒的含义是通过提高混烧比和优化改进混合机工艺参数，采用强化混合机，改进烧结料加水点和加水方式等措施，减少烧结料中细粉末和＋8mm大粒级料，增加3～

5mm 粒级，达到改善烧结料层透气性的目的。

实施强化制粒技术，改善烧结料粒度组成且提高料球强度，料球孔隙率大，摩擦力小，提高单位时间内通过料层的有效风量，改善水分蒸发条件，减薄干燥带厚度，减少料层下部冷凝水量，减轻过湿带的影响，降低过湿带和预热干燥带的阻力，合理分布气流和温度，有利于实施厚料层烧结，改善烧结矿冶金性能，提高烧结矿产质量。

# 二、厚料层烧结和工艺技术措施

### 1. 料层厚度的选择

烧结生产率随料层厚度有极值特性，料层厚度增加到一定值后，烧结生产率平缓变化，提高烧结矿产质量空间很小，再继续增加料层厚度，会因垂直烧结速度非常慢而降低生产率。因此在一定总管负压下，有一个适宜的料层厚度，并非料层厚度越高越好。

目前烧结机料层厚度普遍在 700mm 以上，为厚料层烧结，企业需根据原料结构、总管负压、终点温度等具体情况确定 700～900mm 适宜值，在强化制粒、低水低碳、机尾烧透无生料、适宜内返量的前提下，实施厚料层烧结。

### 2. 烧结料层自动蓄热作用

抽入烧结料层的空气经过热烧结矿带被预热到较高的温度后，进入燃烧带燃烧，燃烧后的废气携带更高的热量，又将下部预热带废气进一步预热，因而料层越往下热量积蓄越多，达到更高的温度，烧结料层这种积蓄热量的过程称为自动蓄热作用。烧结料层越厚，自动蓄热作用越强。

### 3. 厚料层烧结技术问题

料层增厚一方面料层阻力增大，尤其台车中部料层透气性变差，另一方面料层自动蓄热作用增强。厚料层烧结生产实践表明，厚料层自动蓄热所提供的热量约占烧结总热量的35％以上，使烧结料层下部温度远高于上部温度而过熔。烧结工艺的本质是烧结料中部分物料熔融产生液相并黏结其他未熔矿物而生成非均质烧结矿，但宏观上希望烧结矿化学成分和性能均质。厚料层烧结的技术问题是料层透气性和热量分布不均匀，上层热量不足，下层热量过剩，料层高度方向上均质效果变差。

烧结矿随料层高度的不均质性表现如下：

烧结矿中 CaO 和 MgO 含量、碱度随料层高度变化的规律性较强，上层＞中层＞下层，因熔剂粒度相对铁矿粉粒度较细，堆密度较小，且部分未能成为黏附粒子与铁矿粉成球，易分布在上层，而粒度相对较大、堆密度较大的铁矿粉分布到料层下部，使下层熔剂含量相对偏少。

以赤铁矿粉和褐铁矿粉为主料的烧结矿中 FeO 含量呈下层＞中层＞上层的明显分布

变化。以磁铁矿粉为主料的烧结矿中 FeO 含量呈下层＞上层＞中层的明显分布变化。因下层温度最高，大颗粒燃料偏析分布到下层，还原性气氛增强，$Fe_2O_3$ 与 CO 发生吸热还原反应生成 $Fe_3O_4$，同时促进 $Fe_2O_3$ 的分解生成 $Fe_3O_4$ 和 $O_2$。而上层烧结矿由于冷却速度比中层快，$Fe_3O_4$ 再氧化反应时间比中层短，虽然上层烧结矿热量比中层少，但上层 FeO 含量比中层高。

烧结矿平均粒度和转鼓强度呈下层＞中层＞上层的分布，因上层烧结矿热量不足且抽风作用下冷却速度快，产生玻璃质较多，转鼓强度和粒度组成差。而中下层自动蓄热能力增强，烧结矿冷却速度慢，液相结晶更完全，因此转鼓强度和粒度组成优于上层。下层烧结矿由于热量充足甚至存在过熔，转鼓强度与中层相比并没有太大提高。

铁酸钙黏结相数量和还原性呈中层＞下层＞上层的分布。由于上层热量不足，液相量少，矿物组成中赤铁矿含量较中、下层高，且上层烧结矿由于冷却速度较快，玻璃质含量较高。厚料层蓄热作用下，中层和下层热量高，铁酸钙数量相对上层要多。由于下层碱度较低，同时过高的温度使部分铁酸钙发生分解，下层铁酸钙数量比中层略低。

烧结矿还原性中层＞下层＞上层。上层铁酸钙数量较少，且玻璃质较多，而下层出现部分板状铁酸钙与磁铁矿的熔融结构，同时下层 FeO 含量高。

烧结矿低温还原粉化率 $RDI_{+3.15mm}$ 上层最差，且与中、下层烧结矿差距较大，这主要是因为上层烧结矿赤铁矿含量较多，赤铁矿在还原成磁铁矿时体积膨胀产生内应力，造成低温还原粉化。

### 4. 厚料层烧结的工艺技术措施

（1）低水低碳操作。厚料层烧结下，烧结矿带在高温区停留时间延长，改善烧结矿形成条件，液相同化和熔体结晶较充分，且上部烧结矿比例相对减少，同时自动蓄热能力增强，因此厚料层烧结可在较低燃耗条件下提高转鼓强度。但随着料层增厚，料层阻力增大，水分冷凝现象加剧，因此为减少过湿带的影响，厚料层烧结应提高烧结料温度到露点以上，同时采取低水低碳操作。

（2）解决厚料层总管负压升高、料层阻力增大、烧结机产能相对降低的问题，重点采取强化混匀和制粒、在台车中部料层下部安装合理的松料器等措施，改善料层热态透气性，提高垂直烧结速度。

（3）适当放宽熔剂粒度，增加熔剂中＋3mm 粒级，使大粒级熔剂偏析分布到料层下部，一方面提高下层烧结矿碱度，另一方面通过熔剂分解吸热消耗下层热量，减小上下层热量差异。

（4）补充料层上部热量。

① 增设保温炉　点火炉后增设保温炉，且保温炉内设置适量烧嘴或引入环冷机余热废气，使保温炉内温度达 800℃以上，上部烧结矿缓慢冷却（10～15℃/min），促进结晶完全，避免因急剧冷却产生裂缝影响转鼓强度。

② 热风烧结　方式一：设置预热炉将点火用的助燃空气预热，用热风点火。

方式二：在点火炉后面设置保温炉，料层表面供给热废气或热空气进行烧结。

热废气来源有煤气燃烧热废气、烧结机尾风箱（烟道）热废气、环冷机前段热废气等。

a. 热风烧结的好处　热风带入部分物理热，有助于降低固体燃耗，改善烧结气氛，还原区相对减少，降低烧结矿 FeO 含量，改善还原性指标。

相应减少固体燃耗的同时，提高烧结废气的氧位，烧结料层的温度分布均匀，克服料层上部热量不足，冷却速度快，烧结矿转鼓强度差，而料层下部热量过剩和过熔，烧结矿 FeO 含量过高，还原性差，料层上下部烧结矿质量差异大的问题。

由于抽入热风，料层受高温作用的时间延长和冷却速度缓慢，有利于生成液相和增加液相量，利于晶体的析出和长大，各种矿物结晶较完全；减轻因急冷而引起的内应力，烧结矿结构均匀，提高转鼓强度和成品率。

b. 热风烧结的弊端　由于抽入热风降低空气密度，增加抽风负荷，气流氧含量相对降低，烧结速度受到一定影响，需改善料层透气性和适当增加总管负压等措施，保持烧结生产率不降低。

③ 燃料和熔剂分加　燃料分加是将烧结料中固体燃料分两次加入，一部分在配料室（一次混合之前）加入，叫内配燃料，与混匀矿、熔剂等物料一并进入一次混合机内进行混匀；另一部分在混匀制粒完成（制粒机）后加入，与制粒后的混合料一并进入三次混合机内用作外裹固体燃料，使固体燃料赋存于料球表面，叫外配燃料。

燃料分加技术必须建立在强化制粒、烧结料成球性好、烧结机多辊偏析布料效果好的基础上，且实施−1mm 细粒燃料分加。

生产实践表明，内配燃料∶外配燃料为 3∶7 甚至更大时，燃料分加效果好。

实施−1mm 燃料分加结合熔剂分加，有助于固体燃料分布在料层上部，增加上部烧结料固定碳含量，补充上部热量不足的问题。有助于固体燃料分散在料层中，改善固体碳的燃烧动力学条件，加快碳的燃烧速度，提高燃烧效率，减轻燃烧带供氧不足的问题，减少固体燃料的还原损失。分加熔剂有效防止外配燃料的脱落以及迁移，并提供催化燃烧的可能性，提高固体燃料的燃烧性。

普通工艺与燃料分加工艺见表 6-1。

表 6-1　普通工艺与燃料分加工艺比较

| 项目 | 固体燃料加入方式 | 固体燃料分布 | 燃耗比较 |
|------|------------------|--------------|----------|
| 普通工艺 | 在配料室一次性加入全部固体燃料 | ①固体燃料被其他物料包裹<br>②同一工艺条件下,固体燃料的分布更多向大颗粒混合料中偏析 | 燃耗高 |
| 燃料分加工艺 | 在配料室内配一部分,制粒后外配一部分固体燃料 | ①固体燃料的分布更多向小粒级混合料中偏析<br>②不同粒级混合料中碳含量极差明显缩小,混合料中碳含量平均水平下降<br>③固体燃料明显向料层上部偏析,弥补普通工艺料层上部热量不足的弊端 | 燃耗低 |

## 5. 厚料层低碳烧结的好处

厚料层烧结具有能耗低、转鼓强度高、成品率高、FeO 含量低、还原性好等优点。

料层厚度薄，则通过料层的气流速度加快，料层蓄热作用减弱，烧结矿层冷却速度加快，液相中玻璃质数量增加，转鼓强度变差，表层烧结矿比例相对增加，成品率下降。厚料层烧结则充分利用自动蓄热作用，延长高温保持时间，增加液相生成量，矿物结晶完善，发育良好，提高转鼓强度，降低料层上部烧结矿比例，减少返矿量，提高成品率，烧结矿粒度组成趋于均匀。

增强氧化性气氛，降低烧结温度，有利于低价铁氧化物的氧化，减少高价铁氧化物的分解热耗，生成低熔点黏结相，降低燃耗和点火单耗，降低 FeO 含量，改善烧结矿的还原性。

提高料层厚度，相应降低机速，保持垂直烧结速度不变，可提高烧结产量，改善质量。

料层透气性好、抽风能力大时，提高烧结机产能的有效措施是提高料层厚度、加宽台车、烧结机扩容。

厚料层低碳烧结，有利于减轻劳动强度，改善工作环境。

# 第二节
# 低温烧结

# 一、低温烧结的实质

一般认为烧结温度高于 1300℃ 为熔融型烧结，低于 1300℃ 为低温烧结。

低温烧结具有节能和改善烧结矿性能两大优点。

低温烧结理论基础是"铁酸钙固结理论"。烧结矿质量主要与其矿物组成和结构有关。铁酸钙固结理论研究表明，赤铁矿粉烧结，理想的烧结矿矿物组成和结构是约 40% 未反应残留赤铁矿和约 40% 以铝硅铁酸钙 SFCA 针状结晶为主要黏结相的非均相结构，这种结构烧结矿具有还原性好、低温还原粉化率 $RDI_{+3.15mm}$ 良好、转鼓强度高的综合优质质量，这种针状铁酸钙是在较低烧结温度下形成的，温度较高将熔融分解转变为其他形态，这一理论是基于铝硅铁酸钙固结理论的低温烧结。

低温烧结的实质是在较低烧结温度（1230～1280℃）下，使烧结料中部分矿粉发生反应，产生一种强度高、还原性好的理想矿物——针状铁酸钙为主要黏结相，并以此来黏结、包裹那些未反应的残存未熔矿石，使其生成铝硅铁酸钙 SFCA。为此在工艺操作上，低温烧结要求控制理想的加热曲线，烧结温度不能超过 1280℃，以减少磁铁矿的生成，同时要求在 1250℃ 的时间要长，以稳定针状铁酸钙和残存赤铁矿的形成条件，使烧结中作为黏附剂的一部分矿粉起反应，CaO 和 $Al_2O_3$ 在熔体中部分熔解并与 $Fe_2O_3$ 反应生成铝硅铁酸钙 SFCA。

# 二、低温烧结工艺基本要求

## 1. 理想的"准颗粒"

烧结反应均匀而充分地进行，烧结前混合料均匀和质量稳定至关重要。在混合料制粒过程中，细小粉末颗粒黏附在核粒子周围或相互聚集形成"准颗粒"才能使烧结料具有良好透气性，同时细粒粉末相互接触，可加速烧结反应速率，良好制粒可减少球粒的破损，球粒在干燥带仍保持成球状态。只有制成"准颗粒"才能使黏附粉层 CaO 浓度较高、碱度较高而形成理想的 CaO 浓度分布。

理想"准颗粒"结构以多孔赤铁矿、褐铁矿或高碱度返矿作为成核颗粒，以含 $SiO_2$ 脉石的密实矿石和能形成高 $CaO/SiO_2$ 比例熔体的成分作黏附层，烧结料中＋3mm 粒级含量大于 70%，料层孔隙率提高，具有良好料层透气性。

## 2. 理想的烧结矿结构

大量研究表明，原生细粒赤铁矿比再生赤铁矿还原性好，针状铁酸钙比柱状铁酸钙还原性好，所以低温烧结工艺目标是生产残余赤铁矿比例高同时强度和还原性好的针状铁酸钙黏结相。理想烧结矿的矿相结构是由两种矿相组成的非均质结构，一是针状铝硅铁酸钙 SFCA 黏结相，二是被这一黏结相所黏结的残留矿石颗粒。

## 3. 理想的烧结过程热制度

理想烧结矿显微结构是在理想烧结热制度条件下发生一系列烧结反应后形成的。

当烧结料中的固体碳被点燃后，随着烧结温度的升高，烧结反应过程概括如下：

① 700～800℃随着温度升高，开始固相反应，生成少量铁酸一钙 CF。

② 接近 1200℃，生成二元或三元系的低熔点物质铁酸一钙 CF（1216℃）、硅铁矿 $FeO \cdot SiO_2$（1205℃）、钙铁橄榄石 $CaO \cdot FeO \cdot SiO_2$（1208℃），约 1200℃熔化，在熔液中 CaO 和 $Al_2O_3$ 很快溶于熔体中并与氧化铁反应，生成针状固熔了铝硅酸盐的铁酸钙，即 SFCA。

③ 控制烧结最高温度不超 1300℃，避免形成的针状铁酸钙分解成赤铁矿或磁铁矿。

④ 低温烧结在低于 1300℃下进行，作为核粒子的粗粒矿石没有进行充分反应而作为原矿残留下来，因此要求这些粗粒原矿应是还原性良好的铁矿石。

⑤ 低温烧结下难以形成熔点高的硅酸钙系列矿物，有利于提高烧结矿质量。

# 三、低温烧结生产措施

## 1. 原料整粒和熔剂细碎

要求富矿粉粒度小于 8mm（力求＋8mm 粒级小于 10％），熔剂中－3mm 粒级≥85％；无烟煤适宜粒度 0.5～4.5mm，焦粉适宜粒度 0.5～3mm，力求－0.5mm 粒级小于 20％。

物料充分混匀，稳定化学成分和粒度组成。

## 2. 强化烧结料制粒效果

要求制粒小球中还原性好的赤铁矿、褐铁矿或高碱度返矿作核粒子，并配加足够的生石灰，增强黏附层的强度，提高混合料成球率，改善烧结料层透气性。

国外低温烧结使用全赤铁矿粉烧结，我国为了充分利用国产细磁铁精矿粉和降低原料成本，减少了还原性好且作为准颗粒的赤铁矿粉配比，开发并掌握了赤铁矿粉和褐铁矿粉中配加磁铁精矿粉的低温烧结工艺及其特性。

## 3. 生产高碱度烧结矿

碱度以 1.9～2.15 为宜，使铝硅铁酸钙 SFCA 达到 30％～40％以上。

## 4. 调整烧结矿化学成分

使用高品位低硅铁矿粉，尽可能降低烧结矿中 FeO 含量，烧结矿铝硅比 $Al_2O_3/SiO_2$ 在 0.1～0.35，不超 0.4，最佳值由具体烧结条件而定。

## 5. 厚料层低水低碳低温烧结

厚料层低水低碳低温烧结技术，得益于对"铁酸钙固结理论""烧结料层自动蓄热原理""低温烧结理论"的深入理解。

厚料层自动蓄热作用增强，有利于降低固体燃耗，减少 $CO_2$ 的排放，符合节能减排的发展趋势。

厚料层低水低碳低温烧结，延长高温氧化区保持时间，烧结热量由"点分布"向"面分布"的变化作用，可抑制烧结过程"过烧"和"轻烧"等不均匀现象，烧结矿物结晶充分，改善烧结矿结构。

烧结温度低，并延长高温持续时间。研究表明当烧结温度为 1230～1280℃时，有利于生成铁酸一钙 CF 且呈交织结构，强度高且还原性好；当烧结温度升高到 1280～1300℃甚至更高时，铁酸一钙生成量减少且由针状变为板状，虽强度升高但还原性下降，所以适宜的烧结温度是低温烧结的重要环节，烧结温度曲线要由熔融型转变为低温型，烧结最高温度控制在 1250～1280℃，并保持 1230℃ 以上的时间在 5min 以上，促进优质铁酸钙黏结相生成，同时改善转鼓强度和还原性指标，有利于高炉优质、高产、低耗、节能减排。

厚料层低水低碳低温烧结技术，有利于褐铁矿粉分解后产生的裂纹和空隙弥合致密，提高褐铁矿粉的用量，扩大铁矿石资源范围和资源高效利用。

# 第三节
# 低硅烧结

低硅烧结的主要途径是配加高品位低 $SiO_2$ 含量的铁矿粉，尤其选矿采用细磨深选提高精矿粉品位，控制烧结矿 $SiO_2$ 含量低于 6％。

低硅烧结是高炉精料技术发展的方向和目标，高炉炼铁通过不断提高入炉矿的品位，改善低渣量冶炼条件，则可提高冶炼技术经济指标。

## 一、低硅烧结的优缺点

低硅烧结矿的品位高，$SiO_2$ 含量低，则有助于提高高炉入炉品位，提高高炉利用系数，减少冶炼渣量，对高喷煤比操作有重要意义。

低硅烧结矿的还原性好，软熔性能好，则高炉软熔带位置下移，软熔带厚度减薄，提高滴落带透气性，有利于高炉发展间接还原，改善料柱透气性和透液性，提高生铁产量，降低焦比，降低吨铁成本，提高铁前效益。

$SiO_2$ 是烧结过程必需的造渣物质，过低的 $SiO_2$ 含量则会带来黏结相量少、转鼓强度差、成品率低、低温还原粉化加剧等诸多质量问题。

## 二、低硅烧结工艺条件

低硅烧结最佳工艺条件是低配碳、高碱度、低 MgO 含量，且对黏结相强度影响程度排序为：低配碳（烧结温度）＞高碱度＞低 MgO＞低 $SiO_2$。

### 1. 低碳厚料层烧结

低碳厚料层烧结是改善烧结生产指标的基础，也是低硅烧结的基础条件，厚料层下物料的堆密度提高，透气性下降，成品率升高，返矿量下降。

### 2. 高碱度烧结

某厂不同碱度烧结矿的矿物组成见表 6-2。

表 6-2　某厂不同碱度烧结矿的矿物组成

| 碱度 $R_2$ | $Fe_3O_4$/% | $Fe_2O_3$/% | SFCA/% | 玻璃相/% | $2CaO \cdot SiO_2$/% | 未矿化熔剂/% |
|---|---|---|---|---|---|---|
| 1.31 | 50~55 | 7~10 | 10~15 | 20 | 3~5 | 1~2 |
| 1.78 | 30~35 | 10~15 | 35~40 | 3~5 | 10 | 2~3 |
| 1.96 | 25~30 | 15 | 40 | 2~3 | 10 | 1~2 |
| 2.15 | 30 | 7~10 | 45 | 1~2 | 15 | 3~5 |

碱度是决定烧结矿的矿物组成及其质量的基本因素，高碱度烧结提高赤铁矿粉配比，是增加低熔点铁酸钙生成量的先决条件，是低硅烧结生成较多黏结相的必要条件，是改善低硅烧结矿转鼓强度的关键。

日本住友公司生产烧结矿 $SiO_2$ 含量 4.8%~5.2%，将碱度提高到 2.2 以上，之后将烧结矿 $SiO_2$ 含量提高到 5.4%，碱度降低到 1.95，相应烧结矿物化性能和冶金性能更加改善。莱钢和太钢曾很短时期内控制 $SiO_2$ 含量 4.0%~4.3%，造成转鼓强度和低温还原粉化率 $RDI_{+3.15mm}$ 显著降低。宝钢烧结矿 $SiO_2$ 含量在国内处于低水平，自 1985 年投产以来一直稳定保持 5.1%~5.5% 的水平。总结各企业生产实践，适宜烧结矿 $SiO_2$ 含量为 5.2%~5.5%，碱度为 1.9~2.15，可获得物化性能、冶金性能、产量等指标优良的烧结矿。

实施低硅烧结的同时，重要的是提高 $SiO_2$ 含量的稳定性，稳定 $SiO_2$ 含量是稳定碱度的关键，而混匀矿是 $SiO_2$ 含量的主要来源，所以稳定铁矿粉的化学成分、铁矿粉准确配料、加强混匀矿的混匀造堆是稳定烧结矿质量的基础性工作，必须引起高度重视。

### 3. 低 MgO 烧结

理论研究和生产实践表明，无论高硅还是低硅烧结条件下，MgO 的存在均具有促进生成镁磁铁矿 $Fe_3O_4 \cdot MgO$ 和抑制铁酸钙液相生成的不良作用，低硅烧结需实施低 MgO 烧结，烧结矿 MgO 含量<1.8% 为宜。某实验室研究 MgO 含量对烧结矿指标和对生成液相的影响分别见表 6-3 和表 6-4。

（1）MgO 含量对生成液相的影响　烧结过程中，低熔点物质在高温作用下熔化成液相，在冷却过程中液相凝固而成为尚未熔化和熔入液相颗粒的坚固连接桥，从而使得散状物料固结成多孔状的烧结矿。可见生成液相是烧结成矿的基础，液相数量和性质是影响烧结矿固结强度和冶金性能的重要因素。

因 MgO 属于高熔点物质，在烧结温度一定时，随着 MgO 含量的增加，有效液相形成温度升高，液相黏度增大，液相流动性降低。MgO 的这一烧结行为是影响烧结矿产质量指标尤其转鼓强度的本质原因。

表 6-3　某实验室研究 MgO 含量对烧结矿指标的影响

| 碱度 $R_2$ | MgO /% | 利用系数 /[t/(m²·h)] | 成品率 /% | 固体燃耗 /(kg/t) | 转鼓强度 /% | SFCA /% | RI /% |
|---|---|---|---|---|---|---|---|
| | 2.0 | 1.448 | 71.34 | 70.98 | 63.33 | 26.24 | 77.12 |
| 1.8 | 1.5 | 1.555 | 73.90 | 69.00 | 66.67 | 27.16 | 80.10 |
| | 1.0 | 1.473 | 72.69 | 68.79 | 68.67 | 28.29 | 80.75 |
| | 2.0 | 1.474 | 74.02 | 68.13 | 65.20 | 30.08 | 79.12 |
| 1.9 | 1.5 | 1.585 | 72.78 | 68.70 | 67.33 | 31.15 | 81.56 |
| | 1.0 | 1.608 | 75.71 | 66.04 | 68.40 | 32.94 | 85.51 |

| 碱度 $R_2$ | MgO /% | RI /% | $RDI_{+3.15mm}$ /% | 软熔性能/℃ | | | |
|---|---|---|---|---|---|---|---|
| | | | | $T_{BS}$ | $\Delta T_B$ | $T_S$ | $\Delta T$ |
| 1.82 | 2.03 | 81.9 | 57.4 | 1126 | 216 | 1342 | 168 |
| 1.88 | 2.10 | 78.1 | 59.6 | 1108 | 202 | 1310 | 170 |
| 1.88 | 2.30 | 74.1 | 61.8 | 1130 | 200 | 1330 | 175 |

表 6-4　某实验室研究 MgO 含量对生成液相的影响

| 烧结矿 MgO/% | 0 | 0.5 | 1.0 | 1.5 | 2.0 | 3.0 |
|---|---|---|---|---|---|---|
| 有效液相形成温度/℃ | 1250 | 1255 | 1259 | 1262 | 1268 | 1271 |
| 液相流动性指数(1280℃) | 0.52 | 0.45 | 0.42 | 0.40 | 0.38 | 0.30 |
| 黏结相抗压强度/(N/cm²) | 281 | 292 | 280 | 276 | 242 | |

（2）MgO 含量对黏结相强度的影响　烧结矿由黏结相黏结未熔的含铁矿物固结而成，低温烧结条件下形成的非均质结构，其未熔的含铁矿物自身强度高于黏结相强度，黏结相强度成为烧结矿固结强度的限制性环节。

在二元碱度为 2.0、试验温度为 1280℃的条件下，随着 MgO 含量由 0 增加到 2.0%，黏结相强度呈先高后低的变化趋势，其转折点在 MgO 含量为 0.5%左右。分析认为 MgO 对高碱度烧结黏结相固结强度的影响有两面性，负面是影响液相的生成，正面是阻止硅酸二钙 $C_2S$ 的相变。当液相不足是主要矛盾时，MgO 的负面影响起主要作用；当 $C_2S$ 相变是固结强度的限制性环节时，MgO 则可以发挥其正面作用。高碱度低硅烧结下，应适当降低 MgO 含量，以减小液相量不足而带来的黏结相固结强度的降低。

**4. 低 $SiO_2$ 烧结**

适宜 $SiO_2$ 含量为 5.2%~5.5%，是保证烧结矿转鼓强度、改善粒度组成的基础。

因低硅烧结的黏结相量少，所以侧重多配加同化性和液相流动性较好的铁矿粉，增加有效液相量，并发展铁酸钙黏结相是提高低硅烧结矿品质的主要途径。

适当提高烧结料中粉核比例，细粉粒能促进固相反应快速进行，易生成烧结液相。

# 第七章

# 烧结主要技术经济指标

YB/T 421—2014《铁烧结矿》技术指标见表 7-1。

**表 7-1　YB/T 421—2014《铁烧结矿》技术指标**

| 分类 | | 化学成分 | | | | 物理性能 | | 冶金性能 | |
|---|---|---|---|---|---|---|---|---|---|
| | | TFe/% | FeO/% | S/% | $R_2$ | 筛分指数 −5mm/% | 转鼓强度 +6.3mm/% | 还原度 RI/% | 低温还原粉化 $RDI_{+3.15mm}$/% |
| 优质烧结矿 | | ≥56 ±0.4 | ≤9 ±0.5 | ≤0.03 | ±0.05 | ≤6.0 | ≥78 | ≥70 | ≥68 |
| 普通 烧结矿 | 一级 | ±0.5 | ≤10 | ≤0.06 | ±0.08 | ≤6.5 | ≥74 | ≥68 | ≥65 |
| | 二级 | ±1.0 | ≤11 | ≤0.08 | ±0.12 | ≤8.5 | ≥71 | ≥65 | ≥60 |

# 第一节
## 烧结产能指标

# 一、烧结机作业率和计算

衡量烧结机运转率的指标有日历作业率和扣外作业率。

**1. 烧结机日历作业率**

日历作业率指烧结机运转时间占日历时间的百分数。

日历作业率=(烧结机运转时间/日历时间)×100%

=[(日历时间−计划停机时间−外因停机时间)/日历时间]×100%

**2. 烧结机扣外作业率**

扣外作业率指扣除外部因素影响停机时间后的作业率，能够更真实反映和衡量烧结机的实际运转状况。

扣外作业率＝[烧结机运转时间/（日历时间－外因停机时间）]×100%

＝[（日历时间－计划停机时间－外因停机时间）/（日历时间－外因停机时间）]×100%

外部因素影响停机包括突发停电、停水、停煤气、自然灾害等故障停机和上级指令性停机等，统称为非计划停机。

定修定检停机是计划内停机，扣外作业率不扣除此部分。

内部事故包括机械、电气、生产操作及其他事故，扣外作业率不扣除此部分。

**3. 计算烧结机作业率**

日历时间是个常数，与某年某月的天数有关。

公元年能被 4 整除为闰年。世纪年（整百年）能被 400 整除为闰年。

公元年不能被 4 整除，为平年。世纪年（整百年）不能被 400 整除，为平年。

例如，公历 2000 年、2400 年是 4 的倍数，也是 400 的倍数，是闰年；公历 2100 年、2200 年是 4 的倍数，但不是 400 的倍数，是平年。

闰年的 2 月有 29 天，全年共 366 天。平年的 2 月有 28 天，全年共 365 天。

每年 1 月、3 月、5 月、7 月、8 月、10 月、12 月是大月，有 31 天。4 月、6 月、9 月、11 月是小月，有 30 天。

**【例 7-1】** 某烧结机 4 月计划检修 8h，内因停机 4h，无外因停机，计算 4 月烧结机系统日历作业率和扣外作业率。计算结果保留小数点后两位小数。

**解** 日历作业率＝扣外作业率＝[（30×24－8－4）÷（30×24）]×100%＝98.33%

**【例 7-2】** 某厂 1 台 495m² 烧结机，1998 年累计停机 700h，计算该厂烧结机系统年日历作业率。计算结果保留小数点后两位小数。

**解** 1998 年是平年，全年 365 天，日历时间＝365×24＝8760（h）

年日历作业率＝[（8760－700）÷8760]×100%＝92.01%

**【例 7-3】** 某月日历天数 31 天，某烧结机限产停机 4h，停电停机 0.4h，停煤气停机 0.6h，计划检修 5h，机械故障 0.35h，电气故障 0.25h，生产故障 0.4h，计算烧结机系统当月日历作业率和扣外作业率。计算结果保留小数点后两位小数。

**解** 日历作业率＝[（31×24－4－0.4－0.6－5－0.35－0.25－0.4）÷（31×24）]×100%

＝[733÷744]×100%＝98.52%

扣外作业率＝[（31×24－4－0.4－0.6－5－0.35－0.25－0.4）÷

（31×24－4－0.4－0.6）]×100%

＝[733÷739]×100%＝99.19%

**【例 7-4】** 某厂 2 台 400m² 烧结机，2013 年 5 月突发停电停机 0.65h，上级指令性停机 2.3h，定修定检停机 4.6h，机械电气故障 1.3h，计算该月烧结机系统日历作业率和扣外作业率。计算结果保留小数点后两位小数。

**解**　日历作业率＝[(31×24－0.65－2.3－4.6－1.3)÷(31×24)]×100％＝98.81％

扣外作业率＝[(31×24－0.65－2.3－4.6－1.3)÷(31×24－0.65－2.3)]×100％
＝99.20％

**【例 7-5】** 某厂 6 台烧结机，某班 5 台烧结机生产，1 台烧结机计划检修，计算该厂该班烧结系统日历作业率。计算结果保留小数点后两位小数。

**解**　设某班日历作业时间为 $A$ h

日历作业率＝[(5$A$)/(6$A$)]×100％＝83.33％

**【例 7-6】** 某厂 4 台 360m² 烧结机，5 月计划检修 1#、2# 烧结机各 8h，3#、4# 烧结机各 16h，4 台烧结机因事故各停机 5h，外因各停机 10h，计算 5 月该厂烧结机系统日历作业率和扣外作业率。计算结果保留小数点后两位小数。

**解**　日历作业率＝[(30×24×4－8×2－16×2－5×4－10×4)÷(30×24×4)]×100％
＝96.25％

扣外作业率＝[(30×24×4－8×2－16×2－5×4－10×4)÷(30×24×4－10×4)]×100％
＝97.61％

# 二、烧结机利用系数和计算

传统烧结机风箱宽度与台车宽度相等，即台车未扩宽，烧结机未扩容。

现代烧结机普遍采取扩宽台车 10％提产，即台车宽度是风箱宽度的 1.1 倍。

如烧结机有效长度 90m，风箱有效宽度 5m，台车下沿内宽由 5m 扩宽到 5.5m，则有效抽风面积（即有效烧结面积）为 90m×5m＝450m²，台车面积（即烧结面积）为 90m×5.5m＝495m²，计算烧结机利用系数时，可以取有效烧结面积 450m²，也可以取烧结面积 495m²。

**1. 烧结机利用系数的含义**

烧结机利用系数指一台烧结机每平方米有效烧结面积（或烧结面积）每小时的成品烧结矿产量，单位为 t/(m²·h)。

有效烧结面积＝有效抽风面积＝风箱(烧结机)有效长度×风箱有效宽度

烧结面积＝风箱(烧结机)有效长度×台车下沿内宽

利用系数＝成品烧结矿产量/(有效烧结面积或烧结面积×台时)

利用系数＝(台时产量×台数)/有效烧结面积或烧结面积

全厂利用系数＝全厂总成品烧结矿产量/(总有效烧结面积或总烧结面积×平均台时)

利用系数是衡量烧结机生产效率的指标，与有效烧结面积（或烧结面积）的大小无关。

### 2. 计算烧结机利用系数

【例 7-7】烧结机的台车长 1.5m，台车下沿内宽 5m，烧结面积 $450m^2$，计算烧结机有效长度。

**解** 根据"烧结面积＝烧结机有效长度×台车下沿内宽"有：烧结机有效长度＝烧结面积÷台车下沿内宽＝450÷5＝90（m）

【例 7-8】烧结机机头和机尾中心距 40m，风箱有效长度 30m，风箱有效宽度 3m，共有台车 96 个，每个台车长 1m，台车下沿内宽 3.5m，台车挡板高 0.6m，计算烧结面积。

**解** 烧结面积＝风箱有效长度×台车下沿内宽＝30×3.5＝105（$m^2$）

【例 7-9】2 台 $265m^2$ 烧结机 1 月生产成品烧结矿 447372t，日历作业率 87%，计算 1 月烧结机利用系数。计算结果保留小数点后三位小数。

**解** 利用系数＝447372÷(2×265×31×24×87%)＝1.304[t/($m^2 \cdot$ h)]

【例 7-10】烧结机面积 $450m^2$，日产成品烧结矿 14612t，当日突发停机 35min，计算烧结机利用系数。计算结果保留小数点后三位小数。

**解** 利用系数＝14612÷[450×(24−35÷60)]＝1.387[t/($m^2 \cdot$ h)]

【例 7-11】2 台 $450m^2$ 烧结机 2013 年 5 月生产成品烧结矿 92.12 万吨，突发停电 0.65h，上级指令性停机 2.3h，定修定检停机 4.6h，机械电气故障停机 1.3h，计算该月烧结机利用系数。计算结果保留小数点后三位小数。

**解** 烧结机运转时间＝31×24−0.65−2.3−4.6−1.3＝735.15（h）

利用系数＝921200÷[(2×450)×735.15]＝1.392[t/($m^2 \cdot$ h)]

【例 7-12】$400m^2$ 烧结机 4 月设备故障率 12%，电器故障率 5%，操作故障率 3%，外部影响故障率 7%，全月生产成品烧结矿 23.27 万吨，计算烧结机利用系数。计算结果保留小数点后三位小数。

**解** 烧结机运转时间＝30×24×(100%−12%−5%−3%−7%)＝525.6(h)

利用系数＝232700÷(400×525.6)＝1.107[t/($m^2 \cdot$ h)]

【例 7-13】2 台 $400m^2$ 烧结机 8h 生产成品烧结矿 6700t，因设备故障双机共停 2h，计算烧结机利用系数。计算结果保留小数点后三位小数。

**解** 利用系数＝6700÷[2×400×(8−2)]＝1.396[t/($m^2 \cdot$ h)]

【例 7-14】某厂烧结机 1 月生产情况见下表，计算 1 月 1 台 $450m^2$ 烧结机、2 台 $100m^2$ 烧结机、全厂烧结机的利用系数各是多少。计算结果保留小数点后三位小数。

| 烧结机 | 1 月成品烧结矿产量/t | 1 月日历作业率/% |
| --- | --- | --- |
| 1 台 $450m^2$ | 465132 | 95 |
| 2 台 $100m^2$ | 194768 | 96 |

**解** 1 台 $450m^2$ 利用系数＝465132÷(1×450×31×24×95%)＝1.462[t/($m^2 \cdot$ h)]

2 台 $100m^2$ 利用系数＝194768÷(2×100×31×24×96%)＝1.363[t/($m^2 \cdot$ h)]

全厂烧结机平均运转时间＝31×24×[(95%＋96%)÷2]＝710.52(h)

$$全厂利用系数＝(465132＋194768)÷[(450＋2×100)×710.52]$$
$$＝1.429[t/(m^2 \cdot h)]$$

# 三、烧结机台时产量和计算

### 1. 烧结机台时产量的含义

烧结机台时产量指一台烧结机每小时生产的成品烧结矿产量，单位为 t/(台·h)。台时产量是衡量烧结机生产能力的指标，与有效烧结面积（或烧结面积）的大小有关。

### 2. 计算烧结机台时产量

$$Q＝60BHv\rho CP(1－H_2O)＝60Sv_\perp \rho CP(1－H_2O) \tag{7-1}$$

式中　$Q$——烧结机台时产量，t/(台·h)；

　　　$B$——台车下沿内宽，m；

　　　$H$——料层厚度，m；

　　　$S$——烧结面积，m²；

　　　$v$——烧结机机速，m/min；

　　　$v_\perp$——垂直烧结速度，m/min，$v_\perp$＝料层厚度/烧结时间；

　　　$\rho$——烧结料堆密度，t/m³

　　　$C$——烧结料出矿率，$C$＝(机尾烧结饼量/干基烧结料量)×100%，%；

　　　$P$——烧结成品率，%，$P$＝(成品烧结矿量/机尾烧结饼量)×100%，%；

　　$H_2O$——烧结料水分，%。

烧结机台时产量＝成品烧结矿产量/台时

烧结机台时产量＝(利用系数×有效烧结面积或烧结面积)/台数

全厂烧结机台时产量＝总成品烧结矿产量/平均台时

【例 7-15】某烧结机有效长度 1m，台车下沿内宽 3m，料层厚度 650mm，烧结机机速 1.53m/min，烧结料堆密度 1.66t/m³，烧结料水分 7%，出矿率 86.34%，成品率 81.57%，计算烧结机台时产量。计算结果保留小数点后两位小数。

　　**解**　台时产量＝1×3×650÷1000×1.53×60×1.66×(1－7%)×86.34%×81.57%
　　　　　　＝194.63[t/(台·h)]

【例 7-16】某厂烧结机 1 月生产情况见下表，计算该厂 1 月烧结机台时产量。计算结果保留小数点后两位小数。

| 烧结机 | 1月成品烧结矿产量/t | 1月日历作业率/% |
| --- | --- | --- |
| 2 台 100 m² | 195000 | 96 |
| 2 台 265m² | 304250 | 65 |
| 1 台 450m² | 385000 | 85 |

**解** 总成品烧结矿产量＝195000＋304250＋385000＝884250(t)

平均台时＝31×24×(96％＋85％＋65％)÷3＝610.08(h)

厂台时产量＝884250÷(5×610.08)＝289.88[t/(台·h)]

# 第二节
# 烧结质量指标

烧结质量指标包括烧结矿物理性能、化学性能、质量稳定率、冶金性能。

# 一、烧结矿物理性能的含义、检测方法和计算

烧结矿物理性能包括落下强度、转鼓强度、抗磨强度、筛分指数、粒度组成、堆密度、孔隙率等。

## 1. 烧结矿落下强度的含义和检测方法

落下强度是检验烧结矿抗压、抗摔打、耐磨、抗冲击能力的一种方法，即烧结矿耐转运的能力，是评价烧结矿冷强度的一项指标。

(1) 中国标准（GB）检测烧结矿落下强度的方法 取 10～40mm 成品烧结矿（20±0.2)kg，装入可上下移动的落下装置装料箱内，将箱体自动提到离地面2m的高度，打开箱体底门，烧结矿自由落到厚度大于20mm的地面钢板上，下降落下装置将钢板上全部烧结矿收集装入装料箱内，重复4次落下试验后，用10mm方孔筛筛尽最后落下的烧结矿，以＋10mm粒级质量百分数表示烧结矿的落下强度，用 $F$ 表示。

$$F=(M_1/M_0)\times 100\% \tag{7-2}$$

式中 $F$——烧结矿落下强度，％；

$M_0$——落下烧结矿试样总质量，kg；

$M_1$——落下烧结矿筛分后＋10mm 粒级质量，kg。

(2) 日本标准（JIS 8711—77）检测烧结矿落下强度的方法 与中国标准（GB）比较，不同之处是取＋10mm 成品烧结矿，其他均相同。

## 2. 烧结矿转鼓强度的含义、检测和计算方法、影响因素

转鼓强度 TI 是衡量烧结矿在常态下抗压、抗冲击能力的重要指标。

抗磨强度 AI 是衡量烧结矿在常态下耐磨、抗摔打能力的重要指标。

（1）ISO 标准检测转鼓强度方法 转鼓机 $\phi_{内}$ 1000mm，内宽 500mm，钢板厚度大于 5mm，如果转鼓的任何局部位置的厚度已磨损至 3mm，应更换新的鼓体。转鼓机内侧焊有两块对称的宽度 50mm、高度 50mm、厚度 5mm、长度 500mm 的等边角钢提升板，其中一块焊在卸料口盖板内侧，另一块焊在对面鼓壁内侧，二者成 180°布置，角钢长度方向与转鼓轴平行。如果角钢高度已磨损至 47mm 应更换。卸料口盖板内侧与转鼓内侧光滑平整，盖板密封良好，以免试样损失。电动机功率不小于 1.5kW，以保证转速均匀 [(25±1)r/min]，且在电动机停转后转鼓必须在一圈内停止。转鼓配备自动控制装置和计数器。

取当期生产的干基成品烧结矿 60kg 以上，如果烧结矿经打水或露天存放已久，应在 (105±5)℃恒温烘干箱中烘干。

成品烧结矿经套筛筛分后取 10～16mm、16～25mm、25～40mm 三个粒级，按比例配鼓（15±0.15）kg 装入转鼓机内，关闭装料口，启动转鼓机以 25r/min 的转速旋转 8min 后自动停止，在转鼓机内静置 2min，让粉尘沉淀下来后打开盖板，点动转鼓机将烧结矿倒入筛孔 6.3mm×6.3mm、0.5mm×0.5mm 的机械摇筛内，自动启动机械摇筛，以 20 次/min 的速度往复筛分 1.5min 后停止，继续启动机械摇筛直至筛尽为止。以＋6.3mm 粒级质量百分数表示转鼓强度，以－0.5mm 粒级质量分数表示抗磨强度。

$$TI = (M_1/M_0) \times 100\% \tag{7-3}$$
$$AI = [1-(M_1+M_2)/M_0] \times 100\% \tag{7-4}$$

式中 TI——转鼓强度，%；

  AI——抗磨强度，%；

  $M_0$——入鼓试样质量，kg；

  $M_1$——鼓后筛分＋6.3mm 粒级质量，kg；

  $M_2$——鼓后筛分 0.5～6.3mm 粒级质量，kg。

（2）日本 JIS 标准检测转鼓强度的方法 ISO 标准和 JIS 标准的比较列于表 7-2。

表 7-2 ISO 标准与 JIS 标准转鼓强度检测方法比较

| 检测方法 | ISO 标准 | JIS 标准 |
|---|---|---|
| 成品烧结矿粒级/mm | 10～16、16～25、25～40 | 10～16、16～25、25～50 |
| 配鼓量/kg | 15±0.15 | 23±0.23 |
| 转鼓机转速和时间 | 25r/min，8min | 25r/min，8min |
| 机械摇筛筛分规格 | 6.3mm×6.3mm | 10mm×10mm |
| 筛分速度和时间 | 20 次/min，1.5min | 20 次/min，1.5min |
| 转鼓强度计算公式 | （＋6.3mm 粒级质量/15）×100% | （＋10mm 粒级质量/23）×100% |

（3）ISO 标准和 JIS 标准转鼓强度经验换算

$$TI(JIS) = 1.2 \times TI(ISO) - 22.81$$

（4）计算烧结矿转鼓强度

【例 7-17】 用 ISO 标准检测某烧结矿转鼓强度，鼓后筛分＋6.3mm 粒级 11.4kg，计算 ISO 标准转鼓强度。

**解** ISO 标准转鼓强度＝$(11.4 \div 15) \times 100\% = 76\%$

**【例 7-18】** 已知表中成品烧结矿粒度组成和鼓后筛分＋6.3mm 粒级 11.6kg，计算 15kg 各粒级配鼓量和转鼓强度。计算结果保留小数点后两位小数。

| 项目 | 成品烧结矿粒度组成 | | | | | | |
|---|---|---|---|---|---|---|---|
| | ＋40mm | 40～25mm | 25～16mm | 16～10mm | 10～5mm | －5mm | Σ |
| 各粒级量/kg | 9.72 | 13.08 | 13.44 | 12.18 | 9.90 | 1.68 | 60 |
| 粒度组成/% | 16.2 | 21.8 | 22.4 | 20.3 | 16.5 | 2.8 | 100 |

**解** 参与配鼓粒级总量＝$13.08 + 13.44 + 12.18 = 38.70$（kg）

参与配鼓各粒级含量：

40～25mm 粒级＝$(13.08 \div 38.70) \times 100\% = 33.80\%$

25～16mm 粒级＝$(13.44 \div 38.70) \times 100\% = 34.73\%$

16～10mm 粒级＝$(12.18 \div 38.70) \times 100\% = 31.47\%$

15kg 各粒级配鼓量：

40～25mm 粒级＝$15 \times 33.80\% = 5.07$(kg)

25～16mm 粒级＝$15 \times 34.73\% = 5.21$(kg)

16～10mm 粒级＝$15 \times 31.47\% = 4.72$(kg)

将计算结果列表如下：

| 项目 | 成品烧结矿粒度组成 | | | | | | |
|---|---|---|---|---|---|---|---|
| | ＋40mm | 40～25mm | 25～16mm | 16～10mm | 10～5mm | －5mm | Σ |
| 各粒级量/kg | 9.72 | 13.08 | 13.44 | 12.18 | 9.90 | 1.68 | 60 |
| 粒度组成/% | 16.2 | 21.8 | 22.4 | 20.3 | 16.5 | 2.8 | 100 |
| 配鼓粒级量/kg | | 13.08 | 13.44 | 12.18 | | | 38.70 |
| 配鼓粒级含量/% | | 33.80 | 34.73 | 31.47 | | | 100 |
| 配鼓量/kg | | 5.07 | 5.21 | 4.72 | | | 15 |

转鼓强度＝$(11.6 \div 15) \times 100\% = 77.33\%$

（5）影响烧结矿转鼓强度的因素  烧结矿转鼓强度受多种因素的影响，主要有铁矿粉种类和烧结特性、固体燃料和熔剂质量、返矿的质量和数量、烧结矿的碱度和矿物组成、烧结矿化学成分、烧结主要工艺参数、烧结矿冷却速度等。

① 铁矿粉的种类和烧结特性  一定烧结工艺条件下，烧结矿转鼓强度很大程度上取决于铁矿粉的种类和烧结特性。赤铁矿、磁铁矿、褐铁矿、菱铁矿四大类铁矿粉烧结，烧结矿转鼓强度排序为赤铁矿＞磁铁矿＞褐铁矿＞菱铁矿。

菱铁矿在烧结过程中分解析出 $CO_2$ 气体，体积收缩大，成品率低，转鼓强度低。

褐铁矿组织结构疏松，堆密度小，结晶水含量高，烧损大，烧结过程收缩率大，烧结矿孔隙度大，成品率低，尤其褐铁矿粉配比过大时，液相过度流动成多孔薄壁结构，转鼓强度差。

磁铁矿在烧结过程中首先需氧化成 $Fe_2O_3$，才能与 CaO 发生固相反应生成铁酸钙。

赤铁矿可在低温下与 CaO 发生固相反应生成铁酸钙。

赤铁矿由于 $Fe_2O_3$ 含量不同，故在烧结过程中生成 SFCA 的概率不同，烧结矿转鼓强度也不同。巴西粉和南非粉 $Fe_2O_3$ 含量高，且有一定的 $SiO_2$ 含量，易与 CaO 反应生成铁酸钙，特别是南非粉的粒度组成较好，有利于提高烧结矿转鼓强度，而印度粉 $Fe_2O_3$ 含量相对低，则烧结矿转鼓强度相对低。

对于澳大利亚矿粉，纽曼和哈默斯利赤铁矿粉因其 $Fe_2O_3$ 含量较高，故烧结矿转鼓强度较高，而高、中水化程度褐铁矿粉的烧结矿转鼓强度较低。

铁矿粉烧结基础特性直接影响烧结矿转鼓强度，同化性和液相流动性影响烧结矿孔隙壁的厚度和结构强度，试验证明不同矿种同化温度高低排序为赤铁矿＞磁铁矿＞褐铁矿＞菱铁矿，液相流动性褐铁矿最大，磁铁矿最小，个别矿种有其特殊性。

黏结相固结强度是影响转鼓强度的重要因素。通过铁矿粉烧结基础特性优劣互补优化配矿，做到在同化温度和液相流动性指数高低合理搭配的情况下，争取多用黏结相自身强度高、生成铁酸钙能力强、固相反应能力强的矿种，宏观结构上控制液相数量及其流动性，使烧结矿冷凝固结成厚壁海绵状结构，微观结构上尽可能形成针状交织熔蚀结构，则烧结矿转鼓强度能取得较高水平。

另外铁矿粉的粒度组成和表面形态对烧结矿转鼓强度也有影响，应减少铁矿粉中＋8mm 大粒级和－0.25mm 小粒级含量，限制表面形态呈片状的铁矿粉配比不宜大于 5％，以改善烧结料制粒效果和料层透气性，提高烧结矿转鼓强度，降低内返率。

② 固体燃料和熔剂质量　固体燃料质量主要指固定碳含量和粒度组成。固定碳含量高，则燃烧放出热量高，有利于提高烧结温度，促进固相反应和液相生成，提高烧结矿固结强度。固体燃料中 0.5～3mm 粒级含量多，则在烧结料中分布均匀，促进烧结过程均匀烧结；－0.5mm 粒级的固体燃料燃烧放出热量少，烧结过程高温保持时间短，固结周围矿粉的能力差，且燃烧利用率低，不仅烧结矿转鼓强度低，而且固体燃耗高；＋3mm 粒级的固体燃料导致烧结过程局部还原性气氛强，不利于生成铁酸钙相，降低烧结矿转鼓强度和还原性。

熔剂质量主要指熔剂的种类和熔剂粒度，对烧结过程和烧结矿转鼓强度的影响详见"第一章 第五节 三、烧结熔剂"。

③ 返矿的质量和数量　返矿包括烧结内返和高炉返矿，要求烧结内返和高炉返矿中＋5mm 粒级不大于 8％，且控制烧结内返中生料比例小于 10％。控制烧结料中配加烧结内返和高炉返矿总数量不超过 30％，有利于稳定烧结料水分，降低固体燃耗，提高转鼓强度。

④ 烧结矿的碱度和矿物组成　碱度是影响烧结矿质量的基本因素，碱度不同烧结矿的矿物组成不同，转鼓强度等质量指标也不同。

酸性烧结矿转鼓强度较高，但还原性差，在高炉内铁的直接还原度提高，增加炉内热量消耗，不利于提高炉温和降低高炉焦比。

自熔性烧结矿的还原性较好，但转鼓强度差，易粉化，有碍高炉强化冶炼。某厂生产实践表明碱度 1.5 的烧结矿自然粉化率是碱度 1.85 的烧结矿粉化率的 2～2.5 倍。

烧结矿最佳碱度范围为 1.9～2.15，为保证烧结矿具有足够的转鼓强度，生产高碱度烧结矿是必须坚持的一个原则。

高碱度烧结矿是提高转鼓强度的重要途径之一。随着碱度的提高，CaO 含量增加，与铁氧化物的接触面积增大，在 $Fe_2O_3$ 中的渗透点增多，形成铁酸钙类低熔点的黏结相增加，扩大液相黏结范围，提高黏结相自身强度，既有良好的转鼓强度和还原性，又有较好的低温还原粉化率 $RDI_{+3.15mm}$。

矿物组成对转鼓强度的影响详见"第四章 第四节 十、烧结矿的矿物组成、结构及其对烧结矿质量的影响"。

⑤ 烧结矿化学成分

a. $SiO_2$ 和 FeO 含量　$SiO_2$ 是液相生成的基础，对烧结矿固结成型具有重要作用，适当降低烧结矿 $SiO_2$ 含量，可降低高炉渣量和能耗，改善烧结矿还原性和高温冶金性能，但 $SiO_2$ 含量过低，则降低烧结过程液相量，烧结矿转鼓强度变差，加剧低温还原粉化。

根据烧结矿 $SiO_2$ 含量合理掌控烧结矿 FeO 水平，保持一定黏结相量，获得高强度烧结矿。烧结矿的固结机理是渣相连接，烧结过程中 $SiO_2$、FeO 在低于 1200℃ 温度条件下生成液相，包裹未熔化的矿物，将散料变为块状烧结矿。试验研究和生产实践表明，烧结矿 $SiO_2$ 和 FeO 含量对转鼓强度有较大影响。当烧结矿中 $SiO_2$ 含量小于 5% 时，烧结矿因渣相不足而成品率和转鼓强度显著下降，生产中应适当增加配碳量，提高烧结矿 FeO 含量，保证有足够的转鼓强度。当烧结矿中 $SiO_2$ 含量大于 5% 时，由于硅酸盐渣量增多，转鼓强度有所改善，但冶金性能变差，应相应降低配碳量，降低烧结矿 FeO 含量，兼顾转鼓强度和还原性指标。

b. MgO 和 $Al_2O_3$ 含量　坚持低 MgO、低 $Al_2O_3$ 烧结，既能改善烧结矿质量和提高产量，高炉也能实现低成本、低燃料比冶炼。

大量的试验研究和生产实践表明，MgO 有利于改善 $RDI_{+3.15mm}$，改善烧结矿炉渣流动性和脱硫效果，故高炉炼铁要求烧结矿具有一定的 MgO 含量，但由于烧结过程中 MgO 易与 $Fe_3O_4$ 反应生成镁磁铁矿 $Fe_3O_4 \cdot MgO$，阻碍 $Fe_3O_4$ 氧化为 $Fe_2O_3$，降低铁酸钙相的生成，降低转鼓强度和还原性。经验数据表明，烧结矿 MgO 含量增加 1%，转鼓强度降低 3%，还原性降低 5%。MgO 为难熔矿物，熔点 2500℃，因此高 MgO 烧结矿必然导致固体燃耗高、转鼓强度低、还原性差。烧结矿 MgO 含量控制在 1.8% 以下为宜。

$Al_2O_3$ 含量是影响烧结矿转鼓强度的重要因素，$Al_2O_3/SiO_2$ 为 0.1～0.35 是生成铁酸钙的必要条件。高碱度烧结矿下，铁酸钙的分子式为 $5CaO \cdot 2SiO_2 \cdot 9(Al \cdot Fe)_2O_3$，要求烧结矿合理的 $Al_2O_3$ 含量为 1.5% 左右，1.0%～1.8% 的 $Al_2O_3$ 含量为正常值，$Al_2O_3$ 的熔点为 2050℃，烧结矿中 $Al_2O_3$ 含量超过 2%，在烧结过程中不熔化，只能在玻璃相中析出，降低渣相的破裂韧性，严重导致转鼓强度降低和 $RDI_{+3.15mm}$ 降低，因此 $Al_2O_3$ 含量既是形成铁酸钙的必要条件，又是影响烧结矿转鼓强度的重要因素。

在烧结矿化学成分和碱度基本相同的情况下，随着烧结矿 $Al_2O_3$ 含量提高到 1.8% 以上，转鼓强度呈明显下降趋势，试验研究表明 $Al_2O_3$ 含量升高 1%，转鼓强度下降 3.72%，$RDI_{+3.15mm}$ 呈降低趋势。

⑥ 烧结主要工艺操作参数　烧结过程主要是固相反应、液相生成、冷凝结晶，稳定烧结机操作是稳定烧结矿产质量的保证，主要表现为原料配比稳定、烧结料水分稳定、料层厚度和机速稳定、风箱负压和温度稳定且趋势合理、终点位置合适。

a. 料层厚度、水分、配碳量　随着入炉品位提高和低硅高碱度烧结的发展，烧结过程液相量明显降低，必须坚持厚料层、低水、低碳操作，增强氧化性气氛，促进生成铁酸钙矿相。料层增高，则总管负压升高，应放慢机速，在产量基本不变的情况下，提高烧结矿转鼓强度。

烧结料水分直接影响配碳量和烧结矿 FeO 含量，进而影响烧结矿粒度组成和转鼓强度。生产实践表明，烧结料水分随料层厚度的增加而降低，厚料层低水低碳操作才能生产低 FeO、还原性好的烧结矿。

烧结料水分是保证烧结过程顺利进行不可缺少的条件，水分具有制粒、导热、润滑和助燃的作用。烧结料水分适宜，物料充分润湿，则增强制粒能力，改善烧结料层透气性；水分过大，则过湿现象严重，料层透气性变差，加剧还原气氛，不利于铁酸钙生成，玻璃质和硅酸二钙增加，转鼓强度降低。

适宜配碳量是改善烧结矿质量同时提高产量的保证，高配碳必然带来高 FeO 含量，高温型烧结并不能得到高质量的烧结矿。对于高碱度烧结矿，FeO 在铁酸钙矿相中并不单独存在，铁酸钙的分子式为 $5CaO \cdot 2SiO_2 \cdot 9(Al \cdot Fe)_2O_3$，提高 FeO 含量与转鼓强度没有直接关系。配碳量一定范围内，FeO 含量与转鼓强度成正比，随着配碳量的增加，烧结温度超过 1300℃时，进入高温型烧结，烧结矿质量开始下降，因此应根据原料和工艺条件，确定适宜的 FeO 含量和转鼓强度指标，而不能盲目增加配碳量和追求过高的 FeO 含量，对改善烧结矿还原性、发展高炉间接还原节焦降耗也很不利。

b. 布料和点火　台车宽度方向上布料密度均匀和料面平整，台车高度方向上物料粒度偏析合理，边部不缺料，则烧结过程风量和温度分布均匀，有利于均质均匀烧结，提高转鼓强度，否则料层透气性不均匀，垂直烧结速度不一致，影响转鼓强度。

点火三要素是点火温度、点火负压和点火强度。

点火温度与铁矿粉的种类相关，褐铁矿粉烧结（因热爆裂）时，点火温度要比赤铁矿/磁铁矿粉低 100℃，而高铝矿粉烧结时，点火温度要比赤铁矿/磁铁矿粉高 50℃。点火温度过低，则烧结料面表层热量不足，产生的黏结相少，影响表层烧结矿成品率和转鼓强度低。点火温度过高，则表层烧结矿过熔不透气，阻止空气进入料层，抽风阻力加大，垂直烧结速度变慢，烧结料层内部反应不充分，减弱烧结过程氧化性气氛。

梯度控制点火风箱负压在 -4kPa/-8kPa 以下最佳。过高的点火负压不仅点火燃耗升高而且台车边部点火效果差，表层热量不足，烧结矿成品率低，转鼓强度差；破坏原始料层透气性，增加料层阻力，延缓烧结终点到达时间，降低烧结矿产量和转鼓强度。

c. 垂直烧结速度　烧结过程中垂直烧结速度和传热速度能否匹配，对烧结矿成品率和转鼓强度至关重要，主要取决于料层透气性、烧结料水分和料温三个方面。烧结料水分高，有利于导热，但水分过大会增加过湿，恶化料层透气性。提高料温可减少过湿，改善料层透气性，加快机速。保持良好的料层透气性，才能使垂直烧结速度和传热速度匹配。

d. 烧结矿冷却速度　冷却速度影响转鼓强度表现在三方面：一是冷却速度过快，则液相冷凝过程不能将其内部的能量完全释放出来而生成玻璃质，在储存和运输过程中极易碎成粉末，强度极差；烧结矿缓慢冷却可以使隐藏在玻璃质内的能量释放出来而转变为晶体，提高转鼓强度；二是冷却速度过快，则烧结矿外表面和中心温差过大而产生热应力，降低转鼓强度；三是冷却速度过快，因晶间应力在烧结矿内形成微细裂纹，从裂纹处烧结矿粉碎而降低强度。

**3. 烧结矿筛分指数的含义、检测方法和计算**

筛分指数反映烧结矿在转运和储存过程中的粉碎程度。

筛分指数分为成品烧结矿和入炉烧结矿筛分指数。

（1）成品烧结矿筛分指数　烧结矿经环冷机冷却后进入成品筛分整粒系统，进行一次（10mm 孔径）、二次（16 或 20mm 孔径）、三次（5mm 或上 5mm 下 3.5mm 孔径）冷筛筛分，形成＋5mm 成品烧结矿输出供高炉冶炼，－5mm 烧结内返重新返回配料室参与配料。

成品烧结矿中大多为＋5mm 粒级料，但因冷筛筛板开孔率一定，同时受给料量大小和给料粒度组成波动的影响，成品烧结矿中会有少部分－5mm 小粒级料筛不出去，这少部分－5mm 粒级质量占成品烧结矿总质量的百分数，称为成品烧结矿筛分指数。

同样烧结内返中大多为－5mm 粒级料，但因冷筛筛板孔径磨大或磨损漏料、焊缝开焊等原因，烧结内返中会有少部分＋5mm 粒级料。于是得出 5mm 冷筛筛分效率指标计算方法：

5mm 冷筛筛分效率＝[内返量/（内返量＋成品烧结矿产量×成品烧结矿筛分指数）]×100％

为达到烧透筛尽，选用筛分效率高的冷筛，如复频筛筛分效率可达 86％以上。

（2）入炉烧结矿筛分指数　为改善高炉料柱透气性，成品烧结矿（连同球团矿和富块矿）在入炉之前需采用上 8mm 下 5mm 的双层筛进行再筛分（有的厂为了改善高炉料柱透气性，提高入炉料粒级，加大筛子的孔径；有的厂为了增加烧结入炉量，减小筛子的孔径，如采用上 5mm 下 3.5mm 筛孔），形成＋5mm 烧结矿进入高炉冶炼，－5mm 烧结矿返回烧结参与配料。

入炉烧结矿中，－5mm 粒级质量占入炉烧结矿总质量的百分数为入炉烧结矿筛分指数。

高炉要求入炉烧结矿筛分指数越小越好，较适宜的入炉烧结矿粒度组成为：－5mm 粒级＜5％，5～10mm 粒级＜25％，10～40mm 粒级 55％～65％，＋40mm 粒级＜8％。

（3）检测烧结矿筛分指数的方法　采用内长 800mm，内宽 500mm，筛板高 100mm，筛孔为 40mm、25mm、16mm、10mm、5mm 的方孔套筛，取 (100±1)kg 烧结矿等分为 5 份，每份 (20±0.2)kg，倒入套筛中筛分筛尽各粒级烧结矿，以－5mm 粒级质量（5 次筛分质量之和）百分数表示烧结矿筛分指数，用 $C$ 表示。

$$C = (M_1/M_0) \times 100\%$$ (7-5)

式中 $C$——烧结矿筛分指数，%；

$M_1$——筛分后−5mm 粒级质量，kg；

$M_0$——烧结矿取样总质量，$(100 \pm 1)$kg。

**4. 烧结矿粒度组成**

将成品烧结矿用标准套筛进行筛分后，测得其不同粒级质量百分数，为烧结矿粒度组成。

中国标准选用 40mm、25mm、16mm、10mm、5mm 方孔套筛，日本标准选用 50mm、25mm、16mm、10mm、5mm 方孔套筛检测烧结矿粒度组成。

举例烧结矿粒度组成及平均粒径计算列于表 7-3 中。

**表 7-3 烧结矿平均粒径计算**

| 项目 | 烧结矿粒度组成/mm | | | | | |
|---|---|---|---|---|---|---|
| | +40 | 40~25 | 25~16 | 16~10 | 10~5 | −5 |
| 各粒级含量/% | 12.89 | 19.45 | 19.44 | 12.52 | 27.58 | 8.12 |
| 各粒级平均颗粒直径/mm | 48.28 | 32.50 | 20.50 | 13.00 | 7.50 | 4.27 |
| 烧结矿平均粒径 $D$/mm | 6.22 | 6.32 | 3.99 | 1.63 | 2.07 | 0.35 |
| | 20.58 | | | | | |

+40mm 粒级平均颗粒直径$= (40 + 40 \times 1.414) \div 2 = 48.28$(mm)

−5mm 粒级平均颗粒直径$= (5 + 5 \div 1.414) \div 2 = 4.27$(mm)

# 二、烧结矿化学性能的定义和计算

烧结矿化学性能指包括有害元素在内的化学成分，主要有 TFe、FeO、CaO、$SiO_2$、MgO、$Al_2O_3$、S、P、F、$K_2O$、$Na_2O$、Pb、Zn、As、$TiO_2$ 等。

物料化学成分指某元素或某化合物占该干基物料质量的百分数。

**【例 7-19】** 水分 10% 的巴西粉 1kg，测其 $SiO_2$ 重 0.06kg，计算其 $SiO_2$ 含量。计算结果保留小数点后两位小数。

**解** 干基巴西粉质量$= 1 \times (1 - 10\%) = 0.9$(kg)

$SiO_2$ 含量$= (0.06 \div 0.9) \times 100\% = 6.67\%$

**1. 烧结矿全量**

（1）全量定义 烧结矿 TFe、FeO、$SiO_2$、CaO、MgO、$Al_2O_3$、MnO、$TiO_2$、$P_2O_5$、S 等化学成分总和接近一个常数，叫作全量。

（2）全量计算公式

$$Y = 1.429\text{TFe} - 0.111\text{FeO} + \text{SiO}_2 + \text{CaO} + \text{MgO} + \text{Al}_2\text{O}_3 + \text{MnO} + \text{TiO}_2 + \text{P}_2\text{O}_5 + \text{S}$$

（3）全量分析标准

精确度（100±0.5）%，允许误差包括微量杂质、仪器、化学分析误差等。

烧结矿成分分析中，FeO 含量用化学分析法，C 和 S 用红外碳硫分析仪，其他成分用荧光 X 分析法。

（4）全量分析作用　通过全量分析统计绘制分析曲线寻找出正常全量值，发现分析超标时及时查清原因复验纠正，确保分析仪器和分析结果精度，避免因化验分析误差而误导操作调整。

全量分析中任何一项化验成分波动，都会影响其他成分化验值，此时要具体分析对比各项化验值与烧结矿正常值，查清原因后再校核成分分析结果。

**2. 烧结矿品位**

（1）烧结矿表观品位　即烧结矿全铁含量 TFe，包括 $\text{Fe}_2\text{O}_3$、FeO 中的 Fe 和少部分金属 Fe。

（2）扣除 CaO 含量的烧结矿品位

$$\text{TFe}_{\text{扣 CaO}} = [\text{TFe}/(100 - \text{CaO})] \times 100\% \tag{7-6}$$

式中　$\text{TFe}_{\text{扣 CaO}}$——扣除 CaO 含量的烧结矿品位，%；

　　　TFe，CaO——烧结矿 TFe、CaO 含量，%。

（3）扣除碱性氧化物含量的烧结矿品位

$$\text{TFe}_{\text{扣碱}} = [\text{TFe}/(100 - \text{CaO} - \text{MgO})] \times 100\% \tag{7-7}$$

式中　　　$\text{TFe}_{\text{扣碱}}$——扣除碱性氧化物含量的烧结矿品位，%；

　TFe，CaO，MgO——烧结矿 TFe、CaO、MgO 含量，%。

（4）扣除有效 CaO 含量的烧结矿品位

$$\text{TFe}_{\text{扣有效 CaO}} = [\text{TFe}/(100 - \text{CaO}_{\text{有效}})] \times 100\% \tag{7-8}$$

$$\text{CaO}_{\text{有效}} = \text{CaO}_{\text{烧}} - R_{2\text{高炉渣}} \times \text{SiO}_{2\text{烧}}$$

式中　　　　　$\text{TFe}_{\text{扣有效 CaO}}$——扣除有效 CaO 含量的烧结矿品位，%；

TFe，$\text{CaO}_{\text{有效}}$，$\text{CaO}_{\text{烧}}$，$\text{SiO}_{2\text{烧}}$——烧结矿 TFe、有效 CaO、CaO、$\text{SiO}_2$ 含量，%；

　　　　　　　$R_{2\text{高炉渣}}$——高炉炉渣二元碱度，$R_{2\text{高炉渣}} = \text{CaO}_{\text{高炉渣}}/\text{SiO}_{2\text{高炉渣}}$。

高炉生产实践表明"扣除有效 CaO 含量的烧结矿品位"更接近实际冶炼价值。

**3. 烧结矿碱度**

（1）碱度的定义　碱度指碱性氧化物含量与酸性氧化物加上中性氧化物含量和的比值。

碱度一般分二元碱度和四元碱度，烧结矿用二元碱度表示，高炉炉渣用二元碱度和四元碱度表示。

二元碱度指 CaO 含量与 $\text{SiO}_2$ 含量的比值，符号为 $R_2$。

四元碱度指 CaO、MgO 含量和与 $\text{SiO}_2$ 加上 $\text{Al}_2\text{O}_3$ 含量和的比值，符号为 $R_4$。

【**例 7-20**】　烧结矿 TFe 为 58.35％，FeO 含量 8.9％，CaO 含量 9.63％，$SiO_2$ 含量 5.26％，MgO 含量 1.46％，$Al_2O_3$ 含量 1.12％，计算烧结矿二元碱度。计算结果保留小数点后两位小数。

**解**　烧结矿 $R_2 = CaO/SiO_2 = 9.63 \div 5.26 = 1.83$

【**例 7-21**】　高炉炉渣 CaO 含量 11.9％，$SiO_2$ 含量 4％，MgO 含量 9％，$Al_2O_3$ 含量 15％，计算高炉炉渣四元碱度。计算结果保留小数点后一位小数。

**解**　高炉炉渣 $R_4 = (11.9 + 9) \div (4 + 15) = 20.9 \div 19 = 1.1$

（2）烧结矿碱度分类　表 7-4 为其分类及特征。

表 7-4　烧结矿碱度分类及其特征

| 烧结矿碱度分类 | | 二元碱度 $R_2$ | 主要黏结相 | 主要冶金性能 |
|---|---|---|---|---|
| 酸性烧结矿 | | $R_2 < 1.0$ | 铁橄榄石 $2FeO \cdot SiO_2$ | 难还原，软熔温度低 |
| 自熔性烧结矿 | | $R_2$ 1.4 左右 | 钙铁橄榄石 $CaO \cdot FeO \cdot SiO_2$ | 还原性随碱度提高而提高 |
| 熔剂性烧结矿 | 高碱度 | $R_2$ 1.85～2.15 | 铁酸一钙 $CaO \cdot Fe_2O_3$ | 还原性好，软熔性能好 |
| | 超高碱度 | $R_2 > 2.2$ | 铁酸二钙 $2CaO \cdot Fe_2O_3$<br>铁酸一钙 $CaO \cdot Fe_2O_3$ | 还原性和软熔性有所降低 |

酸性、自熔性、熔剂性烧结矿铁矿物组成基本相同，但黏结相组成差别较大。

熔剂性烧结矿强化烧结过程和改善烧结矿质量，有利于高炉冶炼。

**4. 烧结矿 $SiO_2$ 含量分类**

根据 $SiO_2$ 含量的高低将烧结矿划分为：

① 低硅烧结矿：$SiO_2$ 含量＜6％；

② 中硅烧结矿：$SiO_2$ 含量在 6％～8％；

③ 高硅烧结矿：$SiO_2$ 含量＞8％。

# 三、烧结矿质量稳定率

质量稳定率包括 TFe 稳定率、R 稳定率、FeO 稳定率、一级品率、合格率等。

目前烧结行业无统一的烧结矿质量稳定率统计方法，各企业依据 YB/T 421—2014《铁烧结矿》技术指标并结合各自原料和高炉需求规定统计范围来评价烧结矿质量稳定率。大多企业执行以下统计范围：

**1. 烧结矿 TFe 稳定率**

指 TFe±0.4 或±0.5 分析试样数占总分析试样数的百分数。

**2. 烧结矿 R 稳定率**

指 R±0.05 或±0.08 分析试样数占总分析试样数的百分数。

**3. 烧结矿 FeO 稳定率**

指 FeO±1.0 分析试样数占总分析试样数的百分数。

**4. 烧结矿一级品率**

指 TFe 稳定率、R 稳定率、FeO 稳定率、S≤0.03%、转鼓强度不小于规定值（企业自行定）同时满足的分析试样数占总分析试样数的百分数。

**5. 烧结矿合格率**

指 TFe±1.0、R±0.12 或±0.15、FeO±1.5、S≤0.03%、转鼓强度不小于规定值（企业自行定）同时满足的分析试样数占总分析试样数的百分数。

**6. 烧结矿废品**

烧结矿 TFe、R、FeO、S、转鼓强度任何一项指标不合格，判定为废品。

# 四、烧结矿冶金性能的含义、检测方法、影响因素、改善措施

烧结矿冶金性能指在高温热态和还原反应条件下的物化性能，包括还原性能、低温还原粉化性能、荷重还原软化性能、熔融滴落性能，其中还原性是基本冶金性能，低温还原粉化性能和荷重还原软化性能反映高温还原强度，是重要冶金性能指标，熔融滴落性能反映高炉料柱透气性和软熔带位置高低及温度区间大小，是关键冶金性能指标。

**1. 烧结矿还原性能**

（1）烧结矿还原性的含义　还原性是指用还原气体从烧结矿中夺取与铁结合氧的难易程度的一种量度。

还原度是以三价铁状态为基准（假定烧结矿中铁全部以 $Fe_2O_3$ 形态存在，且 $Fe_2O_3$ 中的氧计为 100%），模拟烧结矿从高炉上部进入 900℃ 中温区的条件，用还原气体还原一定时间后烧结矿被还原的程度，以质量分数（%）表示。

还原度指数 RI 是将粒度 10～12.5mm 的试样置于固定床中，通入 15L 由 30% CO 和 70% $N_2$ 组成的还原气体，在 900℃ 温度下，以三价铁状态为基准，3h 后的还原度，以质量分数（%）表示。

还原速率是以 1min 为时间单位，以三价铁状态为基准，烧结矿单位时间内还原度的变化值，以质量分数（%）表示。

还原速率指数 RVI 是以三价铁状态为基准，当原子个数比 O/Fe＝0.9（相当于还原

度为 40%）时的还原速率，以质量分数每分钟（%/min）表示。

大多企业将烧结矿还原度指数 RI 作为常规生产检验指标，以预测指导高炉冶炼操作和改进烧结矿质量。

（2）GB/T 13241—2017 检测烧结矿还原性的方法　取粒度 10～12.5mm 成品烧结矿（500±1）g 放入双壁 $\phi_内$ 75mm 的还原反应管内并置于还原炉内，通入流量（15±0.5）L/min、$N_2$：CO＝70：30、允许杂质含量（$H_2＋CO_2＋H_2O$）<0.2%、$O_2$<0.1% 的还原气体，在（900±5）℃下等温还原 3h 后切断还原气体，将还原管连同试样在炉外自然冷却或通入惰性气体冷却，测得还原度指数 RI 和还原速率指数 RVI。

$$RI=[(M_0-M_1)/(0.43M_0W_2)+(0.111W_1)/(0.430W_2)]\times100\% \qquad (7-9)$$

式中　$M_0$——试样质量，g；

　　　$M_1$——试样还原 3h 后质量，g；

　　　$W_1$——试验前试样中 FeO 含量，%；

　　　$W_2$——试验前试样中 TFe 含量，%；

$0.43M_0W_2$——试样还原前以 $Fe^{3+}$ 存在时的总氧量，g；

　　0.111——FeO 氧化为 $Fe_2O_3$ 时需氧量换算系数；

　　0.430——TFe 全部氧化为 $Fe_2O_3$ 时需氧量换算系数。

$$RVI=dRt/dt=33.6/(t_{60}-t_{30}) \qquad (7-10)$$

式中　$t_{60}$——还原度为 60% 时所需时间，min；

　　　$t_{30}$——还原度为 30% 时所需时间，min。

一般低硅烧结下，烧结矿 RI 主要随碱度而变化，自熔性烧结矿 RI 较低，在 60% 左右；高碱度烧结矿 RI 高，在 80% 以上；超高碱度烧结矿 RI 较高，在 80%～85%。

一般认为铁矿石 RI<60% 为还原性差的铁矿石，RI>80% 为还原性好的铁矿石。

（3）影响烧结矿还原性的因素　烧结矿还原性与其矿物组成、结构致密程度、脉石成分、粒度、气孔率、软化性能等有关。

烧结矿还原性差，或因配碳量高，FeO 含量高；或因配矿原因使烧结矿气孔结构差；或因 FeO 含量较高，以低熔点硅酸盐（铁橄榄石 $2FeO \cdot SiO_2$ 和钙铁橄榄石 $CaO \cdot FeO \cdot SiO_2$）黏结矿物形态出现。

厚料层、高强度、低碳、低 FeO、还原性好是烧结生产追求的目标。

① 烧结矿矿物组成和气孔结构　影响烧结矿还原性的自身因素有矿物组成、矿物微观结构和宏观结构。

烧结矿的矿物组成不同，其还原性差异大。表 7-5 列有不同矿物组成的还原性。

表 7-5　不同矿物组成的还原性

| 矿物组成 | 铁橄榄石 $2FeO \cdot SiO_2$ | 钙铁橄榄石 $CaO \cdot FeO \cdot SiO_2$ | 铁酸二钙 $2CaO \cdot Fe_2O_3$ | 磁铁矿 $Fe_3O_4$ | 铁酸一钙 $CaO \cdot Fe_2O_3$ | 赤铁矿 $Fe_2O_3$ | 二铁酸钙 $CaO \cdot 2Fe_2O_3$ |
|---|---|---|---|---|---|---|---|
| 还原性/% | 1.32 | 6.6 | 25.2 | 26.7 | 49.2 | 49.4 | 58.4 |

从矿物的特性来说，$Fe_2O_3$ 易还原，$Fe_3O_4$ 难还原，铁橄榄石 $2FeO \cdot SiO_2$ 更难还原。

酸性烧结矿以难还原的低熔点黏结相（铁橄榄石）紧密包围铁矿物为主，大大阻碍了铁矿物的还原反应，还原性差。

酸性和自熔性烧结矿的黏结相矿物以铁橄榄石和钙铁橄榄石为主，还原性较差。

高碱度烧结矿主要含铁酸钙矿物，还原性较好。

烧结矿中低熔点硅酸盐（铁橄榄石 $2FeO \cdot SiO_2$ 和钙铁橄榄石 $CaO \cdot FeO \cdot SiO_2$）的存在，不仅是影响烧结矿还原性差的主要因素，而且软熔性能差，导致高炉软熔带透气性差。

烧结矿碱度升高，黏结相矿物以铁酸钙系为主，利于形成低熔点液相，配碳量低，则烧结温度低，还原性气氛弱，FeO 含量低，还原性好。

烧结配碳量高，则烧结温度升高，有利于 $Fe_3O_4$ 的还原，FeO 含量升高，或配矿原因气孔结构差，使烧结矿还原性变差。

当有 CaO 存在时，影响铁橄榄石 $2FeO \cdot SiO_2$ 的生成，所以提高烧结矿碱度，FeO 含量降低，改善烧结矿还原性。

② 铁矿石中脉石成分　铁矿石中的碱金属脉石（$K_2O + Na_2O$），在中温（900℃）还原时有加速铁矿物还原的作用，但因其软化温度和熔点低，铁矿石过早地软化和熔化，使其中的气孔堵塞或黏结，铁矿石的高温（1100℃）还原性变得更差。

烧结过程中，烧结原料中的脉石成分 $SiO_2$ 生成低熔点硅酸盐液相，降低烧结矿的中温和高温还原性。

在有 $SiO_2$ 存在的条件下，可进行 $Fe_3O_4 + SiO_2 + 2CO === 3(2FeO \cdot SiO_2) + 2CO_2$ 反应，有利于 $Fe_3O_4$ 的还原。

烧结料中配加白云石、蛇纹石、橄榄石带入 MgO 含量，形成难熔物相，烧结温度提高，FeO 含量升高，中温 900℃ 还原性降低。

改进铁矿石还原性的方法有：减小铁矿石的粒度，提高铁矿石的品位和孔隙率，发展其易还原的矿物组成及结构，减少硅酸盐矿物。

**2. 烧结矿低温还原粉化性能**

（1）烧结矿低温还原粉化的含义　低温还原粉化性是反映烧结矿进入高炉炉身上部 400~600℃ 低温区时，因烧结矿（特别是以富矿粉为主料和 $TiO_2$ 含量高的烧结矿）受热冲击和 $Fe_2O_3$（尤其是骸晶状 $Fe_2O_3$）还原为 $Fe_3O_4$ 或 FeO 发生晶格变化体积膨胀，同时存在 CO 析碳反应（$2CO === CO_2 + C$），在双重作用下烧结矿产生裂缝而粉化的程度的度量，即烧结矿在高炉低温区还原过程中发生碎裂粉化的特性，反映烧结矿的还原强度，是衡量烧结矿在热态下抗冲击和耐磨性的能力。这种性能强弱用低温还原粉化指数 $RDI_{+3.15mm}$ 或 $RDI_{-3.15mm}$ 表示，$RDI_{+3.15mm}$ 值越小或 $RDI_{-3.15mm}$ 值越大，表示低温还原粉化越严重，还原强度越差。

RDI 是衡量烧结矿在高炉低温还原过程出现粉化，恶化透气性的一项技术指标。

（2）烧结矿低温还原粉化的根本原因　高炉低温还原区下，一方面烧结矿中 $Fe_2O_3$ 极易被还原成 $Fe_3O_4$，还原过程中体积膨胀，产生极大内应力，释放应力加剧裂纹扩展而引起粉化；另一方面烧结矿中再生骸晶状赤铁矿由 $\alpha$-$Fe_2O_3$ 转变为 $\gamma$-$Fe_2O_3$，晶格转变造成结构扭曲，产生极大内应力，烧结矿强度遭到破坏，抵御还原粉化的能力差，在挤压碰撞作用下烧结矿碎裂粉化。

烧结矿逐级还原过程中体积变化如下：

$$Fe_2O_3 \text{——} Fe_3O_4 \text{——} FeO \text{——} Fe$$

体积　　100　　　　125　　　　132　　　127

烧结矿是多种矿物的集合体，冷却过程中由于不同矿物的冷缩系数不同而产生应力，往往在烧结矿中强度较低的部位产生裂纹。温度较低时，烧结矿性脆，还原过程产生的内应力引起应变，烧结矿耐不住这种应变产生新的裂纹，并使原有的裂纹扩张，致使烧结矿粉碎。

（3）影响烧结矿低温还原粉化的因素　铁矿石种类、$Fe_2O_3$ 结晶形态、烧结工艺条件、烧结矿碱度、烧结矿中脉石成分、还原温度和还原时间等，都会影响烧结矿低温还原粉化率 $RDI_{+3.15mm}$，其中很大程度上取决于烧结矿中 $Fe_2O_3$ 的形态和含量。

① 铁矿石种类和 $Fe_2O_3$ 结晶形态　烧结矿碱度、脉石含量和转鼓强度相同条件下，烧结矿中 $Fe_2O_3$ 含量（包括原生和再生）与 $RDI_{+3.15mm}$ 关系密切，$Fe_2O_3$ 含量愈高，$RDI_{+3.15mm}$ 愈低。

赤褐富矿粉烧结，烧结矿 $Fe_2O_3$ 含量较高，$RDI_{+3.15mm}$ 较低。

磁铁矿粉烧结，烧结矿 $Fe_2O_3$ 含量较低，$RDI_{+3.15mm}$ 较高。

不同种类的铁矿粉，单烧生产的烧结矿 $RDI_{+3.15mm}$ 不同，如巴西赤铁精矿粉、巴西卡拉加斯粉生产的烧结矿 $RDI_{+3.15mm}$ 很差；中特 SC 粉、安吉拉斯粉、杨迪粉生产的烧结矿 $RDI_{+3.15mm}$ 比较差；哈默斯利粉、MAC 矿粉生产的烧结矿 $RDI_{+3.15mm}$ 比较好。

烧结矿中再生骸晶状 $Fe_2O_3$ 数量增多，高炉内还原时体积膨胀，$RDI_{+3.15mm}$ 明显降低。

② 烧结工艺条件

a. 厚料层低碳低 FeO（<8.5%）烧结时，烧结矿 $RDI_{+3.15mm}$ 降低。

b. 熔剂和固体燃料粒度细，则烧结矿 $RDI_{+3.15mm}$ 升高。

c. 适当加快烧结机的机速，加大表面点火强度，保证烧好的前提下终点后移，则 $RDI_{+3.15mm}$ 升高。

③ 烧结矿碱度　烧结矿 $RDI_{+3.15mm}$ 随碱度的提高而升高，因 $Fe_2O_3$ 与 CaO 结合，降低了游离 $Fe_2O_3$ 含量。

烧结矿碱度在 1.5～1.6 时出现强度衰弱区，导致 $RDI_{+3.15mm}$ 出现低谷。

④ 烧结矿中脉石成分　由 $Fe_2O_3$ 转变为 $Fe_3O_4$ 的相变温度对于再生 $Fe_2O_3$ 的形成起重要作用，凡能提高 $Fe_2O_3$ 转变为 $Fe_3O_4$ 相变温度的成分，有助于再生 $Fe_2O_3$ 的生成，凡能降低 $Fe_2O_3$ 转变为 $Fe_3O_4$ 相变温度的成分，不利于再生 $Fe_2O_3$ 的

生成。

烧结矿中 CaO、MgO 含量高，有利于降低 $Fe_2O_3$ 转变为 $Fe_3O_4$ 的相变温度，减少再生 $Fe_2O_3$ 的生成，$RDI_{+3.15mm}$ 升高。

为满足高炉造渣要求，改善炉渣流动性和提高炉渣脱硫能力，烧结矿中需保证一定的 MgO 含量。烧结矿中 MgO 与 $Fe_2O_3$ 结合，降低游离 $Fe_2O_3$，减轻低温还原粉化；烧结过程中 $Mg^{2+}$ 进入 $Fe_3O_4$ 晶格中取代 $Fe^{2+}$，稳定并减少 $Fe_3O_4$ 再氧化成 $Fe_2O_3$，改善 $RDI_{+3.15mm}$。但烧结矿中 MgO 含量不宜过高，因 MgO 熔点高达 2800℃，正常烧结温度下游离 MgO 不会熔融形成液相而成单体残留在烧结矿中，影响烧结矿固结强度；过多的 MgO 稳定了 $Fe_3O_4$ 难以向 $Fe_2O_3$ 转变，限制铁酸钙系的发展，使烧结矿的矿物组成复杂化，由于各种矿物的结晶能力不同，冷凝后必然存在应力，$RDI_{+3.15mm}$ 变差。

$SiO_2$ 是烧结过程形成黏结相的主要因素。$SiO_2$ 含量有利于形成液相，改善低温还原粉化指标，但 $SiO_2$ 含量过高，一方面影响液相流动性，降低烧结产量，另一方面生成大量硅酸二钙 $C_2S$，由于 $C_2S$ 在冷却过程中发生相变而体积膨胀，造成烧结矿自然粉化，转鼓强度降低。烧结矿 $SiO_2$ 含量低于 4.6% 时，$RDI_{+3.15mm}$ 指标变差，主要因黏结相量明显不足，铁酸钙数量减少，显微结构的均匀性显著恶化，$RDI_{+3.15mm}$ 明显变差。较适宜的烧结矿 $SiO_2$ 含量为 5.2%～5.5%。

烧结矿中 $Al_2O_3$ 含量高，则液相黏度增加，烧结生产率低，转鼓强度低，还原性差，未还原和残余 $Fe_2O_3$ 含量增加，$RDI_{+3.15mm}$ 明显降低。

烧结矿中 $TiO_2$ 含量高，提高 $Fe_2O_3$ 转变为 $Fe_3O_4$ 的相变温度，有助于再生 $Fe_2O_3$ 的生成；$TiO_2$ 成数倍进入烧结矿玻璃相，在低温还原过程中碎裂，$RDI_{+3.15mm}$ 明显降低。

澳大利亚铁矿粉普遍 $Al_2O_3$ 含量高；烧结机机头三、四电场的电除尘灰和高炉布袋除尘灰 $K_2O$、$Na_2O$ 含量高；部分铁矿粉 $TiO_2$ 含量高。如果烧结料中过多地配加以上物料，使烧结矿中 $Al_2O_3$、$K_2O$、$Na_2O$、$TiO_2$ 含量升高，明显降低 $RDI_{+3.15mm}$。

FeO 含量对 $RDI_{+3.15mm}$、RI、熔滴性能的影响存在矛盾关系。提高 FeO 含量到 8.5% 以上，烧结温度高，有利于降低残余 $Fe_2O_3$ 含量，提高 $RDI_{+3.15mm}$，但 RI 降低和熔滴性能变差，以及低硅烧结矿转鼓强度变差。影响烧结矿低温还原粉化率 $RDI_{+3.15mm}$ 的因素见表 7-6。

表 7-6 影响烧结矿低温还原粉化率 $RDI_{+3.15mm}$ 的因素

| 影响因素 | 变动量 | 影响 $RDI_{+3.15mm}$ |
|---|---|---|
| 烧结矿 FeO 含量/% | ±1 | ±1.3%～1.7% |
| 烧结矿 $Al_2O_3$ 含量/% | ±1 | ±12%～14% |
| 烧结矿 $TiO_2$ 含量/% | ±1 | ±38%～40% |
| 烧结矿碱度 R | ±1 | ±61%～62% |

注：烧结矿 $RDI_{+3.15mm}$ 与 FeO、$Al_2O_3$、$TiO_2$、碱度 R 相关性较显著，与 MgO、$SiO_2$、CaO 有一定影响，但线性相关性不强。

⑤ 还原温度和还原时间　$RDI_{+3.15mm}$ 随还原温度变化而变化，一般 $400\sim600℃$ 下 $RDI_{+3.15mm}$ 处于低谷值，且碳素析出反应 $2CO \rightleftharpoons CO_2 + C$ 剧烈，促使粉化更加严重。低于或高于 $400\sim600℃$ 时 $RDI_{+3.15mm}$ 升高，因为该温度范围内 $\alpha\text{-}Fe_2O_3$ 很快还原为 $\gamma\text{-}Fe_2O_3$，低于 $400\sim600℃$，生成 $\gamma\text{-}Fe_2O_3$ 很少，高于 $400\sim600℃$ 时 $\gamma\text{-}Fe_2O_3$ 很快还原为 $Fe_xO$，减轻粉化。

用 $H_2$ 作还原剂时，烧结矿 $RDI_{+3.15mm}$ 较高。

铁矿石 $RDI_{+3.15mm}$ 随还原时间延长而升高，但 $30\sim40min$ 后升高速度开始减缓。

（4）改善烧结矿低温还原粉化率 $RDI_{+3.15mm}$ 的主要措施

① 严格控制烧结原料带入的 $Al_2O_3$、$TiO_2$、$K_2O$、$Na_2O$ 含量。

② 在保证烧结矿产质量基础上，增加磁铁精矿粉用量。

③ 实施低温烧结工艺，降低骸晶状 $Fe_2O_3$ 生成量。

④ 不过分追求厚料层低碳低硅烧结，适当提高 FeO 和 $SiO_2$ 含量。

⑤ 生产高碱度烧结矿，适当提高烧结矿 MgO 含量。

⑥ 适当加快烧结机机速，加大表面点火强度，保证烧好前提下终点后移。

⑦ 生产实践表明，在烧结矿表面喷洒 $CaCl_2$ 稀释液或在混合料中配加微量 $CaCl_2$ 添加剂，对改善烧结矿 $RDI_{+3.15mm}$ 和高炉料柱透气性效果不明显，且炉料中的 K、Na 置换 $CaCl_2$ 中的 Ca 生成 KCl 和 NaCl，在高炉内循环富集，破坏铁矿石和焦炭热强度，同时腐蚀高炉煤气管道和阀门，侵蚀高炉内衬耐火材料，所以不提倡烧结矿喷洒 $CaCl_2$。

（5）检测烧结矿低温还原粉化率的方法　检测烧结矿低温还原粉化率的方法分静态法和动态法两种。

静态法有三种：国际标准 ISO 4696 检测方法；日本标准 JIS-M8714 检测方法；中国标准 GB 13241 检测方法。

动态法有三种：国际标准 ISO/DP4696 检测方法；德国奥特弗莱森研究协会检测方法；苏联标准检测方法。

动态法是将烧结矿样直接装入转鼓机内，边转边通入还原气体进行恒温还原的试验方法。

① 国际标准 ISO 4696 静态检测方法

a. 条件要求

烧结矿粒度 $10\sim12.5mm$，质量 500g。

双壁 $\phi_内 75mm$ 还原反应管。

还原气体成分 $CO:CO_2:N_2 = 20:20:60$，允许杂质 $H_2<0.2\%$，$O_2<0.1\%$，$H_2O<0.2\%$。

还原气体流量 20L/min，$(500\pm10)℃$ 下恒温还原 1h。

转鼓机 $\phi130mm\times200mm$，转速 30r/min，转鼓时间 10min。

b. 检测步骤　取烧结矿样放入还原反应管中铺平，封闭还原反应管顶部并置于还原炉内，连接热电偶，还原反应管内通入 5L/min 氮气，缓慢加热还原炉（$\leqslant10℃/min$），升温接近 500℃时氮气流量增加到 20L/min，（500±10）℃恒温下通入 20L/min 还原气体代替氮气，连续还原 1h 后停止还原气体，通入氮气冷却，将还原管移出炉外冷却到 100℃以下。

从还原管中小心取出全部试样装入转鼓机中，以 30r/min 的转速旋转 10min 后，用 6.3mm、3.15mm、0.5mm 的方孔筛进行分级筛分，分别计算各粒级试样质量占入鼓总质量的百分数，即为烧结矿静态低温还原粉化指数 $RDI_{+6.3mm}$、$RDI_{+3.15mm}$、$RDI_{-0.5mm}$。

② 日本标准 JIS-M8714 静态检测方法

a. 条件要求

烧结矿粒度 (20±1)mm 或 15～20mm，质量 500g。

单壁 $\phi_内$75mm 还原反应管，还原时间 30min。

还原气体成分 CO：$CO_2$：$N_2$＝26：14：60，流量 20L/min，（500±10）℃恒温还原。

或还原气体成分 CO：$N_2$＝30：70，流量 15L/min，（550±10）℃恒温还原。

转鼓机 $\phi$130mm×200mm，转速 30r/min，转鼓时间 30min。

b. 检测步骤　取烧结矿样放入还原反应管中，加热还原炉到还原温度下，通入还原气体连续还原 30min 后停止还原气体，通入氮气冷却，将还原管移出炉外冷却到 100℃以下。

从还原管中小心取出全部试样装入转鼓机中，以 30r/min 的转速旋转 30min 后，用 3mm、0.5mm 的方孔筛进行分级筛分，分别计算各粒级试样质量占入鼓总质量的百分数，即为烧结矿静态低温还原粉化指数 $RDI_{-3.0mm}$、$RDI_{-0.5mm}$。

③ 中国标准 GB/T 13242—91 静态检测方法

a. 条件要求

烧结矿粒度 10～12.5mm，质量 500g。

双壁 $\phi_内$75mm 还原反应管。

还原气体成分 CO：$CO_2$：$N_2$＝20：20：60，允许杂质 $H_2$<0.2%，$O_2$<0.1%，$H_2O$<0.2%。

还原气体流量 15L/min，（500±10）℃下恒温还原 1h。

转鼓机 $\phi$130mm×200mm，转速 30r/min，转鼓时间 10min。

b. 检测步骤　取烧结矿样放入还原反应管中铺平，封闭还原反应管顶部并置于还原炉内，连接热电偶，还原反应管内通入 5L/min 氮气，缓慢加热还原炉（≤10℃/min），升温接近 500℃时氮气流量增到 15L/min，（500±10）℃恒温下通入 15L/min 还原气体代替氮气，连续还原 1h 后停止还原气体，通入氮气冷却，将还原管移出炉外冷却到 100℃以下。

从还原管中小心取出全部试样装入转鼓机中，以 30r/min 的转速旋转 10min 后，用 6.3mm、3.15mm、0.5mm 的方孔筛进行分级筛分，分别计算各粒级试样质量占入鼓总质量的百分数，即为烧结矿静态低温还原粉化指数 $RDI_{+6.3mm}$、$RDI_{+3.15mm}$、$RDI_{-0.5mm}$。

④ 国际标准 ISO/DP 4697 动态检测方法

a. 条件要求

烧结矿粒度 $10\sim12.5mm$，质量 $500g$。

还原气体成分 $CO$：$CO_2$：$N_2=20$：$20$：$60$，允许杂质 $H_2<0.2\%$，$O_2<0.1\%$，$H_2O<0.2\%$。

还原气体流量 $20L/min$，$(500\pm10)$℃下恒温还原 $1h$。

转鼓机 $\phi130mm\times200mm$，转速 $10r/min$。

b. 检测步骤　将烧结矿试样直接装入转鼓机内，在升温的同时通入保护性气体氮气，以 $10r/min$ 的转速旋转转鼓机，当温度升高到 500℃时，通入还原气体置换氮气，$(500\pm10)$℃恒温下还原 $1h$，经氮气冷却后取出烧结矿样，用 $6.3mm$、$3.15mm$、$0.5mm$ 的方孔筛分级筛分，分别计算各粒级试样质量占入鼓总质量的百分数，即为烧结矿动态低温还原粉化指数 $RDI_{+6.3mm}$、$RDI_{+3.15mm}$、$RDI_{-0.5mm}$。

⑤ 德国奥特弗莱森研究协会动态检测方法

a. 条件要求

烧结矿粒度 $12.5\sim16mm$，质量 $500g$。

还原气体成分 $CO$：$CO_2$：$N_2=20$：$20$：$60$，允许杂质 $H_2<0.2\%$，$O_2<0.1\%$，$H_2O<0.2\%$。

还原气体流量 $20L/min$，$(500\pm10)$℃下恒温还原 $1h$。

转鼓机 $\phi150mm\times500mm$，转速 $10r/min$。

b. 检测步骤　同 "国际标准 ISO/DP 4697 动态检测方法"

⑥ 前苏联标准 ROCT 19575—84 动态检测方法

a. 条件要求

烧结矿粒度 $10\sim15mm$，质量 $500g$。

还原气体成分 $CO$：$N_2=35$：$65$，允许杂质 $H_2<0.2\%$，$O_2<0.1\%$，$H_2O<0.2\%$。

还原气体流量 $15L/min$，$(500\pm10)$℃下恒温还原 $1h$。

转鼓机 $\phi145mm\times500mm$，转速 $10r/min$。

b. 检测步骤　使用非标准转鼓（$\phi145mm\times500mm$），内有 4 个挡板（高 20mm），置于长 1100mm、内径 240mm 的电炉内，将烧结矿试样直接装入转鼓机内，以 $10r/min$ 的转速旋转转鼓机，采用升温加热制度：开始以 $15$℃$/min$ 升温到 600℃，计时 40min，再以 $1.43$℃$/min$ 升温到 800℃，计时 2h20min，经氮气冷却后取出烧结矿样，用 $10mm$、$5mm$、$0.5mm$ 的方孔筛分级筛分，分别计算各粒级试样质量占入鼓总质量的百分数，即为烧结矿动态低温还原粉化指数 $RDI_{-10mm}$、$RDI_{-5mm}$、$RDI_{-0.5mm}$。

（6）烧结矿低温还原粉化率静态法和动态法比较

① 静态法的优点　静态法还原可与烧结矿还原度检测方法使用同一装置，还原反应管温度分布均匀，测温点更接近试样的温度，误差较小。

烧结矿低温还原粉化率静态法转鼓检测是在常温条件下进行，工作条件好，密封性好，易于操作，试验结果稳定。

因此大多数国家采用低温粉化试验静态还原后再冷转鼓的方法，即静态法检测烧结矿低温还原粉化率。

② 动态法的优点　动态法的还原与转鼓在同一装置内完成，操作简单。

③ 静态法和动态法的关系　静态法和动态法检测结果存在良好的线性关系，然而不论是静态法还是动态法，检测结果只具有相对意义，与高炉内实际结果有定性的相关关系，但绝对值相差很大。

**3. 烧结矿荷重还原软熔滴落性能**

（1）烧结矿荷重还原软化性的意义　荷重还原软化性反映烧结矿在高炉炼铁过程中，随着炉料的荷重和炉温上升还原条件下，在炉身下部和炉腰部位软化带的透气性，表现出烧结矿体积收缩的特性。

由于烧结矿不是纯物质晶体，不能在一个固定温度上软化和熔化，而是在一定温度范围内完成由固体到软化再到熔化的过程，这样烧结矿荷重还原软化性能需用两个指标来表述：一是开始软化变形的温度，二是从开始软化到软化终了的软化温度区间。

烧结矿收缩率达 10% 时的温度，称为开始软化温度，表示为 $T_{10}$；烧结矿收缩率达 40% 时的温度，称为软化终了温度，表示为 $T_{40}$；软化终了温度与开始软化温度差，称为软化区间，表示为 $\Delta T_1 = T_{40} - T_{10}$。

烧结矿开始软化温度越高，软化区间越窄，则荷重还原软化性越好。

（2）烧结矿熔融滴落性的意义　高炉炼铁过程中，烧结矿被还原生成大量的 FeO，FeO 易与矿石中的 $SiO_2$、CaO、$Al_2O_3$ 等脉石矿物生成低熔点的液相。随着温度的升高，液相数量增加。当升高到一定温度后，烧结矿在荷重条件下开始变形、收缩、软化、熔化，转为熔渣和金属铁，达到自由流动并积聚成液滴，渣铁分离，在重力作用下形成渣或铁的液滴滴落。

烧结矿熔融滴落性能是反映高炉下部熔滴带的性能状态，因这一带压力降约占高炉总压降的 60% 以上。熔滴带的厚薄不仅影响高炉下部透气性，而且直接影响炼铁脱硫和渗碳反应，影响高炉产质量，因此熔滴性能是烧结矿最重要的冶金性能。

压差陡升拐点温度，称为开始熔化温度，表示为 $T_S$；第一滴铁液滴落的温度，称为滴落温度，表示为 $T_d$；滴落温度与开始软化温度差，称为软熔区间，表示为 $\Delta T_2 = T_d - T_{10}$；滴落温度与开始熔化温度差，称为融滴区间，表示为 $\Delta T_3 = T_d - T_S$。

高炉冶炼希望烧结矿开始软化温度 $T_{10}$ 和开始熔化温度 $T_S$ 高，软熔区间 $\Delta T_2$ 和融滴区间 $\Delta T_3$ 小，则滴落带最大压差 $\Delta P_{max}$ 小，软熔带位置下移，软熔带变薄，扩大块状带，改善料柱透气性，提高生铁产量。

（3）烧结矿荷重还原软熔滴落性能测定方法（表 7-7）

① 原理　将规定粒度和质量的铁矿石试样上下各铺规定粒度和质量的焦炭，置于固定床中，加荷重并通入由 CO 和 $N_2$ 组成的还原气体，按一定升温制度升温至 1600℃，记录开始软化温度（$T_{10}$）、软化终了温度（$T_{40}$）、开始熔化温度（$T_S$）、滴落温度（$T_d$）

（没有滴落时记录滴落温度＞1580℃），计算软化区间（$\Delta T_1$）、软熔区间（$\Delta T_2$）、融滴区间（$\Delta T_3$）。

表 7-7　烧结矿荷重还原软熔滴落性能测定方法（GB/T 34211—2017）

| 项目 | 工艺参数 | | |
|---|---|---|---|
| 试验筛 | 方孔筛 16.0mm、12.5mm、10.0mm | | |
| 立管式电阻炉 | 加热材料：U 形硅钼棒(加热区＞600mm)<br>炉腔容积：$\phi$100×650mm　　使用温度：(1600±3)℃ | | |
| 石墨坩埚 | 内径 $\phi$75mm×深度 175mm | | |
| 荷重压力 | (2±0.02)kg/cm² | | |
| 还原气体 | 状态：标准状况(0℃和一个大气压) | | |
| | 组成(体积分数)：CO(30±0.5)％ 、$N_2$(70±1)％ | | |
| | 气体纯度：CO≥99.9％　　$N_2$≥99.99％ | | |
| | 气体流量：(5±0.1)L/min | | |
| 试样(干) | 烧结矿试样：10.0～12.5mm　3000g | | |
| | 焦炭试样：10.0～12.5mm　600g | | |
| 结果表示 | $T_{10}$：开始软化温度(收缩 10％) | $T_S$：开始熔化温度 | |
| | $T_{40}$：软化终了温度(收缩 40％) | $T_d$：第一滴铁液滴落温度 | |
| | $\Delta T_1$：软化区间(软化终了温度与开始软化温度差) | $\Delta T_2$：软熔区间(滴落温度与开始软化温度差) | |
| | | $\Delta T_3$：融滴区间(滴落温度与开始熔化温度差) | |

② 试样制备　将烧结矿筛出大于 12.5mm 的粒级破碎后，通过 16.0mm 的筛子，合并 12.5mm 以下的部分，通过筛分得到 10.0～12.5mm 粒级试样，混匀、缩分后得到试样量不少于 3000g。

焦炭通过破碎、筛分得到 10.0～12.5mm 粒级试样，试样量不少于 600g。

将 3000g 烧结矿和 600g 焦炭试样置于（105±5）℃数显鼓风干燥箱中干燥，时间不小于 2h，冷却至室温放置在干燥器中备用。

③ 测定步骤

a. 装样　称取（500±1）g 烧结矿试样，（160±2）g 焦炭试样。石墨坩埚底部平整摆放焦炭80g，将坩埚置入试样压平测厚器上，启动荷重施压（2±0.02)kg/cm²。底层焦炭上摆放烧结矿样（500±2）g，再次启动压平测厚器对试样施压（2±0.02)kg/cm²。烧结矿样上面再摆放焦炭 40g，启动压平测厚器将整体试样压平。

b. 系统气密性检查　将石墨坩埚放入立管式电阻炉内并密封上口。向立管式电阻炉通入（5±0.1)L/min 的 $N_2$ 并观察压差显示值。当压差显示值不小于 20kPa 时为合格，方可开始正式试验。若压差显示值小于 20kPa，必须检查试验系统全部气路与相关部位，直到试验系统密封效果达到要求时方能进行试验。系统气密性检查完除去石墨坩埚上口密封方可进行升温试验。

c. 升温程序控制　将石墨坩埚放入立管式电阻炉内，开始程序升温：室温～900℃，升温速率 10℃/min；900～1100℃，升温速率 2℃/min；1100℃～1600℃，升温速率 5℃/min；当试样温度达到 1580℃后 30min 试验结束。实际温度与应达到的炉温温度差不应超过 5℃。

d. 炉内气体控制　当炉温低于 500℃时，通入 5L/min 的 $N_2$；当炉温达到 500℃时，切换为 5L/min 的还原气体；试验结束后，通入 2L/min 的 $N_2$；料层温度低于 200℃后，停止通入 $N_2$。

e. 试验次数　同一烧结矿试样至少测定两次，如果两次 $T_{10}$、$T_{40}$、$T_S$ 极差不大于 10℃，$T_d$ 极差不大于 20℃，则取两次平均值作为测定结果；如果两次极差超过规定值，则需进行第 3 次、第 4 次试验。

(4) 改善烧结矿荷重还原软熔滴落性能的主要措施　烧结矿品位高，MgO 含量高，$SiO_2$ 和 FeO 含量低，$Al_2O_3$ 含量低，渣相黏度小，则软熔滴落性能良好。采取提高烧结矿品位，降低 $SiO_2$ 和 FeO 含量，控制 $Al_2O_3$、MgO 和 $TiO_2$ 含量等措施，可以改善烧结矿软熔滴落性能。

# 第三节
# 烧结消耗指标及计算

## 一、铁料单耗

铁料单耗指生产 1t 成品烧结矿所消耗的干基铁料量，单位 kg/t 或 t/t。

例如生产 1t 成品烧结矿消耗水分 4％的巴西粉 160kg，则巴西粉单耗为 153.6kg/t。

烧结原料成本包括铁矿粉、熔剂、副产品（即循环利用物）的成本，注意不包括固体燃料成本。

烧结原料成本中，铁矿粉单位成本所占的比例最大。

## 二、熔剂单耗

熔剂单耗指生产 1t 成品烧结矿所消耗的干基熔剂量，单位 kg/t 或 t/t。

【例 7-22】某烧结生产 1t 成品烧结矿消耗熔剂如下：生石灰 40.8kg，水分 3％的白云石粉 59.6kg，水分 4％的石灰石粉 70.2kg，计算熔剂单耗（计算结果保留两位小数）。

**解**　生石灰单耗＝40.8÷1＝40.8（kg/t）
白云石单耗＝59.6×(1－3％)÷1＝57.81(kg/t)
石灰石单耗＝70.2×(1－4％)÷1＝67.39(kg/t)
熔剂单耗＝40.8＋57.81＋67.39＝166.00(kg/t)

# 三、固体燃耗

固体燃耗指生产 1t 成品烧结矿消耗的所有固体燃料干基量，单位 kg/t 或 t/t。

【例 7-23】某烧结生产混匀矿水分 8.5％配比 78.6％，生石灰配比 5％，固体燃料水分 9.6％配比 5.2％。某日生产成品烧结矿 7320t，内返 910t（视为返矿平衡），出矿率 85％，计算混匀矿单耗、生石灰单耗、固体燃耗。计算结果保留小数点后两位小数。

**解**　根据"出矿率＝（机尾烧结饼量/干基烧结料量）×100％""机尾烧结饼量＝成品烧结矿量＋内返量"得出：

某原料干基消耗量＝[（成品烧结矿量＋内返量）/出矿率]×原料干配比
则有混匀矿干基消耗量＝[（7320＋910）÷85％]×78.6％×(1－8.5％)＝6963.55(t)
生石灰消耗量＝[（7320＋910）÷85％]×5％＝484.12(t)
固体燃料干基消耗量＝[（7320＋910）÷85％]×5.2％×(1－9.6％)＝455.07(t)
则有混匀矿单耗＝6963.55×1000÷7320＝951.30(kg/t)
生石灰单耗＝484.12×1000÷7320＝66.14(kg/t)
固体燃耗＝455.07×1000÷7320＝62.17(kg/t)

# 四、电耗

电耗指生产 1t 成品烧结矿所消耗的电能，单位 kW·h/t。

烧结生产中，主抽风机是电耗大户。

【例 7-24】某烧结某月生产成品烧结矿 25 万吨，用电 862.5 万千瓦时，计算当月电耗。计算结果保留小数点后一位小数。

**解**　电耗＝$(862.5×10^4)÷(25×10^4)＝34.5(kW·h/t)$

# 五、工序能耗

### 1. 工序能耗的概念

工序能耗指生产 1t 成品烧结矿所消耗的各种能源折标准煤质量的总和，单位为 kg 标煤/t。

工序能耗包括固体燃耗、电耗、点火煤气单耗、水耗、压缩空气、氧气、氮气等气体单耗、蒸汽单耗等所有能源消耗，其中固体燃耗所占的比例最大，约占 75%～85%，其次是电耗，点火煤气单耗约占 5%～10%。

$$某能源折标煤系数＝某能源热值/标准煤热值$$

规定低位发热值为 29.31MJ（7000kCal）的煤为标准煤。

能源分为一次能源和二次能源，煤和天然气为一次能源，焦炭、焦炉煤气、高炉煤气、蒸汽、电为二次能源。一次能源经过加工或转换得到二次能源。

### 2. 计算工序能耗

【例 7-25】 一台 90$m^2$ 烧结机点火用焦炉煤气，发热值 16.73MJ/$m^3$，焦炉煤气平均流量 510$m^3$/h，烧结机利用系数 1.55t/($m^2$·h)，计算焦炉煤气单耗。计算结果保留小数点后三位小数。

**解** 焦炉煤气消耗量＝16.73×510＝8532.30(MJ/h)＝8.5323(GJ/h)

台时产量＝1.55×90＝139.51(t/h)

焦炉煤气单耗＝8.5323÷139.51＝0.061(GJ/t)

【例 7-26】 某厂 2016 年生产成品烧结矿 300 万吨，消耗干基焦粉 15.4 万吨，消耗点火煤气 627285GJ/t，电量消耗 5700 万千瓦时，工业水 220 万立方米，其他能耗忽略不计，折标煤系数分别为 0.9714kg 标煤/kg 焦粉，34.2kg 标煤/GJ 煤气，0.42kg 标煤/kW·h 电，0.18kg 标煤/$m^3$ 水，计算 2016 年烧结工序能耗。计算结果保留小数点后两位小数。

**解** 焦粉折标煤单耗＝15.4×1000÷300×0.9714＝49.87（kg 标煤/t）

点火煤气折标煤单耗＝627285÷3000000×34.2＝7.15（kg 标煤/t）

电耗折标煤单耗＝5700÷300×0.42＝7.98（kg 标煤/t）

工业水折标煤单耗＝2200÷300×0.18＝1.32（kg 标煤/t）

工序能耗＝49.87＋7.15＋7.98＋1.32＝66.32（kg 标煤/t）

### 3. 降低工序能耗的主要途径

（1）降低固体燃耗是降低烧结工序能耗的重要部分。

① 推行厚料层烧结，充分发挥厚料层自动蓄热的作用，增强氧化性气氛，增加铁的

低价氧化物氧化放热，提高烧结成品率。

推行厚料层低碳低温烧结，不仅降低固体燃耗，而且获得优质烧结矿。

② 少用或不用石灰石，减少碳酸钙分解消耗热量。提高生石灰配比，充分发挥生石灰强化制粒，提高料球强度，改善烧结料粒度组成和烧结料层透气性，消化放热提高料温，催化碳素燃烧等作用，促进生成低熔点物质，降低液相生成温度，降低固体燃耗。

③ 提高料温到露点以上，措施详见"第三章 第三节 四、混合料温度和提高料温措施3. 提高烧结料温度的主要措施"。

④ 改善固体燃料质量，力求使用固定碳高、灰分低的优质固体燃料，控制适宜燃料用量和燃料粒度，满足烧结矿转鼓强度和还原性、低温还原粉化率指标要求。

⑤ 当精粉率高尤其反浮选磁铁精矿粉配比高时，固体燃料容易被黏性大的细粒精矿粉包裹，使固体燃料在料层中的分布和燃烧条件变差，采用多辊偏析布料装置和－1mm 燃料分加技术，可使较多的－1mm 分加燃料暴露在料层中，并增加料层上部固定碳含量，使燃料在料层上下部的分布更接近烧结过程热量的需求，有利于降低烧结固体燃耗。

⑥ 配加磁铁矿粉，配加含 C、含 FeO 的工业副产品，如转炉钢渣、高炉炉尘、轧钢皮等，利用 C、FeO 氧化放热的作用，为烧结过程提供辅助热源。

⑦ 维持返矿平衡，提高成品率，提高烧结矿产量。

⑧ 实施环冷机余热回收利用、烟道（后部风箱）余热回收利用等技术 。

（2）降低动力消耗。动力消耗主要是电、水两方面，重点是电耗。

① 主抽风机采用变频控制；环冷鼓风机后面的三台鼓风机风门开度采用变频调控，降低电耗。

② 烧结机系统漏风治理，采用烧结机密封先进技术，改进烧结机台车及其挡板、首尾密封、风箱隔板、滑道结构等，减少抽风系统漏风率，增加料层有效风量和降低总管负压是节电的主攻方向。

③ 采用环冷机密封新技术，降低环冷机系统漏风率。

④ 提高设备运转率，减少主抽风机等耗电大的设备空转时间。

（3）树立正确的点火理念，实施低负压点火技术，降低点火能耗。各企业点火能耗差距较大，先进指标 0.05GJ/t 左右，普遍在 0.06～0.12GJ/t。点火能耗差距较大的原因一是点火介质和性能不同，二是点火操作理念和对点火目的认识不同。点火能耗高的企业主要是点火温度控制高（1200℃以上），认为必须将料面点火到熔融状态，使料层表面产生足够的液相来固结表面烧结料。殊不知高能耗点火并不能提高成品率，因为高温下生成的液相在台车出点火炉时就被抽入的冷空气快速冷却，来不及释放全部能量而析晶，大部分成为玻璃质，经烧结机尾单辊破碎机的破碎而成为返矿。正确的点火理念应当是用较少的能耗将料层中的固体燃料点着，保证料层表面垂直方向 15～30mm 以下的部分能顺利进入烧结就可以。点火制度应当是点火介质完全燃烧，点火温度分布均匀，实施低负压点火，点火料面颜色通体呈青色并间杂星棋黄色斑点为宜。

（4）建立能源管理机构和管理制度，加强能源计量管理，控制并减少能源跑冒滴漏，监督检查促进落实整改。

# 第四节
## 烧结生产成本指标

烧结生产成本指生产1t成品烧结矿所需的铁料、熔剂、固体燃料、辅料消耗费用、气体和能源动力费用、工资和财务费用、制造费用等总和，即烧结原料成本和加工成本之和。

烧结原料成本指生产1t成品烧结矿所需铁料成本和熔剂成本之和。

烧结加工成本指生产1t成品烧结矿所需固体燃料、润滑油、胶带、炉条、能源动力、水、工资、设备折旧费和维修费等成本之和。

劳动生产率指每人每年生产成品烧结矿的质量（单位：t），反映企业管理水平和生产技术水平，又称全员劳动生产率。

# 第八章

# 烧结矿质量对高炉冶炼的影响

高炉炼铁以精料为基础，精料要求概括为六个字：高、稳、熟、均、少、好。

"高"指入炉料铁品位高，机械强度高，烧结矿的碱度高。入炉料铁品位高是精料的核心，高品位铁料冶炼有利于减少渣量，提高喷煤比，实施低硅冶炼，降低高炉焦比，提高生铁产量。

"稳"指入炉料的供应量稳定和质量稳定（包括物化性能、冶金性能）。控制入炉料 $TFe\pm0.5\%$，碱度 $R\pm0.05$ 或 $\pm0.08$，$FeO\pm1.0\%$。

"熟"指入炉熟料率高，不小于 85%。

"均"指入炉料的粒度均匀，提高粒度下限，降低粒度上限，缩小粒度范围。

"少"指入炉料粉末少（$-5mm$ 粒级 $<5\%$），有害杂质含量少，渣量少（300kg/t 以下）。

"好"指入炉料具有良好的物化性能和冶金性能，具有较好的炉料结构，充分发挥以针状铁酸钙为黏结相的高碱度烧结矿的优越性，配加性能优良的酸性料。

# 第一节
## 高炉炼铁对烧结矿的质量要求

高炉冶炼要求烧结矿品位高，碱度适宜，化学成分稳定，有害杂质少，粒度组成均匀，$-5mm$ 粉末少，转鼓强度高，具有自熔性造渣性能和良好的冶金性能。

高炉炼铁对烧结矿的质量要求见表 8-1。

表 8-1　《高炉炼铁工程设计规范》（GB 50427—2015）对烧结矿的质量要求

| 炉容级别/m³ | 1000 | 2000 | 3000 | 4000 | 5000 |
|---|---|---|---|---|---|
| TFe 波动/% | ≤±0.5 | | | | |
| 碱度 CaO/SiO₂ | 1.8～2.2≤±0.08 | | | | |
| 一级品率/% | ≥80 | ≥85 | ≥90 | ≥95 | ≥98 |
| FeO/% | ≤9.0 | ≤8.8 | ≤8.5 | ≤8.0 | ≤8.0 |
| FeO 波动/% | ≤±1.0 | | | | |
| 转鼓强度+6.3mm/% | ≥71 | ≥74 | ≥77 | ≥78 | ≥78 |
| 还原度 RI/% | ≥70 | ≥72 | ≥73 | ≥75 | ≥75 |

改善烧结矿质量，调整原料结构，提高烧结矿品位，控制 $Al_2O_3$ 含量，生产化学成分稳定，冶金性能好，高转鼓强度、高碱度、低 $SiO_2$、适宜 $MgO$ 和 $FeO$ 含量的烧结矿，为高炉低燃料比冶炼创造良好的原料基础。

优化炉料结构和改善烧结矿质量是降低高炉冶炼燃料比和渣铁比的主要措施。

在"碳达峰""碳中和"形势下，烧结和高炉炼铁低燃料比生产，既降低原料成本，又节能减排，保护环境。

# 第二节
# 烧结矿物理性能对高炉冶炼的影响

高炉炼铁对入炉料的粒度要求见表 8-2。

表 8-2　《高炉炼铁工程设计规范》（GB 50427—2015）对入炉料的粒度要求

| 烧结矿 | | 球团矿 | | 块矿 | | 焦炭 | |
|---|---|---|---|---|---|---|---|
| 粒度范围 | 5～50mm | 粒度范围 | 6～18mm | 粒度范围 | 5～30mm | 粒度范围 | 25～75mm |
| +50mm | ≤8% | 9～18mm | ≥85% | +30mm | ≤10% | +75mm | ≤10% |
| −5mm | ≤5% | −6mm | ≤5% | −5mm | ≤5% | −25mm | ≤8% |

从有利于高炉顺行而言，转鼓强度和粒度组成是烧结矿主要物理性能指标。

烧结矿转鼓强度和还原性指标不应成为矛盾体，应在保证还原性的基础上，合理选择转鼓强度范围。

烧结矿转鼓强度高，高炉冶炼指标不一定好，焦炭强度比烧结矿转鼓强度更重要。

烧结矿转鼓强度高，粒度组成均匀，−5mm 和 5～10mm 粒级少，是保证高炉合理布料和获得良好料柱透气性的重要条件，有利于炉况顺行和煤气流合理分布，有利于降低焦比，提高生铁产量。

　　烧结矿转鼓强度低，尤其是高温下强度低，则在高炉上部料柱的压力下产生大量粉末，一方面增加炉尘吹损量，增加炼铁原料消耗量，另一方面严重影响料柱透气性，高炉操作困难。

　　烧结矿转鼓强度与 $SiO_2$ 含量和 FeO 的赋存矿物有关，$SiO_2$ 含量高、FeO 以硅酸盐（如铁橄榄石 $2FeO \cdot SiO_2$，钙铁橄榄石 $CaO \cdot FeO \cdot SiO_2$）形式存在时，FeO 含量高，则玻璃相多，转鼓强度低，需要控制 FeO 含量，使用低价料时尤为注意；$SiO_2$ 含量高、FeO 以磁铁矿（使用磁铁精矿粉烧结）形式存在时，FeO 含量高，则转鼓强度也高，可以适当放宽 FeO 含量。

　　烧结矿粒度组成主要影响高炉中上部料柱透气性，是间接还原的重要指标。

　　高炉冶炼要求铁矿石具有小而均匀的粒度组成，控制铁矿石粒度上限并筛分出低于下限粉末粒级，因为小而均匀的铁矿石有利于加快还原速率和提高煤气利用率，所以大块铁矿石还原动力学条件差，内应力集中易碎裂，影响料柱透气性。

　　铁矿石品位、机械强度、粒度要求只是宏观性能，从高炉内铁矿石的行为出发，进一步需要铁矿石的透气性、冶金性能等满足高炉稳定顺行、强化冶炼的要求，以降低冶炼消耗和成本，获得最大效益。

　　降低烧结矿中 $-5mm$ 和 $5 \sim 10mm$ 粒级含量，改善烧结矿低温还原粉化率 $RDI_{+3.15mm}$ 和熔滴性能，有助于提高烧结矿在高炉冶炼过程中的空隙度，改善高炉料柱透气性（料柱单位高度上的压差与炉料空隙度的立方成反比），促进炉况稳定顺行。


# 第三节
# 烧结矿化学性能对高炉冶炼的影响


# 一、烧结矿品位和 $SiO_2$ 含量对高炉冶炼的影响

　　稳定烧结矿（包括所有入炉铁矿石）品位是稳定高炉炉温的基础，稳定炉温是高炉顺行、获得良好冶炼效果的前提，否则高炉热制度频繁波动、调节不及时将导致炉况失常，生铁硫含量不合格。

　　一般烧结入炉比在 75% 以上，所以影响入炉品位最主要的是烧结矿品位，影响渣量最主要的是烧结矿 $SiO_2$ 含量。

　　高炉入炉品位低，品位每升高 1% 所降低的焦比幅度小，增加的生铁产量幅度也小，低品位铁矿石冶炼对炼铁生产经营带来较大的负面影响，影响企业整体经济效益，同时增

加燃料消耗，$CO_2$ 和污染物的排放量增加（高炉是排放 $CO_2$ 的大户，占钢铁企业 $CO_2$ 总排放量的 70% 左右；污染物排放主要是燃煤所致，钢铁企业生产过程大气中 $CO_2$、$SO_2$、$NO_x$ 等污染物的产生量，80% 左右是燃煤引起，消减污染物的产生主要靠消减燃煤量），违背国家节能减排保护环境的方针。所以钢铁企业为了降低原料成本而使用低品位铁矿石要有个度，要用技术经济、系统工程的方法进行科学分析，不能一味强调降低成本而无限制地购进和使用劣质铁矿石。当前我国高炉生产的主要矛盾是炉料成分不稳定和燃料比偏高。

$SiO_2$ 是烧结矿黏结相的主要成分之一，$SiO_2$ 含量过低，会带来转鼓强度低和粉率大等一系列质量问题，$SiO_2$ 含量在 5.2%～5.5% 适宜。

大高炉越来越追求高产、低耗、低渣量冶炼，$SiO_2$ 是高炉炉渣的源头，降低烧结矿 $SiO_2$ 含量，不仅改善烧结矿高温冶金性能，有利于稳定炉况，而且有利于减少高炉渣量，增加喷煤比，降低焦比，实现低硅冶炼。高炉获得高效、优质、低耗的目的，必须坚持高品位、低 $SiO_2$、低渣量的原则。

# 二、烧结矿碱度对高炉冶炼的影响

确定烧结矿碱度，以获得较高强度和良好还原性的烧结矿并保证高炉不加或少加熔剂为原则。

确定合理的高炉炉料结构，是确保入炉铁矿石脉石成分适合造渣，确保炉渣成分合理的重要保证，以利于改善炉渣流动性和热稳定性，提高炉渣脱硫率，对保护炉衬和生铁成分合格具有积极作用。

优化高炉炉料结构应当提高烧结矿碱度，增加高品位球团矿和块矿的入炉比，而不是降低烧结矿碱度和增加烧结入炉比。

烧结矿碱度是影响高炉操作最基本的因素，烧结矿碱度对高炉操作指标的影响主要是其矿物组成、强度和冶金性能。

烧结矿碱度低于 1.8 时，高炉燃料比大幅度上升，高碱度烧结矿有利于改善高炉还原和造渣过程，大幅降低焦比，提高利用系数，烧结矿适宜碱度为 1.9～2.15。

稳定烧结矿碱度是稳定高炉造渣制度的重要条件，只有造渣制度稳定，才有助于稳定热制度和保证炉况顺行，并使炉渣具有良好的脱硫能力，改善生铁质量。

烧结矿碱度波动，不仅影响高炉炉渣成分波动，而且影响炉内烧结矿软熔位置变化，引起炉况不顺。

# 三、烧结矿 FeO 含量对高炉冶炼的影响

烧结矿和高炉炉渣影响焦比经验值见表 8-3。

表 8-3 烧结矿和高炉炉渣影响焦比经验值

| 因素 | 变动量 | 影响焦比 | 影响产量 |
|---|---|---|---|
| 烧结矿 TFe | ±1% | 干(1.5%~2.0%) | ±3% |
| 烧结矿 R | ±0.1 | 干(3.5%~4.5%) | |
| 烧结矿 FeO | ±1% | ±(1.0%~1.5%) | 干(1.0%~1.5%) |
| 烧结矿-5mm | ±10% | ±0.6% | 干(6.0%~8.0%) |
| 渣量 | ±100kg/t | ±30kg/t | |
| 炉渣碱度 | ±0.1 | ±15~20kg/t | |

烧结矿 FeO 含量对高炉冶炼指标影响很大,入炉烧结矿 FeO 含量低,则在高炉中上部中温区的间接还原比例高,高炉焦比低,改善造渣过程,生铁产量高。经验生产数据表明,FeO 波动 1%,影响高炉焦比 1.0%~1.5%,影响生铁产量 1%~1.5%。故在保证烧结矿转鼓强度的情况下,应尽量降低烧结矿 FeO 含量。

烧结矿 FeO 含量高,不仅使烧结矿难还原,也使高炉内熔融带位置高,增大透气阻力。

# 四、烧结矿 MgO 和 $Al_2O_3$ 含量对高炉冶炼的影响

MgO 是高炉炉渣的重要组成成分,一定的 MgO 含量降低炉渣黏度,改善炉渣流动性,提高炉渣脱硫能力,改善炉渣软熔性能。

不同高炉、不同炉料结构,炉渣 MgO 含量有一适宜范围,并非 MgO 含量越高越好或越低越好。

烧结矿 MgO 作用之一是满足高炉造渣要求,使高炉炉渣具有适宜的 $MgO/Al_2O_3$ 值。大多数企业控制炉渣 $MgO/Al_2O_3$ 值在 (0.55±0.05) 范围内,也有企业控制在 0.60~0.63 范围内。

烧结矿 MgO 作用之二是对低温还原粉化率、还原性、转鼓强度有正负两方面的作用。因 MgO 与 $Fe_2O_3$ 结合生成铁酸镁 $MgO \cdot Fe_2O_3$,减少游离 $Fe_2O_3$ 存在,所以 MgO 有利于改善低温还原粉化率 $RDI_{+3.15mm}$;因 MgO 固熔于磁铁矿中,生成镁磁铁矿 $Fe_3O_4 \cdot MgO$,稳定磁铁矿晶格,减少 $Fe_3O_4$ 再氧化成骸晶状赤铁矿的可能性,所以烧结矿 MgO 含量升高,低温还原粉化率 $RDI_{+3.15mm}$ 升高,又因 MgO 固熔于磁铁矿中,促进磁铁矿稳定存在,生成难还原的钙镁橄榄石等矿物,虽有利于提高烧结矿转鼓强度,但会使还原性降低;又因 MgO 有碍 $Fe_3O_4$ 氧化为 $Fe_2O_3$,降低铁酸钙相的生成量,所以烧结矿 MgO 含量过高不利于提高烧结矿转鼓强度和还原性。

烧结矿 MgO 作用之三是提高软熔温度,有利于改善烧结矿软熔性能。随着烧结矿 MgO 含量的提高,出现镁磁铁矿、钙镁橄榄石等高熔点矿物,烧结矿软化和熔化温度上升,软熔区间和熔滴区间减薄,最高压差降低,炉渣滴落顺畅,缩短滴落时间间隔,改善

高炉料柱透气性。同时随着烧结矿 MgO 含量的提高，炉渣黏度降低，流动性好，渣铁分离良好，铁损降低，炉前操作和出铁出渣顺利，有利于炉缸稳定和活跃，明显降低焦比。

"第六章 第三节 低硅烧结"详细阐述了控制较低的 MgO 含量，是保证低硅烧结矿转鼓强度的必要条件。

烧结矿和高炉炉渣中不能没有 $Al_2O_3$，但也不能过高。一定铝硅比（$Al_2O_3/SiO_2$ 为 0.1~0.35）是烧结生产获得较高铁酸钙矿物的基本和必要条件。烧结矿 $Al_2O_3$ 含量高，则影响烧结生产率降低，烧结矿转鼓强度和还原性变差，低温还原粉化率 $RDI_{+3.15mm}$ 明显降低。

$Al_2O_3$ 是高熔点中性脉石，是硅酸盐网络形成的促进物，炉渣中 $Al_2O_3$ 含量适宜时有利于提高炉渣稳定性，但过高 $Al_2O_3$ 使炉渣熔点升高，黏度增加，流动性变差，渣铁分离困难，可以适当提高 MgO 含量，改善炉渣流动性和热稳定性。

综上所述，烧结配矿应注意高铝和低铝铁矿粉的合理搭配，控制烧结矿 $Al_2O_3$ 和 MgO 含量在 1.5%~1.8% 为宜。

高炉低 $Al_2O_3$、低 MgO、少渣量、低燃料比冶炼是节能减排的发展方向。

# 五、烧结矿 $TiO_2$ 含量对高炉冶炼的影响

烧结矿 $TiO_2$ 含量对低温还原粉化率 $RDI_{+3.15mm}$ 有决定性的影响，$TiO_2$ 含量高，则骸晶状 $Fe_2O_3$ 数量增多，在高炉内还原时体积膨胀，低温还原粉化率 $RDI_{+3.15mm}$ 明显降低。

$TiO_2$ 在高炉内经还原生成难熔的 TiN、TiC 化合物，沉积并黏附在炉底和砖衬上，有效保护砖衬和冷却设备，延长高炉寿命。

# 第四节
# 烧结矿冶金性能对高炉冶炼的影响

高炉炼铁不仅要重视和提高烧结矿球团矿的物化性能，更重要的是必须重视和改善烧结矿球团矿的冶金性能。改善还原性，发展间接还原，提高煤气利用率，降低燃料消耗；改善高温冶金性能，进一步提高软化和熔融温度，降低软熔带的位置，延长间接还原时间，提高煤气利用率；改善透气性，进一步降低燃耗，降低生产成本。烧结矿冶金性能是高炉炼铁高产、低耗、高效的关键指标。

# 一、还原性对高炉冶炼的影响

因环保和气候变暖的压力，世界各国走低碳经济发展之路，钢铁工业排放的 $CO_2$ 占人类总排放量的 $5\%$，而在中国占 $11\%$ 以上。高炉冶炼是钢铁生产中 $CO_2$ 的主要排放工序，超过钢铁总排放量的 $70\%$，降低吨铁碳消耗成为高炉冶炼的首要任务。

铁矿石作为高炉炼铁的主要原料，其还原性好坏直接影响炼铁技术经济指标。还原性好的铁矿石，大部分在高炉中上部被高炉煤气（CO 气体）所还原，发展间接还原，降低焦炭消耗量；还原性差的铁矿石，相当多的铁矿石要到高炉下部依靠焦炭直接还原来完成，焦炭消耗量高。为了降低高炉焦比，应尽可能以间接还原的方式夺取含铁原料中的氧，因此要求入炉铁矿石有良好的还原性。为了保持高炉稳定、顺行，也要求铁矿石的还原性能稳定。

烧结矿还原性好，高炉煤气中 CO 利用率高，有助于高炉中上部中温区发展间接还原，降低焦比，且改善造渣过程，提高生铁产量。

$900℃$ 还原性是烧结矿的基本冶金性能，不仅直接影响高炉煤气利用率和燃料比，同时由于还原程度的不同，影响低温还原粉化性能和软熔性能。

# 二、低温还原粉化性对高炉冶炼的影响

低温还原粉化性能反映烧结矿在高炉上部的还原强度，是高炉上部透气性的限制性环节。高炉冶炼过程中，高炉上部的阻力损失约占总阻力损失的 $15\%$。

烧结矿低温还原粉化性对高炉生产危害较大，表现在恶化炉身上部料柱透气性，增加炉身结瘤危险性；高炉煤气利用率变差，破坏煤气正常分布，冶炼强度差，焦比高，产能低；增加高炉炉尘吹出量；煤气净化困难，加剧煤气管道破损等。

生产实践表明，烧结矿低温还原粉化率 $RDI_{+3.15mm}$ 每降低 $5\%$，则高炉燃料比升高 $1.5\%$，生铁产量降低 $1.5\%$ 以上，煤气中 CO 利用率降低 $0.5\%$。

# 三、荷重还原软化性对高炉冶炼的影响

荷重还原软化性反映烧结矿在高炉炉身下部和炉腰部分软化带的透气性，这部分透气阻力约占高炉总阻力损失的 $25\%$。

烧结矿荷重还原软化性直接影响高炉中下部软化带的透气性，影响高炉炉腹煤气量指数和高炉下部顺行。当烧结矿的开始软化温度低于950℃，软化温度区间大于300℃时，严重影响高炉悬料。为保持高炉稳定顺行，烧结矿应具有良好的荷重还原软化性能。

烧结矿荷重还原软化性能优良，开始软化温度 $T_{BS}$ 高些，软化温度区间 $\Delta T_B$ 窄些，则保持较多的气-固相间的稳定操作和较窄的软熔带，高炉料柱透气性良好，有利于煤气流运动，有助于提高生铁产量。

烧结矿 FeO 含量高，则开始软化温度低。

烧结矿品位高，$SiO_2$ 含量低，则软化温度高，熔滴温度也随之上升。

烧结矿 $K_2O$ 和 $Na_2O$ 含量升高，则开始软化温度低。

烧结矿开始软化温度取决于其矿物组成和气孔结构强度，开始软化温度的变化往往是气孔结构强度起主导作用的结果，软化终了温度往往是矿物组成起主导作用。

# 四、熔滴性对高炉冶炼的影响

铁矿石熔融滴落性能即铁矿石的高温软化、熔滴性能。

熔滴性是烧结矿冶金性能最重要的指标，高炉熔滴带透气性最差，此带阻损约占总阻损的60%，是高炉下部透气性的限制性环节，是保持高炉长期稳定顺行的关键，影响高炉内熔滴带的位置和厚度，影响 Si、Mn 等元素直接还原，影响生铁成分和高炉技术经济指标。

在高炉炼铁过程中，从开始软化至发生熔滴，在炉内形成了软熔带。软熔带中的透气性差，还原和传热过程受到限制。因此要求软熔带薄一些，位置低一些。在高炉内软熔带的厚度和位置与矿石的软化性和熔滴性有直接关系。矿石的软化温度高、软化温度区间窄，熔化温度高，则高炉内的软熔带薄，有利于改善高炉透气性，强化高炉冶炼，降低焦比。所以软熔性是评价铁矿石高温冶金性能的重要指标。

# 第九章

# 烧结烟气污染物治理

钢铁企业是大气污染的重点行业，钢铁生产各个环节均产生颗粒物、$SO_2$、$NO_x$等废气污染物。颗粒物排放主要集中在原料场、烧结、炼铁、炼钢、炼焦等工序，$SO_2$主要集中在烧结、球团等工序，$NO_x$主要集中在烧结、炼焦、热轧等工序。此外氟化物和氯化氢主要集中在烧结和冷轧工序，二噁英主要集中在烧结工序和电炉炼钢工序。

烧结工序的颗粒物、$SO_2$、$NO_x$排放量占整个钢铁行业排放总量的30%、60%和50%左右，而且非常规污染物二噁英主要产生于烧结工序。烧结已成为钢铁企业排污大户，是需要我们重点治理污染的环节。

"十一五"期间，中国部分钢铁企业开始开展烧结烟气脱硫，技术来源以国外或电力行业引进为主，自主研发为辅。烧结以湿法脱硫为主，占75%以上，但大型烧结机半干法应用比例逐渐升高。"十二五"期间，钢铁行业开始执行 GB 16297—2012《钢铁烧结、球团工业大气污染物排放标准》，颗粒物、$SO_2$、$NO_x$排放标准更加严格的同时，开始关注二噁英等非常规污染物，基于半干法的烧结/球团烟气多污染物协同控制技术成为主流趋势。"十三五"以来，钢铁行业全流程超低排放成为发展趋势，中国钢铁行业大气污染治理实现从"单工序"向"全流程"过渡，控制技术实现从"单一污染物控制"向"多污染物协同控制"和"全过程耦合"的技术升级。

2018年5月，国家生态环境部颁布《钢铁企业超低排放改造工作方案》，要求2025年底前力争实现超低排放标准，见表9-1。

表9-1  钢铁企业污染物排放标准

| 项目 | 颗粒物质量浓度 /(mg/m³)(标准状况) | $SO_2$质量浓度 /(mg/m³)(标准状况) | $NO_x$质量浓度 /(mg/m³)(标准状况) | 二噁英毒性当量质量浓度 ng-TEQ/m³(标准状况) |
|---|---|---|---|---|
| 一般排放标准 | ≤40 | ≤180 | ≤300 | ≤0.5 |
| 超低排放标准 | ≤10 | ≤35 | ≤50 | ≤0.1 |

# 第一节
# 烧结烟气的特点

烧结烟气具有如下特点：

### 1. 烧结烟气量大且含尘浓度高

铁矿粉烧结粉料多且漏风率大，吨矿烟气量高达 $3000 \sim 5000 m^3$（工况），烟气含尘浓度在 $1.5 \sim 15 g/m^3$（标准状况）范围。烟尘主要以铁及其化合物为主，还含有 Si、Ca 等氧化物。

### 2. 烧结烟气中 $SO_2$ 浓度相对低且波动大

一般电站锅炉烟气中 $SO_2$ 浓度约 $5000 mg/m^3$（标准状况），烧结烟气中 $SO_2$ 浓度一般在 $800 \sim 2500 mg/m^3$（标准状况）范围。

烧结烟气中 $SO_2$ 浓度随原料带入量和烧结工况不同而变化大。

烧结机的机头和机尾烟气中 $SO_2$ 浓度低，中部烟气中 $SO_2$ 浓度高。

烧结料中铁氧化物起催化剂的作用，将部分 $SO_2$ 催化氧化为 $SO_3$。

硫化物的铁矿粉易分解出元素硫并易被氧化为 $SO_2$ 而进入烟气。

焦粉硫含量较无烟煤低，焦粉和无烟煤中部分有机硫被氧化为硫的氧化物。

### 3. 烧结烟气中 $O_2$ 浓度相对较高

一般电站锅炉烟气中 $O_2$ 浓度约 $8\%$，烧结烟气中 $O_2$ 浓度约 $14\% \sim 17\%$。

### 4. 烧结烟气成分复杂，脱硫副产物难以利用，易造成二次污染

烧结使用多种原燃料，烟气成分复杂，污染物种类多，多种有害成分并存，主要有 HCl、HF、汞、多环芳烃、$SO_2$、$NO_x$、重金属、二噁英等，$NO_x$ 质量浓度相对稳定 $[200 \sim 500 mg/m^3$（标准状况）$]$，脱硫副产物石膏、硫胺、脱硫渣等品质较差，资源化利用难度较大。

### 5. 烧结烟气湿度大、温度低且波动大

烧结烟气湿度大，体积比水分含量 $7\% \sim 13\%$。

受烧结机开停和生产工况的影响，烧结烟气温度较低且随工艺操作状况变化而波动较大（$100 \sim 160℃$），烟气处理难度大。

由于烧结烟气存在上述特点，烟气污染物治理不能完全参照电站锅炉烟气治理技术，必须研究适合烧结烟气自身特点的治理工艺。

# 第二节
## 烧结过程生成 NO$_x$ 的影响因素

## 一、NO$_x$ 生成类型

NO 和 NO$_2$ 统称为氮氧化物（NO$_x$）。有三种方式生成 NO$_x$：

**1. 燃料型 NO$_x$**

它是固体燃料中的氮化合物经分解后进一步氧化生成的 NO$_x$。固体燃料中的有机氮化合物首先被分解成氰（HCN）、氨（NH$_3$）等中间产物，与挥发分一起析出，称为挥发分氮。析出挥发分氮以后，仍残留在焦炭中的氮化合物为焦炭氮。挥发分氮和焦炭氮经氧化生成氮氧化物 NO$_x$。煤燃烧时由挥发分氮生成的 NO$_x$ 占燃料型 NO$_x$ 的 60%～80%，由焦炭氮生成的 NO$_x$ 占燃料型 NO$_x$ 的 20%～40%。

煤燃烧时约 75%～90% 的 NO$_x$ 是燃料型 NO$_x$。燃料型 NO$_x$ 的生成不仅与煤种特性、煤结构、燃料中氮含量和氮的存在形态（受热分解后在挥发分和焦炭中的比例）、固体燃料粒度有关，而且大量的反应过程与燃烧条件（温度、空气中 O$_2$ 含量、烧结料中物质成分）等密切相关。

**2. 热力型 NO$_x$**

它是空气中 N$_2$ 在高温下氧化而生成的 NO$_x$。影响热力型 NO$_x$ 生成量的主要因素是温度、O$_2$ 浓度和在高温区的停留时间。只有当燃烧温度高于 1500℃时，热力型 NO$_x$ 才明显生成。

**3. 快速温度型 NO$_x$**

低温火焰下由于含碳自由基的存在生成的 NO$_x$。在碳氢化合物燃料燃烧过程中，当燃料过浓（富燃）、碳氢化合物基团较多、O$_2$ 浓度相对较低时，碳氢化合物与空气中的 N$_2$ 反应生成 HCN、CN 后再被氧化成 NO$_x$，生成速度快，在燃料燃烧火焰面上形成（火焰中存在大量 O$^{2-}$、OH$^-$ 基团，与 HCN 化合物反应生成 NO），只要有足够的供氧量，就可以降低快速温度型 $NO_x$。火焰中燃料氮转化为 NO 的比例取决于火焰区 $NO/O_2$ 比例。

烧结固体燃料中的氮主要为有机氮，烧结点火温度和燃烧带温度均达不到热力型 $NO_x$ 的生成温度，烧结烟气中几乎没有热力型 $NO_x$ 产生。烧结过程中快速温度型 $NO_x$ 生成的可能性较小。烧结温度下，固体燃料燃烧产生的 $NO_x$ 中主要以 NO 为主，只有微量 $NO_2$ 存在，同时如果存在还原性气氛和催化剂作用，$NO_x$ 可能被还原成 $N_2$ 或低价 $NO_x$。

# 二、烧结过程 $NO_x$ 来源和排放规律

钢铁企业 $NO_x$ 主要来源于烧结过程产生的烟气。烧结烟气中 $NO_x$ 的产生主要有两个途径，一是固体燃料的燃烧和高温反应过程，二是烧结点火过程，其中前者是主要来源。

烧结过程中，固体燃料中的 N 化合物经分解后与空气中的 $O_2$ 在高温下反应生成 $NO_x$，其生成浓度受燃料类型、燃料粒度、燃烧温度、气氛等因素的影响。与此同时如果烧结料层存在还原性物质（如 C、CO 等）和适当催化剂（如低价铁氧化物、铁酸钙等）时，部分生成的 $NO_x$ 可被还原成 $N_2$，降低烧结烟气 $NO_x$ 的排放。

烧结点火燃料焦炉煤气、转炉煤气、高炉煤气中含有 $N_2$，尤其高炉煤气中 $N_2$ 含量在 55% 左右，点火过程中 $N_2$ 与助燃空气中的 $O_2$ 反应生成 $NO_x$。

$NO_x$ 浓度在点火之后开始迅速上升，烧结过程中始终处于较高水平，波动较小无明显峰值，直到烧结终点后 $NO_x$ 浓度开始迅速下降。

$NO_x$ 排放浓度与烟气中 $CO_2$、CO、$O_2$ 相对应，当 $O_2$ 浓度开始下降，$CO_2$ 和 CO 开始上升时，表明 C 开始燃烧，$NO_x$ 浓度随之升高。当 C 剧烈燃烧，$CO_2$ 和 CO 含量升高到较高水平时，$NO_x$ 浓度同时也上升到较高水平且与 $CO_2$ 和 CO 相对应，烧结接近终点时，$O_2$ 含量上升，$CO_2$ 和 CO 开始下降，$NO_x$ 随之下降。

# 三、烧结过程生成 $NO_x$ 的影响因素

## 1. 固体燃料特性对 $NO_x$ 生成影响

烧结高温反应过程中产生的 $NO_x$ 与固体燃料化学特性及其燃烧特性密切相关。

（1）固体燃料 N 含量　固体燃料的固定碳、挥发分、反应性接近时，随着 N 含量的升高，燃料燃烧产生的 $NO_x$ 浓度升高。

（2）固体燃料固定碳　固体燃料的挥发分、反应性、N 含量接近时，$NO_x$ 的释放时

间接近，N 的转化率接近，但 $NO_x$ 排放浓度随固定碳的升高而升高。

（3）固体燃料挥发分 固体燃料的固定碳、反应性、N 含量接近时，随着挥发分的升高，$NO_x$ 排放浓度和 N 的转化率均升高。

烧结固体燃料为焦粉和无烟煤，在固体燃料配比保持不变的情况下，提高焦粉配比降低无烟煤配比，有利于降低烟气中 $NO_x$ 浓度。

从控制燃料 $NO_x$ 生成角度考虑，烧结固体燃料应优先选用焦粉，如果使用无烟煤，则应选择氮含量、氢含量和挥发分均较低的煤种。

（4）固体燃料反应性 固体燃料的固定碳、挥发分、N 含量接近时，随着反应性增大，$NO_x$ 排放浓度和 N 的转化率均降低。

（5）固体燃料粒度 固体燃料燃烧过程中 $NO_x$ 的释放速率随粒度增大而减小，N 的转化率随粒度增大呈先降低后升高的趋势。

固体燃料粒度影响 $NO_x$ 排放浓度的机理较复杂，$NO_x$ 排放浓度受 N 的氧化和 $NO_x$ 的还原二者双重影响。随着燃料粒度的减小，单位质量固体燃料参与化学反应的比表面积相应增大，燃料反应性作用提高，有利于碳燃烧，促进燃料中 N 向 $NO_x$ 转化，但与此同时挥发分 N 含量增加，导致着火提前，耗氧速度加快，碳表面极易形成还原气氛且 $NO_x$ 与 C 接触面积增大，促进 $NO_x$ 向 $N_2$ 的还原反应。

固体燃料表面为二次反应提供平台，靠近固体燃料颗粒中心处产生的热分解产物在向外迁移和逸出过程中，可能发生裂解和凝聚，发生碳的沉积，当固体燃料过粗时沉积量加大，C 与 $O_2$ 反应受限，但同时还原性气氛增强。有关文献表明，存在一个燃料粒度临界值对应 $NO_x$ 达到最低值，小于或超过粒度临界值 $NO_x$ 排放浓度均升高，且这个临界值随燃料种类不同而改变，产生这种现象的原因可能与 N 在不同煤种中存在形态不同有关。烧结所用的焦粉和无烟煤中，粒度在 $1 \sim 3mm$ 时，$NO_x$ 排放浓度和 N 的转化率均较低。

**2. 固体燃料配比和燃烧条件对 $NO_x$ 生成影响**

（1）固体燃料配比的影响 随着固体燃料配比的增加，N 转化率呈先上升后下降的趋势。同一原料配料下，固体燃料增加，空气量足够时，随着碳燃烧反应进行，N 与 $O_2$ 结合也相应增加，燃料中 N 的转化率上升，但燃料用量继续上升，需要更多的 $O_2$ 进行燃烧反应，在空气流量一定情况下，烧结过程中空气过剩量减少，燃料不完全燃烧程度增大，产生大量 CO 气体，还原性气氛增强，抑制 N 向 $NO_x$ 的转化。

（2）烧结温度的影响（表 9-2） 随着烧结温度的升高，固体燃料燃烧过程中 $NO_x$ 释放速率加快，有利于 $NO_x$ 的排放，且固体燃料中 N 的转化率随温度的升高而呈上升趋势。

**3. 气氛的影响（表 9-2）**

① $O_2$ 含量 烧结条件下，空气中 $O_2$ 含量越高，固体燃料燃烧时 $NO_x$ 的排放浓度越高，固体燃料中 N 的转化率越高。固体燃料中 N 与 $O_2$ 初级生成 $NH_3$ 和 HCN，气体成分中还有 NO 和 $N_2$，当 $O_2$ 充足时，$NH_3$ 和 HCN 与 NO 相遇，通过不同反应步骤转

化为 $NO_x$，但当固体燃料量充足时，$NH_3$ 和 HCN 与 NO 结合生成 $N_2$。

② $CO_2$ 含量　$O_2$ 含量一定，随着烟气中 $CO_2$ 升高，固体燃料中 N 的转化率小幅度降低，$NO_x$ 排放浓度小。$O_2$ 含量不足时，还原性气氛增强，加之金属氧化物催化作用，利于 CO 与 $NO_x$ 的还原反应，抑制固体燃料中 N 向 $NO_x$ 的转化。随着 $CO_2$ 升高，固体燃料中 N 的转化率降低，$NO_x$ 释放速率减慢，有助于减少 $NO_x$ 的排放量。

烧结温度和气氛对 $NO_x$ 生成的影响见表 9-2。

**表 9-2　烧结温度和气氛对 $NO_x$ 生成的影响**

| 影响因素 | $NO_x$ 排放特性 | 燃料中 N 转化率 |
| --- | --- | --- |
| 烧结温度 | 随着烧结温度的升高，释放速率加快，排放浓度升高 | 随着烧结温度升高而降低 |
| $O_2$ 含量 | 随着 $O_2$ 含量升高，释放速率加快，排放浓度升高 | 随着 $O_2$ 含量升高而升高 |
| $CO_2$ 含量 | 随着 $CO_2$ 含量升高，释放速率减慢，排放浓度降低 | 随着 $CO_2$ 含量升高而大幅降低 |

③ 固体燃料分布的影响　固体燃料在制粒小球中的分布状态对燃烧状态有重要的影响，而燃烧状态直接影响 $NO_x$ 排放浓度。$O_2$ 含量充足可促进固体燃料中 N 向 $NO_x$ 转化，利于生成 $NO_x$，而烧结料层中的还原气氛可降解已经生成的 $NO_x$，抑制 $NO_x$ 的生成。

固体燃料黏附分布在小球外层或以单独形态存在于料层中时，与空气充分接触而完全燃烧，N 被充分氧化生成 $NO_x$，提高 $NO_x$ 排放浓度。

固体燃料分布在制粒小球内部时，受空气扩散控制的影响，小球内部燃料的燃烧处于 $O_2$ 浓度相对较低的状态，抑制燃料中 N 被氧化成 $NO_x$，同时燃料不完全燃烧产生的 CO 在周边物料的催化作用下，将已经生成的 $NO_x$ 降解，有利于 $NO_x$ 减排。

在烧结混匀制粒过程中，只有部分固体燃料被稀疏包裹在制粒小球内部，大部分燃料被黏附在制粒小球表面或以单独形态存在，所以固体燃料中 N 被氧化成 $NO_x$，烟气中 $NO_x$ 的浓度较高，需要采取脱硝技术减小对环境的污染。

**4. 铁矿粉对 $NO_x$ 生成影响**

铁矿粉烧结主要为赤铁矿粉、褐铁矿粉和磁铁矿粉，脉石矿物主要是 $SiO_2$，现代烧结一般生产高碱度烧结矿，需加含 CaO、MgO 的碱性熔剂，铁矿粉、熔剂与固体燃料混匀制粒后在高温下烧结，构成燃料燃烧的特殊物料环境。

配加铁矿粉对 $NO_x$ 排放有一定的促进作用，$NO_x$ 释放速率加快，延长排放时间且 $NO_x$ 浓度峰值明显增大。$NO_x$ 的生成特性与 C 的燃烧状态密切相关，$Fe_2O_3$ 和 $Fe_3O_4$ 均对 C 的燃烧反应起积极催化作用，尤其 $Fe_2O_3$ 助燃效果尤为明显，同时 $Fe_2O_3$ 和 $Fe_3O_4$ 可作为中间物质参与固体燃料中 N 的氧化过程，对 CO 还原 $NO_x$ 反应也有催化作用，且 $Fe_3O_4$ 对 CO 还原 $NO_x$ 反应催化作用强于 $Fe_2O_3$。$NO_x$ 最终排放量取决于固体燃料中 N 的氧化反应和 CO 与 $NO_x$ 的还原反应。

**5. 熔剂和烧结矿碱度对 $NO_x$ 生成影响**

熔剂化学成分主要是 CaO，对燃烧过程中产生的 $NO_x$ 具有还原作用。

当烧结料水分和固体燃料配比一定时，提高烧结矿碱度，降低 $NO_x$ 排放浓度。因为料层中 CaO 含量增加，料层氧位提高，有利于生成铁酸钙系，铁酸钙（尤其是铁酸一钙 CF）对 CO 还原 $NO_x$ 的反应具有较显著的催化作用，促进已生成的 $NO_x$ 降解，而且较早生成熔融物，抑制燃料中 N 的转化率，对于减排 $NO_x$ 有显著效果。

**6. 烧结操作参数对 $NO_x$ 生成影响**

（1）烧结料水分和料层透气性　适宜烧结料水分有助于改善原始料层透气性，降低 $NO_x$ 排放浓度。在烧结负压一定的条件下增加抽风量，虽然风量增加会提高料层中 $O_2$ 浓度，促进燃料燃烧产生 $NO_x$，但风量的增加起到稀释烟气中 $NO_x$ 浓度的作用，风量对 $NO_x$ 浓度的作用后者大于前者，所以改善料层冷态透气性有助于降低烧结烟气中 $NO_x$ 的排放。

烧结料水分过高，过湿带阻力增大，不利于固体燃料燃烧，料层温度下降，燃料中 N 处于 $O_2$ 浓度相对贫乏的条件，燃料中 N 的转化率降低。

（2）料层厚度　料层厚度提高，料层透气性变差，燃料燃烧气氛中 $O_2$ 含量降低，燃料中 N 向 $NO_x$ 的转化受到抑制。

厚料层烧结发挥料层自动蓄热的作用，高温保持时间延长，降低固体燃料用量，生成更多的铁酸钙系催化 $NO_x$ 还原，是减少烧结过程 $NO_x$ 排放的有效实用方法。

（3）低 $NO_x$ 燃烧技术

① 控制空燃比，低空气过剩系数运行，低氧燃烧。

② 降低助燃空气预热温度，燃烧空气由 270℃预热到 315℃，$NO_x$ 排放量增加 3 倍。

（4）终点位置　终点位置适当提前，降低 $NO_x$ 排放浓度。烧结料出点火保温炉后，烟气中 $NO_x$ 浓度迅速上升并达到最高水平，随着烧结过程的进行，废气温度逐步升高，到终点位置时烟气中 $NO_x$ 浓度下降。因此调整风量、料层厚度、机速等操作参数，缩短点火保温炉到烧结终点之间的距离，将烧结终点位置提前，一定程度上降低 $NO_x$ 排放浓度，但降低烧结机产能。

（5）添加物　在烧结料中添加 Ca-Fe 氧化物对脱除 $NO_x$ 起一定的作用，且随着反应温度的升高和 $O_2$ 浓度的降低更加明显。

在烧结料中添加碳氢化合物可显著减少 $NO_x$ 的生成。

# 第三节
# 烧结烟气污染物治理

烧结烟气污染物治理主要从源头减排、过程控制、末端治理三方面入手。

源头减排是通过控制烧结原料成分，减少烧结烟气中产生污染物的含量。

烧结烟气中粉尘颗粒主要来自原料中粉末料和不完全燃烧物质等。$SO_2$、$NO_x$ 主要来自烧结原料中的 S、N。重金属（铅、砷、镉、铬、汞等）主要来自铁矿粉。

烧结烟气中的污染物大多来自烧结原料，同时烧结料水分、固体燃料配比、熔剂配比、料层厚度等工艺参数对烟气中 $SO_2$、$NO_x$ 排放也有重要影响。因此源头减排主要是在保证烧结矿物化性能和冶金性能不受影响的前提下，控制烧结原料带入的污染物，调整优化烧结工艺参数，从源头上减少烧结烟气中多种污染物的排放浓度，降低末端治理净化压力。

过程控制是在烧结生产过程中控制和减少污染物的排放量，如高烟囱稀释排放、烟气循环技术等。

末端治理是采用专门的净化设备，脱除烧结烟气中的各种污染物，如电除尘器、脱硫塔、布袋除尘器等，多为单一的污染物脱除设备，各单元协同配套使用，是烧结烟气的最后处理工序，也是最实用有效的手段。

随着环保要求越来越严，钢铁企业面临同时控制 $SO_2$ 和 $NO_x$ 污染物排放的重任。

脱硫脱硝一体化技术按照脱除机理不同可分为两类：联合脱技术和同时脱技术。联合脱技术是将单独脱技术进行整合而形成的一体化技术，如活性炭脱硫脱硝技术。同时脱技术是在一个过程中同时将烧结烟气中的 $SO_2$ 和 $NO_x$ 脱除的技术，如钙基同时脱技术。

将现有烧结脱硫设施拆掉重新建联合脱硫脱硝或同时脱硫脱硝设施得不偿失，因此在现有脱硫基础上增加脱硝工艺经济可行。对于新建烧结机，研究开发联合脱硫脱硝新技术、新设备，实现高效、经济净化烟气已经成为国际趋势。

# 一、烧结烟气脱硫脱硝工艺技术

## 1. 脱硫法分类及其特点

目前烟气脱硫技术达几十种，按脱硫过程是否加水和脱硫产物的干湿形态，烟气脱硫工艺分为干法、半干法、湿法三大类。

干法脱硫主要是用吸附剂来吸附烧结烟气中的 $SO_2$，具有烟囱不冒石膏雨和没有废水废液二次污染产生、管道管壁烟囱无需防腐处理等优点，但吸附法脱硫工艺最大的缺点是脱硫容量低，脱硫吸附速度较慢且不能完全吸附烟气中的 $SO_2$，脱硫率较低。

半干法脱硫技术是把石灰浆液直接喷入烟气，或把石灰粉和烟尘增湿混合后喷入烟道，生成亚硫酸钙、硫酸钙干粉和烟尘的混合物。半干法脱硫技术是介于湿法和干法之间的一种脱硫方法，其脱硫效率和脱硫剂利用率等参数也介于二者之间，该方法适用于中低硫 $[SO_2$ 浓度 $\leqslant 2000mg/m^3$（标准状况）] 烟气治理，不产生废水和液体脱硫副产物。这种技术投资少、运行费用低，脱硫率虽低于湿法脱硫技术，但仍可达 70%，且腐蚀性小、占地面积少，工艺可靠，具有很好的发展前景，如循环流化床法、密相干塔法等。

湿法脱硫工艺用于高浓度 $SO_2$ 烟气的脱硫，主要是利用液体洗涤烟气中的 $SO_2$，为气液反应，反应速率快，脱硫效率高，技术较成熟，操作简单，生产运行安全可靠，在众多脱硫技术中占据主导地位，但生成物是液体或淤渣较难处理，设备腐蚀性严重，洗涤后烟气需再加热，能耗高，耗水量大，占地面积大，系统复杂，运行费用高。常用的有石灰/石灰石-石膏法、氨法、氧化镁法、双碱法等。

湿法脱硫不足在于：

（1）与半干法脱硫相比，湿法脱硫的一些弊端无法避免，如烟气含湿量较大，从烟囱排出时容易形成烟囱雨造成局部环境污染。

（2）脱硫运行过程中易跑冒滴漏，对设备腐蚀磨损现象比干法脱硫严重。

（3）湿法脱硫以后，烟气温降大，如果升温采用 SCR 脱硝不经济，采用氧化脱硝稳定性没有 SCR 好，脱硝效率较低（50%左右）。

（4）湿法脱硫工艺因为设备腐蚀磨损、工人劳动强度大等原因逐渐被干法和半干法工艺所取代，未来脱硫脱硝副产物必须得到充分利用，可以最大程度降低脱硫脱硝运行成本。

**2. 脱硝法分类及其特点**

目前国内企业应用的脱硝法主要有三大类：低温氧化法脱硝，SCR 脱硝，活性炭/活性焦脱硝。

低温氧化脱硝技术泛指采用强氧化剂将 NO 氧化成为 $NO_2$，并进一步将 $NO_2$ 氧化成更高价态的氮氧化物，然后被脱硫剂吸收，从而脱除 $NO_x$ 的工艺。目前常见的低温氧化剂有氯酸、亚氯酸钠、高锰酸钾、过氧化氢、臭氧等，该工艺适用于配合各种脱硫技术，投资低且运行成本较低，但存在臭氧逃逸影响大气环境和强氧化剂腐蚀等问题。

低温氧化法脱硝最适宜配套湿法脱硫，因为湿法脱硫在管路、烟囱等防腐处理上比干法、半干法脱硫做得更细致到位，大大降低氧化法脱硝的防腐成本。

低温氧化法脱硝的优点在于不需要脱硫后进行烟气加热，大大降低脱硝成本。不足之处在于：需要注意氧化剂的使用安全性；氧化法脱硝率较低，需要改进氧化剂。因此安全高效的复合脱硝氧化剂是氧化法脱硝的主要研究方向。

以下对烧结烟气污染物治理技术做部分介绍。

**3. 活性炭/活性焦联合脱硫脱硝技术**

活性炭是一种具有吸附性和催化性双重性能的粒状物质，具有十分丰富的微孔结构，能吸附大分子和长链有机物，是 $SO_2$ 的优良吸附剂，也是 $NH_3$ 还原 $NO_x$ 的优良催化剂。

活性炭联合脱硫脱硝治理早在 20 世纪 50 年代日本和德国开始研发并得到广泛应用，是集脱硫、脱硝、脱二噁英、脱重金属、除尘五位一体的技术，脱硫率达 95%以上，脱硝率 40%左右，该技术成熟、运行稳定，能达到多污染物联合治理。

活性炭联合治理技术主要由吸附反应塔、解析塔、氨 $NH_3$ 添加系统、富硫气体净化制酸系统组成，在吸附塔内设置进出口多孔板和多层活性炭移动层，均匀烟气流速，提高烟气净化效率。

烧结烟气通过增压风机进入吸附塔完成活性炭对 $SO_2$ 的吸附反应，在吸附塔内喷入氨 $NH_3$，利用活性炭表面物质的催化作用，使 $NO_x$ 转变为 $N_2$ 和 $H_2O$ 完成脱硝反应，同时利用活性炭微孔吸附过滤粉尘、重金属及二噁英，完成烟气中多种污染物的有效脱除。

活性炭完成吸附后送至解析塔，经加热到 400℃ 以上将吸附物质解析出来，再生后的活性炭经冷却到 150℃ 以下后被重新送回到吸附塔循环脱硫脱硝过程。

富硫气体通过再生塔解析和净化脱除其中 HCl、HF、$NH_3$、粉尘等杂质后生成 $SO_2$ 浓度约 25% 的浓酸气，通过制酸系统制备 98% 的浓硫酸。

（1）活性炭联合脱硫脱硝技术的特点　活性炭比表面积大，吸附能力较强，化学稳定性较高，可以进行活化，是良好的脱硫脱硝剂。

常温条件下脱硫、脱硝、脱重金属、脱二噁英、除尘治理一体化，无需对烟气升温，无需分步建设，脱硫率高达 95% 以上，脱硝率较低，仅 30%～50%，技术综合性强，除部分风机循环冷却水外，无需消耗水，且无废水废液产生，系统无腐蚀问题，将污染物 $SO_2$ 资源化，转化为可利用的工业原料浓硫酸，适用于大型新建烧结机烟气脱硫脱硝。但活性炭脱硫脱硝达到超低排放标准有一定难度。随着活性炭市场需求的增加，其供应、产品质量、自身生产环保等问题应引起高度重视，运行成本受活性炭价格制约会越来越高，在脱硝效率、颗粒物排放方面长期稳定达标尚需进一步优化。

活性炭在吸附塔和解析塔之间损耗大，消耗量很大，且品质要求较高。

活性炭吸附容量有限，烧结烟气必须在低速条件下运行。

喷射氨 $NH_3$ 导致吸附塔内气流分布不均匀。

系统过程为间歇操作，能耗大，工艺复杂，自动化控制要求较高，建设投资大，运行成本高。

对系统安全性有一定要求，要求入口烟气温度≤145～150℃，避免活性炭有燃烧风险，避免局部升温导致着火或燃爆、CO 中毒等事件发生。

活性炭是易燃物质，特别是投产最初的三个月内，活性炭温度比烟气温度高，新活性炭更容易氧化，须将烟气温度控制在 120℃ 左右。

（2）活性炭联合脱硫脱硝需解决的问题

① 富集 $SO_2$ 气体需消耗大量活性炭。

② 活性炭挥发分比较低，不利于脱硝，脱硝率低。

③ 活性炭强度较低，在吸附、再生、往返使用中损耗比较大。

④ 运行中需特别注意吸附塔中活性炭的温度，防止发生着火现象。

⑤ 解吸系统热风循环风机运行温度高达 500～600℃，需注意设备的选型。

⑥ 活性炭脱硝时的氨逃逸问题，操作比半干法和湿法复杂。

活性炭脱硫脱硝工艺有很多弊端需要改进，否则只是污染物的转移并没有达到真正的环境治理。

（3）活性焦与活性炭比较　活性焦对烟气污染物的吸附效果好于活性炭，具有耐压、耐磨损等良好物理性能，脱硫脱硝过程中的吸附性能不易降低，尤其在加热温度状态下吸附效果有所增加，进一步提高烧结烟气污染物综合治理的水平。

### 4. 循环流化床半干法联合脱硫脱硝

该技术主要由烟气系统、循环系统、水系统组成。

烧结烟气经机头电除尘器处理后，在风机的作用下引入催化剂中发生化学反应，烟气中的 NO 被转化成 $NO_2$ 后进入脱硫脱硝反应塔的塔底，塔底文丘里装置将烧结烟气加速，生石灰吸收剂均匀喷射在文丘里装置的底部进入到反应装置中，生石灰吸收剂与 $NO_2$、$SO_2$ 反应生成硝酸钙、硫酸钙等，大颗粒固体反应产物在塔顶回落形成内循环，小颗粒反应产物随烟气直接从反应塔的上方排到布袋除尘器中，但大部分固体颗粒通过布袋除尘器再循环进入反应塔中继续进行化学反应。

循环流化床具有低温条件下脱硫脱硝的能力，适合处理温度相对较低的烧结烟气，脱硫脱硝效果较理想。

### 5. 氨-硫铵湿法联合脱硫脱硝

氨-硫铵法脱硫脱硝主要包括液氨稀释系统、氨水制备及储存系统、烟气系统、$SO_2$ 和 $NO_x$ 吸收系统、氧化系统、硫铵分离及储运系统等。以氨水（液氨）为脱硫剂（吸收液），吸收液通过循环泵从脱硫塔的吸收段进入，烟气从脱硫塔的下部进入，与喷淋出的吸收液反应后，再经除雾器除雾后进入烟囱排空。吸收液循环吸收到一定浓度，经过强制氧化，制得脱硫副产物硫酸铵。

氨是一种良好的碱性吸收剂，氨吸收 $SO_2$ 是酸碱中和反应，吸收剂碱性越强，越有利于吸收 $SO_2$，氨的碱性强于钙基吸收剂，而且氨吸收烟气中 $SO_2$ 是气-液或气-气反应，反应速率快，反应吸收率和利用率高，脱硫率高，同时具有脱硝和除尘的功效。

氨在脱硫反应温度下对 $NO_x$ 同样具有吸收作用，脱硫过程中产生亚硫铵对 $NO_x$ 有还原作用。氨-硫铵法脱硝率在 30％以上，在烧结烟气 $NO_x$ 含量不高的情况下，氨—硫铵法脱硝不失为一种可行方案，有利于控制 $NO_x$ 排放，节省大量投资。

该方法优缺点：

① 具有脱硫效率高、运行能耗小、脱硫副产品良好经济等优点。

② 需严格控制烟气中 $Cl^-$ 含量，否则管道仪表易堵塞和腐蚀。

③ 脱硫剂价格高，适合有焦化厂的钢铁联合企业或厂区附近建有化工厂的企业，可以利用焦化、化工氨源以废治废，副产物硫酸铵可作化肥，明显降低成本。

④ 电除尘效果差，进入脱硫系统烟尘浓度大，灰渣过滤器负荷大，常堵塞，硫铵溶液中灰渣含量高，硫铵结晶困难，产量低。采用压滤方式直接将硫铵溶液进行压滤，将溶液中所含灰渣压制成泥饼清除，系统结垢简单易于操作，可靠运行，硫铵产量提高，品质改善。

### 6. 石灰 CaO/石灰石 CaCO₃-石膏湿法脱硫

主要化学反应方程式：

$$CaO + H_2O \Longrightarrow Ca(OH)_2$$
$$Ca(OH)_2 + H_2O + SO_2 \longrightarrow CaSO_3 \cdot 1/2H_2O + 1/2H_2O$$
$$Ca(CO_3)_2 + H_2O + SO_2 \longrightarrow CaSO_3 \cdot 1/2H_2O + 1/2H_2O + CO_2$$
$$CaSO_3 \cdot 1/2H_2O + O_2 \longrightarrow CaSO_4 \cdot 2H_2O$$

石灰/石灰石-石膏湿法脱硫主要由脱硫剂供应和制备系统、烟气升压和热交换系统、石膏脱水及处理系统组成。

烧结烟气经增压风机（烟气处理系统的阻损由增压风机克服）增压送入烟气热交换装置降温，然后从下部进入吸收塔，与石灰浆液充分接触，烟气中的 $SO_2$、尘粒被洗涤吸收，洗涤后的净烟气经吸收塔上部的除雾器除水除雾后进入烟气热交换装置，升温后经烟囱排入大气中。

烧结烟气中的 $SO_2$ 与石灰浆液接触反应生成亚硫酸钙，并随浆液落入吸收塔底部的循环浆液池，池内亚硫酸钙与氧化风机鼓入的空气进一步氧化生成硫酸钙，并在超饱和的溶液中形成石膏晶体浆液，石膏晶体浆液由泵打入水力旋流器脱水后生成含水约 50% 的石膏浆液，再送至真空带式脱水机脱水，最后生成石膏 $CaSO_4 \cdot 2H_2O$。

浆液循环泵连续向塔内喷淋层提供喷淋浆液，通过喷嘴雾化形成雾滴环境与逆流而上的烟气充分接触吸收 $SO_2$ 气体提高脱硫效果。

脱水过程中为了降低石膏中 $Cl^-$ 含量，石膏层用工业水冲洗，石膏晶体浆液水力旋流器的溢流水进废水旋流器，溢流部分进废水处理系统，底流部分进滤液水池回用，真空过滤水进滤液水池回用。

(1) 石灰/石灰石-石膏湿法脱硫主要特点　石灰/石灰石-石膏湿法脱硫是目前较成熟、应用广泛的工艺，脱硫率 90% 以上。适用于大型烧结机烟气脱硫，对烟气变化适应性强，工艺流程简单，系统阻力小，耗能低，占地面积小，投资成本和运行成本低。

脱硫剂来源丰富且易于运输，品质要求低（粒级小于 180 目，$CaO \geq 80\%$），脱硫浆液循环使用，脱硫剂利用率高。

以石灰为脱硫剂，极易水化，脱硫反应迅速，液气比是石灰石-石膏法的 1/3 左右，脱硫效率高。

石灰/石灰石的活性影响脱硫剂的利用率和脱硫率，石灰石中杂质含量影响浆液中石灰石活性。

浆液循环泵是石膏法脱硫工艺中流量最大、使用条件最为苛刻的泵，介质的强磨损性、强腐蚀性、汽蚀性容易造成故障，泵出口压力低会降低脱硫率，电耗仅次于增压风机，其运行经济性很重要。

亚硫酸钙、硫酸钙的溶解度较小，极易在脱硫塔内和管道内形成结垢、堵塞现象。

整个系统物料处于浆状，制浆、喷淋、除雾器易结垢堵塞，运行维护复杂，系统管理和维护费用较高。

脱硫副产物石膏主要用于建材产品和水泥缓凝剂，但我国盛产石膏，石膏产量已经大幅度升高，而且烧结脱硫石膏品质较低，现阶段石膏的综合利用无优势。

产生大量废水，需配置废水处理系统且处理工艺复杂，二次污染严重。

烟囱、烟道、吸收塔等均须防腐处理。由于湿法烟气脱硫只能脱除 20% 左右的 $SO_3$，而低浓度酸液比高浓度酸液的腐蚀性更强，加之湿法脱硫烟气湿度增加，出口烟气温度仅 50℃ 左右，处于烟气露点温度以下，无论是否采用烟气再热器，对烟囱、烟道均存在很大的腐蚀，因此烟囱和烟道内壁必须进行防腐处理并选用高质量的防腐材料和高标准施工。

湿法脱硫工艺对烟气中的 $SO_2$ 脱除效率较高，但对 $SO_3$ 脱除效率并不高，仅 20% 左右，当脱硫湿烟气排入大气后，未被脱除的 $SO_3$ 易与水蒸气结合形成硫酸气溶胶，它是强氧化剂且毒性比 $SO_2$ 更大。

湿法脱硫塔虽脱除部分粗颗粒粉尘，但对细微颗粒的捕捉效果很差（除雾器无法脱除细颗粒），$PM_{2.5}/PM_{10}$ 细颗粒浓度反而有所提高（细颗粒由湿法脱硫烟气中的细小液滴在换热器中干燥后产生浆渣所形成），因此要求脱硫前必须配置高效除尘器，且在脱硫塔内安装湿式电除尘器，有助于脱除烟气中的雾滴和细粒粉尘。

可吸入颗粒物 $PM_{2.5}/PM_{10}$ 对光的散射会使烟羽形成黄烟或蓝烟，$PM_{2.5}/PM_{10}$ 已经逐渐成为许多大中城市的首要空气污染物，对人体健康、气候和大气能见度等造成一定危害和影响。

烟囱冒白烟或黄烟、蓝烟，感官效果差。烟囱出口烟气流速低且烟温低（50℃ 左右），烟气上升高度低，烟气中粉尘、$NO_x$ 落地浓度高，湿烟气产生"白烟"很难彻底解决，完全消除"白烟"须将烟气加热到 100℃ 以上，也只能使烟囱出口附近烟气不凝结，在较远地方仍然有"白烟"现象，且凝结水易形成"烟囱雨"影响环境质量。

为降低烧结烟气治理成本，开发研究简易脱硫系统与低成本脱硫剂，在石灰脱硫剂中加入一定量的烧结机头电除尘灰作为脱硫催化剂，一方面有效脱除 $SO_2$ 提高脱硫效率，另一方面合理利用烧结机头电除尘灰，节约石灰脱硫剂用量和运行成本。

机头电除尘灰与石灰脱硫剂在粒级分布和比表面积上较接近，可以不进行二次加工而直接添加利用，当 2%～5% 机头电除尘灰与石灰脱硫剂混合后，经过消化活化后的混合脱硫剂比表面积显著增大，增加了脱硫反应空间，且二者混合的胶凝反应以及机头电除尘灰中 $Fe_2O_3$ 的催化作用使脱硫效率提高 2%～3%。

石灰脱硫剂和机头电除尘灰混合胶凝反应机理：混合物具有很大比表面积和高持水性，增强吸收 $SO_2$ 的能力。由石灰脱硫剂和机头电除尘灰制备的高活性吸收剂，一方面具有钙基吸收剂的性质，另一方面石灰脱硫剂和机头电除尘灰在有水存在时，发生胶凝反应，产物有黏结性和较大比表面积，改善气孔结构，提高钙的利用率。

机头电除尘灰中 $Fe_2O_3$ 催化作用机理：当脱硫剂添加适量 $Fe_2O_3$ 后，吸附在 $Fe_2O_3$ 表面的 $O_2$ 和 $SO_2$ 反应生成 $SO_3$，$SO_3$ 与 $Ca(OH)_2$ 反应生成 $CaSO_4$，降低反应活化能，提高反应速率与钙的利用率。

（2）石灰/石灰石-石膏湿法脱硫需注意问题

① 液气比参数　液气比是脱硫系统连续稳定运行的重要参数，液气比表示处理每立方米烟气所需吸收剂浆液量，液气比大，浆液过饱和度低，减小系统结垢，提高系统运行可靠性。如果脱硫吸收塔设计三层喷淋系统，但在实际运行中为了降低运行费用而采用二层喷淋，降低液气比，则循环氧化槽和吸收塔喷嘴严重结垢，降

低系统运行可靠性。

② 循环浆液固体浓度 循环浆液中含有大量的亚硫酸钙和硫酸钙，固体浓度高，结垢化合物可沉积在固体粒子表面促进石膏晶体增大，减小设备结垢，提高系统运行可靠性。

③ 注意设计参数与实际结合 设计参数包括烟气特性、脱硫剂特性等。烟气特性包括烟气中 S 含量、Cl 含量、灰成分和含量等，是石膏法脱硫性能的关键参数。脱硫剂特性包括脱硫剂成分、反应活性、粒度和硬度，直接影响其在浆液中的溶解度、与烟气反应活性和时间。

需注意设计参数余量问题，注意实际值变化与设计参数明显不符时系统操作参数的调整，充分考虑脱硫效率和石膏浆液品质，确定合理钙硫比 Ca/S、液气比、浆液循环停留时间和排出时间、氧化风量等参数。

### 7. 氧化镁湿法脱硫

氧化镁湿法脱硫工艺，通过塔内用氧化镁浆液洗涤 $SO_2$ 烟气，将大多数亚硫酸镁氧化成含结晶水的硫酸镁，无结垢和堵塞情况，脱硫液体的 pH 值在 6.5～7，大大减少对设备的腐蚀。生成物从吸收液中分离出来，进行干燥，除去结晶水，然后将氧化镁得以再生并制成浆液循环使用，释放出的浓缩 $SO_2$ 高浓气体进一步回收。

过程产生的脱硫废液形成碱式硫酸镁母液，废水进行冲洗，整个工艺基本不产生废水和大量脱硫废渣，生成的脱硫副产物浓缩后制备成碱式硫酸镁水泥，是一种清洁少废的闭环工艺。由于氧化镁的水解产物溶解度和反应活性都优于氧化钙，因此在达到相同脱硫率的条件下，其脱硫剂与硫的摩尔比低于石灰石或石灰。同时由于氧化镁的分子量低于石灰石或氧化钙，即使在相同的脱硫效率下，其脱硫剂用量少于钙脱硫剂，因此其运行费用较低。

氧化镁脱硫技术是一种成熟度仅次于钙法的脱硫工艺，在世界各地尤其日本应用较广泛，我国部分地区也有应用业绩。与钙法脱硫相比，该方法的最大优点是脱硫副产物得到应用，同时降低运行成本。

### 8. 双碱湿法脱硫

双碱脱硫法也是一种主要的烟气脱硫技术，它是利用钠碱吸收 $SO_2$、石灰处理和再生洗液，取碱法和石灰法二者的优点而避其不足，是在两种脱硫技术改进的基础上发展起来的，双碱脱硫法的操作过程分三个阶段：吸收、再生和固体分离。

双碱脱硫法优点在于生成固体的反应不在吸收塔中进行，避免塔堵塞和磨损，提高运行可靠性，降低操作费用，同时提高脱硫率。缺点是多一道工序，增加投资。

对比石灰/石灰石-石膏法脱硫技术，双碱脱硫法烟气脱硫技术克服了容易结垢的缺点。

### 9. 湿法脱硫＋臭氧/双氧水氧化脱硝

湿法脱硫的基础上，在烟道内喷入强氧化剂臭氧/双氧水等，烧结烟气经增压风机增压后，进入烟道臭氧氧化脱硝段，将 $NO_x$ 氧化为高价态的氮氧化物，通过脱硫塔吸收氮氧化物进入脱硫浆液，最终通过废水排放。

（1）臭氧氧化脱硝原理 臭氧氧化脱硝的原理是用臭氧把难溶于水的 NO 氧化成易溶于水的 $NO_2$、$N_2O_3$、$N_2O_5$ 等高价态氮氧化物，再把 $N_2O_5$ 利用吸收洗涤工艺清除。

烧结烟气中 $NO_x$ 的主要组成是 NO，占 90% 左右，NO 难溶于水，高价态的 $NO_2$、$N_2O_5$ 等可溶于水生成 $HNO_2$ 和 $HNO_3$，溶解能力大大提高，可与后期的 $SO_2$ 同时吸收，达到同时脱硫脱硝目的。

臭氧作为一种清洁强氧化剂，可以快速有效地将 NO 氧化到高价态。臭氧的氧化能力极强，仅次于氟，比过氧化氢、高锰酸钾高。此外臭氧的反应产物是氧气，所以它是一种高效清洁的强氧化剂。

（2）臭氧氧化脱硝优点
① 烧结烟气温度满足臭氧氧化脱硝的条件，低温下完成烟气脱硝，不需要加热烟气。
② 能够同时脱硫、脱硝、除汞、有机物降解，实现一塔多脱。
③ 不使用氨等还原剂，无氨逃逸和危险品管理风险。
④ 烟气中高浓度颗粒物或碱金属等不影响 $NO_x$ 的脱除率。
⑤ 在 $NO_x$ 含量和烟气量不稳定的条件下，维持 80% 以上脱硝率。
⑥ 无二次污染，反应产物可被脱硫系统石灰浆液吸收，随脱硫副产物一起处理。
⑦ 系统简单，阻力小，安装于原有脱硫塔入口烟道处，脱硫系统改造小，较其他脱硝工艺工期短。

（3）臭氧氧化脱硝需改进方面
① 控制臭氧逃逸。
② 硝酸根进入废水中合理利用或资源化利用。
③ 臭氧的衰减在常温下开始，30℃ 左右 1min 内衰减一半，40～50℃ 衰减达到 80%，温度再高臭氧全部分解。
④ 烧结烟气中 $NO_x$ 总量高时，运行成本较高。
⑤ 将气态氮氧化物转入废水中，增加废水中氮含量，且含氮废水较难处理，工艺耗电量大，产生臭氧污染，不适用于烧结机大烟气量氮氧化物的处理。

### 10. 选择性催化还原法（SCR）脱硝

SCR 脱硝是美国某公司的发明专利，在 20 世纪 70 年代日本率先实现了工业化，是国际上应用最多、技术最成熟的烧结烟气脱硝技术。

SCR 工艺主要分为氨法 SCR 和尿素法 SCR 两种，是利用还原剂氨 $NH_3$ 和铜、铁等催化剂与烧结烟气中的 $NO_x$ 发生选择性催化还原反应（$NH_3$ 选择性地只与 $NO_x$ 反应，而不与烟气中的其他氧化物反应，$O_2$ 又促进 $NH_3$ 与 $NO_x$ 反应），生成氮气和水蒸气

（放空无二次污染），同时二噁英经过催化剂裂解成 $CO_2$、$H_2O$ 和 $HCl$。催化脱硝过程中反应温度越高，催化剂的脱硝性能越好，但高温对于脱除二噁英反应不利，当温度高于 300℃ 时，二噁英的分解反应受到抑制。

SCR 脱硝还原反应：$4NO+4NH_3+O_2 \Longrightarrow 4N_2+6H_2O$ （9-1）

$$6NO_2+8NH_3 \Longrightarrow 7N_2+12H_2O \tag{9-2}$$

潜在氧化反应：$4NH_3+5O_2 \Longrightarrow 4NO+6H_2O$ （9-3）

$$4NH_3+3O_2 \Longrightarrow 2N_2+6H_2O \tag{9-4}$$

烧结烟气中 $NO_x$ 主要以 NO 形式存在，$NO_2$ 约占 5%，所以式（9-1）为 SCR 脱硝主反应。

催化剂：贵金属、碱性金属氧化物。

SCR 法缺点是以氨 $NH_3$ 为还原剂还原 $NO_x$，虽过程易进行，铜、铁等金属都可起到有效催化作用，但因烟气中含 $SO_2$、尘粒、水雾，对催化反应和催化剂均不利，故采用铜、铁等金属作为催化剂必须首先进行烟气除尘和脱硫，或选择不易受烟气污染和腐蚀等影响，同时具有一定活性和耐受一定温度的催化剂，如 $TiO_2$ 作为基体的碱金属催化剂。

SCR 脱硝按温度区间划分，分为低温 SCR 脱硝、中温 SCR 脱硝，高温 SCR 脱硝。

烧结烟气 SCR 脱硝有两种布置方式：第一种是将 SCR 系统布置在预除尘之后脱硫装置之前，第二种是将 SCR 系统布置在预除尘和脱硫装置之后，第二种布置方式可防止催化剂机械磨碎和失效。随着钢铁行业超低排放改造的推进，采用第二种布置方式"半干法脱硫耦合中温 SCR 脱硝"的技术受到重点关注。

（1）"湿法或半干法脱硫+低温 SCR 脱硝"同时脱技术 荷兰开发成功的低温 SCR 脱硝催化剂的典型温度区间在 170~240℃，应用温度 140~400℃，主要应用在硝酸厂尾气、垃圾焚烧、燃气锅炉等无 $SO_2$ 生成并且粉尘浓度低的烟气脱硝，该催化剂对 $SO_2$ 和粉尘的抵抗力很差，为了保证催化剂的活性，要求 $SO_2$ 质量浓度小于 $30mg/m^3$，粉尘质量浓度小于 $20\ mg/m^3$。烧结烟气经过脱硫后 $SO_2$ 和粉尘质量浓度难以达到此要求，该低温脱硝催化剂不适用于烧结烟气。

低温 SCR 脱硝适合焦炉烟气，因为焦炉烟气成分较单一，$SO_2$ 含量较低，含湿量较低，低温脱硝催化剂中毒性较小。而烧结烟气成分复杂，$SO_2$ 含量高，含湿量大，低温 SCR 脱硝应用于烧结烟气，一是低温 SCR 脱硝催化剂抗毒性较差，易受烟气中硫氧化物、水、重金属等物质影响，特别是硫氧化物的中毒严重；二是烧结烟气温度特别是脱硫后烟气温度，无法达到低温 SCR 脱硝反应温度区间，仍然需要烟气再加热；三是与中温 SCR 脱硝催化剂相比，低温 SCR 脱硝催化剂脱硝率较低，脱硝稳定性较差。

低温 SCR 脱硝反应温度区间在 200℃ 以下，和中温 SCR 脱硝相比更接近烧结烟气温度。开发 100~200℃ 低温脱硝催化剂是该技术首要解决的问题。目前低温 SCR 脱硝催化剂处于实验室研究阶段，尚无成功工业应用，如果低温脱硝催化剂成功开发出来，低温脱硝工艺稳定，"湿法或半干法脱硫+低温 SCR 脱硝"同时脱技术将是运行成本最低的脱硫脱硝工艺，是烧结烟气脱硫脱硝的首选，具有很大的市场价值。

（2）"湿法或半干法脱硫＋加热烟气＋中温 SCR 脱硝"同时脱技术　该技术是将湿法或半干法脱硫的 110℃左右低温烧结烟气加热到 300℃左右后喷入 SCR 脱硝催化剂，$NO_x$ 在催化剂的作用下生成氮气和水蒸气。

采用脱硫后串联中温 SCR 脱硝技术，适用于烧结烟气量大、烟气温度和水含量波动较大的条件，脱硫率能够达到 95％，脱硝率 50％以上，实现颗粒物、$SO_2$、$NO_x$ 超低排放标准，同时对二噁英、$SO_3$、HCl、HF 和重金属等污染物有一定脱除效果。目前中温 SCR 脱硝是烧结烟气脱硝中应用最成熟稳定的工艺，该工艺的关键是 SCR 脱硝装置前烟气加热系统和 SCR 脱硝装置后烟气换热系统的设计，将烟气换热回收的热量再用于前端烟气加热，降低能耗。即中温 SCR 脱硝装置在启动时，将 110℃左右的烧结低温烟气加热到 300℃左右，消耗的热源较大；通过换热器回收热量再利用，需要再补充 50～150℃升温即可。国内多家烧结采用"半干法脱硫＋加热烟气＋中温 SCR 脱硝"同时脱工艺，主要目的是减少烟气的温降。

该工艺技术的不足主要有：

① 脱硫副产物基本无回收利用且固废产生量较大。

② SCR 法催化剂在使用寿命达五年后需更换，替换下的催化剂属于危险废弃物，回收处理成为难题。

③ 催化剂催化效果对烟气温度有一定的要求，在低温催化剂不太成熟的情况下，对烟气进行升温处理运行成本较高。

## 11. 烧结烟气循环技术

20 世纪 90 年代初期，荷兰艾默伊登、德国 HKM、奥钢联林茨、日本新日铁相继开发烧结烟气循环技术，减少废气的排放总量。2007 年我国中南大学和中冶长天、宝钢进行烟气循环试验研究，2013 年宁波钢铁 486m² 烧结机率先投运选择性烟气内循环技术，24.6％的烟气再循环烧结下取得降低 $NO_x$ 排放浓度和降低固体燃耗的效果，之后宝钢 600m² 烧结、燕钢 300m² 和 360m² 烧结机、安钢 360m² 烧结机、新余 360m² 烧结机等应用烟气循环技术。

（1）烧结烟气循环工艺　烧结烟气循环工艺分为选择性烟气内循环和烟气外循环两种，内循环取自风箱烟气，外循环取自主抽风机后烟道内的烟气，见图 9-1。

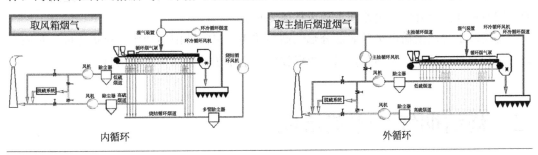

图 9-1　烧结烟气循环工艺流程图

烧结烟气循环工艺是将烧结烟气通过循环烟道返回到烧结机料面顶部再次参与烧结，一方面减少烟气排放总量，利用烧结过程高温降解部分 $NO_x$ 和二噁英，并使烟气中 $SO_2$ 富集，粉尘和 $SO_2$ 部分被烧结料层捕获，实现部分脱硫、脱 $NO_x$、脱二噁英同步进行，降低烟气处理量和运行成本，另一方面可回收部分烟气显热和潜热（烧结烟气温度 100～160℃，且含有 0.5％～1.0％的 CO），降低烧结能耗。

（2）烧结烟气循环技术的意义

① 减少烟气排放量，降低废气净化装置和运行成本。

② 充分利用烟气显热和潜热，减少固体燃耗和污染物，节约成本。

③ 改善烧结料层温度分布，减缓上部料层冷却速度，提高烧结产质量。

④ 富集 $SO_2$，提高脱硫效率，降解 $NO_x$，热解二噁英，粉尘吸附滞留在料层中。

⑤ 降低烧结烟气 $O_2$ 含量和烧结过程 $NO_x$ 生成总量。

⑥ 降低脱硫脱硝设施选型规格，减少污染物治理投资和运行费用。

（3）烧结烟气循环技术注意事项

烧结烟气循环率与循环烟罩所覆盖的长度范围、烧结机漏风率、富氧气体 $O_2$ 含量等有关，以空气和冷却废气为富氧气体时循环率一般 20％～30％，以纯氧为富氧气体时循环率可提高到 40％～50％。

因循环烟气 $O_2$ 含量低，有可能不同程度地削弱烧结矿产质量，要注意循环烟气和补充空气的比例及其有效混合，确保烧结过程所需的最低 $O_2$ 含量不低于 18.5％，另外循环烟气温度低和水蒸气含量高对表层烧结料有破坏作用，对表层烧结矿转鼓强度和成品率有一定影响，选择性地使用 $O_2$ 含量高、温度高、水蒸气含量低的烟气循环烧结是该技术的关键环节。

烟气流量随着烧结过程总管负压大小和烟气温度高低而变化。随着实时生产情况的变化，一旦出现烟气处理量超负荷的情况时，若强行将全部烟气输入脱硫塔将导致塔内烟气流速过快、$SO_2$ 吸收率低、除雾效果差，继而造成脱硫后外排烟气夹带液滴，降低脱硫效率，不但污染腐蚀周边厂房环境，而且可能导致外排烟气颗粒物含量超标。

（4）烧结烟气内/外循环技术比较　内循环工艺布置比较复杂，需新增一台变频风机，工程改动量大，工期长，投资规模较大，适用于新建项目和台车扩宽提产改造项目。

内循环工艺操作灵活，可避免循环气流短路、重复循环，在不改变原有机头烟气处理系统的基础上，将台车扩宽和台车速度加快，增加烧结面积，提升利用系数，达到增产目的，同时可降低原有电除尘器和主抽风机能力负荷。

外循环工艺从主抽风机后取部分烟气循环使用，只需外配小功率引风机即可，对原有烧结机构造改动较小，工期短，固定投资较低，适用于节能减排改造项目。

# 二、烧结烟气二噁英治理

钢铁冶炼过程是无意排放持久性有机污染物的来源之一。烧结过程中伴随极微量无意排放的 POPs 类（二噁英、呋喃、多氯联苯、六氯苯、多氯萘等）副产物的产生、排放及污染问题。

二噁英类化合物是多氯代二苯并二噁英和多氯代二苯并呋喃的总称，是目前已知毒性最大的化合物之一，剂量低、难降解、易于生物富集，因此受到广泛关注。研究烧结烟气中产生的二噁英很有必要。

**1. 产生二噁英的机理**

二噁英是在低温 250～450℃和氧化气氛条件下，大分子碳与飞灰基质中的有机或无机氯进行氯化反应，并经金属离子铜、铁等催化作用而生成的。

当碳燃烧不充分时，烟气中产生过多的未燃尽物质，在气体冷却阶段 250～450℃并存在氯源的环境条件下，当遇到合适的催化物质（主要为重金属，特别是铜、铁等）时，高温燃烧中已经分解的二噁英将会重新生成，即"从头合成"反应生成。

烧结具备二噁英"从头合成"的大部分条件：250～450℃、氧化性气氛；碳来源于烧结原料中配加固体燃料等；氯来自铁矿粉中的有机氯、工业用水中的氯、回收的除尘灰、轧钢皮、钢污泥等；铜和铁金属离子作为催化剂。因此可以认为二噁英在烧结料层中主要是通过"从头合成"的路径生成的。

**2. 减少烧结烟气排放二噁英的措施**

烟气中的氯被认为是生成二噁英的重要参数，降低烧结原料中氯的来源，是减少二噁英排放的有效途径。

铜、重金属对生成二噁英有催化作用，选择铜、重金属含量低的烧结原料，是减少二噁英排放的主要措施。

由于烧结烟气量大，二噁英浓度很低，采用烟气末端治理方法控制二噁英较困难，所以控制二噁英的产生成为研究的重点。

根据烧结过程中的二噁英的生成机理和排放特性，主要有以下几种途径阻止生成二噁英和控制排放。

（1）添加抑制剂　烧结过程中二噁英主要是在料层中生成的，为减少二噁英的生成量，需要改进烧结料层的条件，添加适宜的抑制剂，可有效降低二噁英含量。

① 喷氨降低二噁英的生成量　铜等重金属是生成二噁英的有效催化剂，而氨是铜等重金属最有效的催化毒化物，可使铜等重金属催化剂失去催化作用，所以喷氨可减少二噁英的生成量，但使用氨气可能有泄漏的危险，造成环境二次污染。

② 使用尿素降低二噁英的生成量　作为一种氨源，尿素是一种稳定的固体颗粒，易操作，可以在加热状态下缓慢释放出氨气。

③ 喷碱性吸收剂降低二噁英的生成量　喷碱性吸收剂如 CaO 和 Ca（OH）$_2$ 等，可净化酸性气态污染物，能有效脱除 HCl、HBr、$SO_2$ 等酸性气体，减少氯源，降低二噁英的排放。

（2）烧结料面喷吹热蒸汽技术　在烧结料面上喷吹热蒸汽，因蒸汽比热容大于干燥空气比热容，可提高料层上部热交换能力和料面风速，并利用蒸汽提高碳燃烧效率和燃尽程

265

度，使烧结过程氯由分子态变为离子态，提高料面空气渗入速度等，降低烟气中 CO 和二噁英的产生量，降低烧结固体燃耗，降低吨矿烟气排放量。

（3）活性炭吸附结合布袋除尘器　由于活性炭具有较大的比表面积，吸附能力很强，不但可吸附二噁英，还可吸附 $NO_x$、$SO_x$ 和重金属及其化合物。

也可以使用活性褐煤，活性褐煤用量是活性炭的 3 倍，但价格是其 1/3，使用活性炭和活性褐煤成本相近。

该工艺主要由吸收和解析两部分组成，烟气进入含有活性炭或活性褐煤的吸收塔吸附二噁英，最后通过布袋除尘器的滤布时被脱除。达到良好效果的最重要先决条件是除尘器具有充分的除尘能力。由于活性炭或活性褐煤的注入，在未经处理的烟气中增加了总的烟尘负荷，如果除尘器不能抓住这种额外的固体，一些吸附了二噁英的活性炭或活性褐煤就会残留在被清洁了的烟气中排出，而且其吸附有二噁英的活性炭难以再生和处理。

（4）选择性催化还原（SCR）　利用催化技术处理二噁英是一种较新方法，让含二噁英的烟气在催化层上流动，使二噁英在低温下被氧气氧化，生成 $CO_2$、水和 HCl 等无机无害物。催化剂多为钨、钼等过渡金属催化剂，以及硅胶、活性炭等金、钯、铂等贵金属催化剂。

（5）急速降温　生成二噁英的温度在 250～450℃，缩短烟气在这个温度段的停留时间，迅速降低到 200℃ 以下，可以降低二噁英的生成量。

# 三、烧结烟气拖尾减白技术

湿法脱硫后的烟气含湿量较高（13%～18%），烟温较低（50～55℃），烟气进入环境空气中时，烟气中水蒸气处于过饱和状态，当温差大于 25℃ 时，水蒸气析出，遇到光反射从而出现"白烟"现象。

半干法脱硫、活性炭脱硫时，"白烟"现象相对较轻，但在大气温度低于 10℃、温差大于 25℃ 时也出现"白烟"现象。

发达国家要求烟囱排烟温度高于 80℃，所以基本看不到"白烟"。我国对烟囱排烟温度没有要求，因此出现"白烟"的现象很普遍，容易烟雾缭绕，影响出行和空气质量。随着社会民众对环保的要求越来越高，国家将湿法脱硫"减白"列入管控指标。

湿法脱硫减白工艺主要有以下。

**1. 自烟换热法**

自烟换热法是利用脱硫前烧结干烟气的温度，加热脱硫后的湿烟气达到 80℃ 以上进行升温调质减白。经精除尘后的洁净烟气继续上行，进入设置在湿电上部和直排烟囱底部之间的烟气混合增温装置，升温原理是采用对流和物理混合双重手段，与来自烧结机机尾环冷机收集的 220～260℃ 低温烟气混合，将 50～55℃ 的湿烟气升温到 75～80℃，达到破坏湿烟气饱和度和加快扩散速度的目的，完成视觉减白目标。

自烟换热法基本原理一是降低烟气中水蒸气饱和度，二是加快烟气扩散度。

烟气升温工艺设置离心增压风机、高温布袋除尘器及输灰系统、烟道挡板、混风箱等。烧结机环冷机的低硫高温烟气约 $220\sim260℃$，此烟气通过离心增压风机引至高温布袋除尘系统，除尘后的高温烟气引至直排烟囱底部的烟气混风箱，混风箱内高温烟气与脱硫湿除后的净烟气升温，净烟气从 $50℃$ 升温到 $80℃$ 左右，混合烟气通过直排烟囱排入大气，达到混烟升温减白的目的。

自烟换热法利用废热源，不影响系统的运行，并且运行成本低；系统内部设备简单，易于维护。从技术和经济上较其他方案简单易行，具有可操作性，而且是烧结烟气拖尾减白效果较好的方法。

### 2. 加高烟囱和烟囱内设导流装置

该方法投资小，实施后可对视觉效果有所改变，但"白烟"仍较明显。

受负荷变化影响较大，当低负荷和高负荷时几乎没有任何作用，不适用于负荷变化较大的烧结领域。

### 3. 单独电除雾器

该装置主要用于深度脱尘，设备投资大，电耗高。

### 4. 混合干燥法

采用挡板＋旋风＋丝网三级复合脱水器及弯管脱水，对烟气进行减速、降温、冷凝，烟气与环冷机热烟气充分混合后，降低混合气饱和水气量而排放。

该方法利用外部热源加温，设备投资大。

# 参考文献

[1] 傅菊英，姜涛，朱德庆．烧结球团学．长沙：中南工业大学出版社，1996.
[2] 薛俊虎．烧结生产技能知识问答．北京：冶金工业出版社，2003.
[3] 王筱留．高炉生产知识问答．3版．北京：冶金工业出版社，2013
[4] 范晓慧．铁矿烧结优化配矿原理与技术．北京：冶金工业出版社，2013.
[5] 许满兴，张天启．铁矿石优化配矿实用技术．北京：冶金工业出版社，2017.